Heft 644

DEUTSCHER AUSSCHUSS FÜR STAHLBETON

Ermüdungsverhalten von Beton für unterschiedliche Probekörpergeometrien

von
Vivian Frei
Stephan Pirskawetz
Marc Thiele
Andreas Rogge

1. Auflage 2024

Herausgeber:
Deutscher Ausschuss für Stahlbeton e.V. – DAfStb

DIN Media GmbH

Vorwort

Durch den Ausbau der Windenergie in Deutschland wurde in den vergangenen Jahrzehnten der Bau von zyklisch beanspruchten Windkrafttürmen stetig vorangetrieben. Für solche Tragstrukturen ist die zutreffende Bestimmung des Ermüdungswiderstandes entscheidend für die Standsicherheit, aber auch für einen wirtschaftlichen Materialeinsatz. Gleichzeitig unterstreicht der zunehmende Instandsetzungsbedarf von Brückenbauwerken im Bundesfernstraßennetz den Bedarf an aktuellen Erkenntnissen für die Beschreibung des Ermüdungswiderstandes von Stahlbeton- und Spannbetonkonstruktionen. Einige der derzeit in Anwendung befindlichen Bemessungskonzepte stammen aus den 1990er Jahren und bedürfen einer umfassenden Weiterentwicklung. Dies trifft insbesondere für die Verwendung von hochfesten Betonen zu, da deren Ermüdungswiderstand in den derzeitigen Nachweisformaten überproportional abgemindert werden muss. Die für eine Normenfortschreibung notwendigen Ermüdungsuntersuchungen an Beton, Betonstahl und deren Verbund sind allerdings mit einem enormen Zeit- sowie Kostenaufwand verbunden und können in einem überschaubaren Zeitraum nur im Verbund von mehreren Forschungsinstituten erfolgen. Aus diesem Grund wurde das Verbundforschungsvorhaben „WinConFat – Materialermüdung von On- und Offshore Windenergieanlagen aus Stahlbeton und Spannbeton unter hochzyklischer Beanspruchung“ initiiert. Durch den Zusammenschluss der folgenden acht Forschungseinrichtungen und drei Industriepartner wurden wichtige Fragestellungen zum grundlegenden Materialverhalten von Beton, Betonstahl und deren Verbund unter Ermüdungsbeanspruchungen koordiniert untersucht.

Forschungseinrichtungen:

- Institut für Massivbau, Leibniz Universität Hannover
- Institut für Baustoffe, Leibniz Universität Hannover
- Lehrstuhl für Baustofftechnik, Ruhr-Universität Bochum
- Institut für Massivbau und Baustofftechnologie / Materialprüfungs- und Forschungsanstalt des Karlsruher Instituts für Technologie
- Lehrstuhl und Institut für Massivbau, RWTH Aachen University
- Institut für Massivbau, Technische Universität Dresden
- Lehrstuhl für Werkstoffe und Werkstoffprüfung im Bauwesen, Technische Universität München
- Bundesanstalt für Materialforschung und -prüfung, Berlin

Partner:

- Deutscher Ausschuss für Stahlbeton e. V. (DAfStb)
- Deutscher Beton- und Bautechnik-Verein E.V. (DBV)
- Max Bögl Bauservice GmbH & Co. KG

Gefördert wurde das Verbundforschungsvorhaben innerhalb des Zeitraums von 2016 bis 2021 überwiegend mit Mitteln des Bundesministeriums für Wirtschaft und Energie (BMWi), des DBV und von Max Bögl. Die wichtigsten Erkenntnisse aus diesem Vorhaben wurden in mehreren Titeln der „Grünen Hefte“ des DAfStb veröffentlicht, siehe Tabelle 0. Eine übergreifende Zusammenfassung des Vorhabens wurde als DBV-Heft Nr. 52 veröffentlicht. Insbesondere diese Veröffentlichungen sollen zur praktischen Erkenntnisverwertung beitragen, die beabsichtigten Normenfortschreibungen ermöglichen sowie der weiteren Forschung und Anwendung als detaillierte Informationsgrundlage dienen.

Tabelle 0: Aus WinConFat hervorgegangene „Grüne Hefte“ des DAfStb

DAfStb-Heft	Titel	Autoren
644	Ermüdungsverhalten von Beton für unterschiedliche Probekörpergeometrien	Vivian Frei, Marc Thiele, Stephan Pirskawetz, Andreas Rogge
645	Modellhafte Beschreibung des Ermüdungswiderstands von druckschwellbeanspruchtem Beton unter Berücksichtigung von energetischen und frequenzbedingten Materialeffekten	Sebastian Schneider, Matthias Bode, Steffen Marx
646	Wasserinduzierte Ermüdungsschädigung von Beton	Christoph Tomann, Ludger Lohaus
647	Untersuchungen zum Ermüdungswiderstand von Beton im Bereich sehr hoher Lastwechselzahlen	Kerstin Willers, Lutz Gerlach, Nico Herrmann, Frank Dehn
648	Zum festigkeitsabhängigen Ermüdungswiderstand von Beton	Sebastian Schneider, Boso Schmidt, Steffen Marx, Marco Basaldella, Bianca Kern, Nadja Oneschkow, Ludger Lohaus
649	Numerische Modellierung des Ermüdungsverhaltens von normal- und hochfestem Beton	Dennis Birkner, Steffen Marx, Abedulgader Baktheer, Josef Hegger, Rostislav Chudoba
650	Ermüdung von biegebeanspruchten Betonbauteilen aus normal- und hochfesten Betonen	Dennis Birkner, Steffen Marx, David Ov, Rolf Breitenbücher
651	Ultraschallprüfungen zur Erfassung der Schädigungsentwicklung unter verschiedenen Umweltbedingungen und unter zyklischer Druckschwellbelastung	Raúl Beltrán, Vivian Frei, Steffen Marx
652	Ermüdungsverhalten von Betonstahl im Langzeitfestigkeitsbereich, bei Variation der Prüfmethodik sowie unter kombinierter Einwirkung von Korrosion	Stefan Rappl, Kai Osterminski, Christoph Gehlen
653	Verbundverhalten unter Druck- und Zugschwellbeanspruchung von normal- und hochfesten Betonen	Marc Koschemann, Manfred Curbach, Homam Spartali, Abedulgader Baktheer, Josef Hegger, Rostislav Chudoba

Kurzfassung

Die zunehmende Anwendung hochfesten Betons in ermüdungsbelasteten Bauwerken, herausfordernde Belastungsszenarien im Bereich von On- und Offshore Windenergieanlagen bezüglich sehr hoher Lastwechselzahlen sowie das gleichzeitige Streben nach energie- und ressourcenschonendem Bauen stellen die Bemessung von Beton gegen Ermüdung vor neue Aufgaben. Eine Vielzahl von Studien beschreibt bereits die Auswirkung von Einflussfaktoren wie Mischungszusammensetzung, Feuchte, Probekörpergröße oder Belastungsart auf die Ermüdungsfestigkeit und den Ermüdungsprozess. Aufgrund der unterschiedlichen Geometrien und Mischungen der in den verschiedenen Studien verwendeten Proben sind die Auswirkungen der Einflussfaktoren jedoch kaum miteinander vergleichbar. In dem vom Bundesministerium für Wirtschaft und Klimaschutz (BMWK) geförderten Verbundprojekt WinConFat wurden deshalb verschiedene Einflussfaktoren gezielt an Proben mit einheitlichen Mischungen untersucht. Das durch die Bundesanstalt für Materialforschung und -prüfung (BAM) bearbeitete Teilprojekt fokussierte sich auf den „Einfluss der Probengeometrie und -größe auf die Ermüdung von Beton“. Neben der Erhebung von Daten zur Ermüdungsfestigkeit wurde der Ermüdungsprozess mit zerstörungsfreien Prüf- und Messmethoden untersucht. Diese Prüfmethoden wurden auch hinsichtlich ihrer Anwendbarkeit zur Erfassung der ermüdungsbedingten Schädigungsentwicklung an Betonbauwerken im Rahmen von Monitoringkonzepten bewertet. Untersucht wurden die Ermüdungsfestigkeiten und der Ermüdungsprozess an Zylindern mit drei unterschiedlichen Betonmischungen sowie unterschiedlicher Größe und Schlankheit. Die Ergebnisse dieser Untersuchungen werden im Folgenden vorgestellt und diskutiert.

Inhaltsverzeichnis

Nomenklatur

Tabelle 1: Kleine lateinische Buchstaben

Zeichen	Einheit	Bedeutung	Formel
d	mm	Durchmesser der Zylinderprobe	
f_p	Hz	Prüffrequenz	
f_c	MPa	Druckfestigkeit	
f_{cm}	MPa	Mittlere Druckfestigkeit	
f_{ck}	MPa	Charakteristische Druckfestigkeit	
$f_{cd,fat}$	MPa	Bemessungswert der Betondruckfestigkeit unter Ermüdungsbeanspruchung	
h	mm	Höhe der Zylinderprobe	
Δh	mm	Änderung des Druckplattenabstands (bei Stauchung: $\Delta h < 0$)	
v	m/s	Ultraschallgeschwindigkeit	$v_{rad} = \frac{d}{TOF}$; $v_{ax} = \frac{h}{TOF}$
v_n	-	Normierte Ultraschallgeschwindigkeit	$v_n = \frac{v_i}{v_{i=1}}$
t	s	Zeit	
t_{SW}	µs	Zeit der ersten Schwellwertüberschreitung	
t_{max}	µs	Zeit des ersten Maximums des Ultraschallsignals	$t_{max} = t_{SW}+\Delta t$
Δt	µs	Amplitudenkorrektur der Ankunftszeit des Ultraschallsignals	$\Delta t = t_{max}-t_{SW}$
u		Einfache Messunsicherheit	

Tabelle 2: Große lateinische Buchstaben

Zeichen	Einheit	Bedeutung	Formel
A	mV	Signalamplitude eines Ultraschallsignals	
A_{AS}	dB	Auswerteschwelle eines Schallemissionssignals	
A_P	mm^2	Querschnittsfläche der Zylinderprobe	$A_P = \frac{1}{4}\pi d^2$
D		Schädigungssumme	$D = \sum_{i=1}^{j}\left(\frac{N^i}{N_f^i}\right)$
E_T	GPa	Tangentenmodul	$E_T = \frac{\sigma_{0,3fc}-\sigma_{0,1fc}}{\varepsilon_{0,3fc}-\varepsilon_{0,1fc}}$
$E_{1/3}$	GPa	Drittels-Sekantenmodul	$E_{1/3} = \frac{\sigma_{1/3}-\sigma_0}{\varepsilon_{1/3}-\varepsilon_0}$
E_{max}	GPa	Maximal-Sekantenmodul	$E_{max} = \frac{\sigma_{max}-\sigma_m}{\varepsilon_{max}-\varepsilon_m}$
E_n	-	Normierter Sekantenmodul	$E_n = \frac{E_i}{E_{i=1}}$
F	kN	Kraft	
N	-	Lastwechselzahl	
N_{Rest}	-	Lastwechsel zwischen letzter zyklischer Erfassung und dem Versagen des Probekörpers	
N_f	-	Bruchlastwechselzahl	
N_z	-	Lastwechsel zwischen Messphasen	
R	-	Spannungsverhältnis	$R = \frac{\sigma_{min}}{\sigma_{max}}$
S	-	Relatives Lastniveau	$S = \frac{\sigma}{f_{cm}}$
$T_{h/2}$	°C	Temperatur in der Mitte des Probekörpers bei h/2	
ΔT	K	Temperaturdifferenz zwischen dem Anfang (i=1) und einer Messung i während des Versuchs bei h/2	$\Delta T = T_{h/2,i} - T_{h/2,i=1}$
TOF	µs	Ultraschalllaufzeit (engl. time of flight)	$TOF_{max} = t_{Signal} - t_{Puls}$

Tabelle 3: Kleine griechische Buchstaben

Zeichen	Einheit	Bedeutung	Formel
ε_{DP}	10^{-3}	Gesamtverformung aus dem Druckplattenabstand	$\varepsilon_{DP} = \frac{\Delta h}{h}$
ε_{DMS}	10^{-3}	Lokale Dehnung auf einem Teil der Oberfläche	
$\Delta\varepsilon$	10^{-3}	Maximale Streuung der Ergebnisse der Dehnung	
ε^{B}	10^{-3}	Gesamtverformung beim Bruch	
$\varepsilon^{II}_{max,N}$	10^{-9}	Dehnungssteigung (ε_{DP}) pro Lastwechsel bei S_{max} in der zweiten Ermüdungsphase	$\varepsilon^{II}_{max,\,N} = \frac{\varepsilon_{max,\,0,7 \cdot N_f} - \varepsilon_{max,\,0}}{0{,}7 \cdot N_f - 0{,}3 \cdot N_f}$
$\log(\varepsilon^{II}_{max,N})$	-	Dekadischer Logarithmus der Dehnungssteigung (ε_{DP}) pro Lastwechsel bei S_{max} in der zweiten Ermüdungsphase	
ε_{vol}	10^{-3}	Lokale Volumendehnung	$\varepsilon_{vol} = \varepsilon_{ax} - 2\varepsilon_{um}$
σ	MPa	Spannung	$\sigma = \frac{F}{A_P}$
σ_0	MPa	Spannung bei S_0 (Grundlast)	
σ_{min}	MPa	Spannung bei S_{min}	$\sigma_{min} = \sigma_m -$ $\sigma_a = \frac{2 \cdot \sigma_a \cdot R}{1-R} = \frac{2 \cdot \sigma_m \cdot R}{1+R}$
$\sigma_{1/3}$	MPa	Spannung bei $S_{1/3}$	
σ_m	MPa	Spannung bei S_m	$\sigma_m = \frac{1}{2}(\sigma_{max} + \sigma_{min})$
σ_{max}	MPa	Spannung bei S_{max}	$\sigma_{max} =$ $\sigma_m + \sigma_a = \frac{2 \cdot \sigma_a}{1-R} = \frac{2 \cdot \sigma_m}{1+R}$
σ_a	MPa	Spannungsamplitude	$\sigma_a = \frac{1}{2}(\sigma_{max} - \sigma_{min})$
$\Delta\sigma$	MPa	Spannungsschwingbreite	$\Delta\sigma = \sigma_{max} - \sigma_{min} = 2 \cdot \sigma_a$

Tabelle 4: Indizes

Zeichen		Bedeutung	
0		Wert bei Grundlast	
1/3		Wert bei Drittellast	
ax		Axiale Richtung der Zylinderprobe	
i		i-te Messung bzw. Messphase	
min		Wert bei Unterlast	
m		Wert bei Mittellast	
max		Wert bei Oberlast	
n		Auf den Anfang der Ermüdungsbelastung normierter Wert	
rad		Radiale Richtung der Zylinderprobe	
SW		Schwellwertüberschreitung eines Ultraschallsignals	
um		Entlang des Umfangs der Zylinderprobe	

Tabelle 5: Abkürzungen

Zeichen		Bedeutung	
DP		Druckplattenabstand	
DMS		Dehnungsmessstreifen	
IWA		Induktive Wegaufnehmer	
I		Erste Ermüdungsphase	
II		Zweite Ermüdungsphase	
III		Dritte Ermüdungsphase	
MP		Messphase	
SEA		Schallemissionsanalyse	
US		Ultraschall	
w/z		Wasserzementwert	

1 Einleitung

Ermüdung kann das Versagen von Baustoffen und Bauteilen infolge zyklisch wiederholter Lasten verursachen, welche deutlich kleiner als die statische ertragbare Belastbarkeit sind. Für Beton und Stahlbeton spielt die Materialermüdung insbesondere bei Windenergieanlagen, Offshore-Bauwerken, Brücken, Bahnschwellen, und Maschinenfundamenten eine Rolle. Die mehr als 100 Jahre andauernde Forschung zur Betonermüdung wird durch die Entwicklung von hochfestem und ultrahochfestem Beton in den letzten Jahrzenten vor neue Herausforderungen gestellt. Zum einen muss die Datengrundlage für die neuen Materialien bereitgestellt werden und zum anderen muss berücksichtigt werden, dass die hohen Festigkeiten schlankere Strukturen zulassen und sich dadurch das Verhältnis von zyklischen Beanspruchungen und statischen Eigenlasten verschiebt.

Die heute in der Anwendung befindlichen Bemessungskonzepte für Ermüdung von Beton stammen zum Teil noch aus den 1990er Jahren und sind speziell hinsichtlich hochfester Betone konservativ ausgelegt. Um die Vorteile von Türmen für Windkraftanlagen, vor allem auch aus hochfestem Beton, im Zuge des geplanten Ausbaus der Windenergieversorgung in Deutschland wirtschaftlich nutzbar zu machen, müssen diese Bemessungskonzepte weiterentwickelt werden. Dafür sind umfangreiche Untersuchungen zur Ermittlung von Ermüdungsfestigkeiten und zur Schädigungsentwicklung unter Ermüdungsbeanspruchung erforderlich. Allgemein anerkannte bzw. verbindliche Regelwerke oder Verfahren zur experimentellen Bestimmung der Ermüdungsfestigkeit (Bruchlastwechselzahlen) an Betonproben gibt es zurzeit aber nicht und die bisher durchgeführten Untersuchungen variieren in Parametern wie Probengeometrie, Probengröße und Prüffrequenz. Eine vergleichende Analyse der Ergebnisse der Studien und insbesondere die Übertragbarkeit auf bauteilrelevante Abmessungen ist auf dieser Grundlage nur sehr eingeschränkt möglich.

Vor diesem Hintergrund fasst das Heft 618 „Sachstandbericht Grenzzustände der Ermüdung von dynamisch hoch beanspruchten Tragwerken aus Beton" /114/ im Rahmen eines vom Deutschen Ausschusses für Stahlbeton (DAfStb) geförderten Vorhabens den Stand der Forschung zum Teilbereich der Baustoff- und Bauteilwiderstände gegen Ermüdung zusammen. Hierin wurde deutlich, dass das Ermüdungsverhalten von Beton von vielen Einflussfaktoren abhängig ist, welche unterschiedliche Auswirkungen auf das Dehnungsverhalten oder die ertragbaren Lastwechselzahlen haben. Folglich wurde weiterer Forschungsbedarf in den Bereichen der Abhängigkeit der Ermüdung von der Probekörpergeometrie, der mechanischen Beanspruchung, der Belastungsgeschwindigkeit, den Umwelteinflüssen sowie der Betonmischungszusammensetzung identifiziert. Die Untersuchung der Abhängigkeiten dieser vielfältigen Fragestellungen konnte in dem, in Zusammenarbeit mit dem DAfStb initiierten, Verbundforschungsvorhaben „WinConFat – Materialermüdung von On- und Offshore Windenergieanlagen aus Stahlbeton und Spannbeton unter hochzyklischer Beanspruchung" und vom Bundesministerium für Wirtschaft und Klimaschutz (BMWK) im Rahmen des sechsten Energieforschungsprogramms der Bundesregierung („Forschung für eine umweltschonende, zuverlässige und bezahlbare Energieversorgung") finanziert werden.

In dem Verbundforschungsvorhaben WinConFat kooperierten sechs Universitäten, die Bundesanstalt für Materialforschung und -prüfung (BAM), der Deutsche Beton- und Bautechnik-Verein (DBV), der Deutsche Ausschuss für Stahlbeton e. V. (DAfStb) sowie die Max Bögl Bauservice GmbH & Co. KG. In diesem Verbund wurden die Themen Maßstabseffekt und Probekörpergeometrie, Spannungsumlagerungen, Belastungsfrequenz und -geschwindigkeit, Grundwert der Ermüdung, Wassersättigung und Chloridtransport, Monitoring und Restnutzungsdauer, Beton unter sehr hohen Lastwechselzahlen, Amplituden und Reihenfolgeeffekte sowie Stahlfaserbeton untersucht. Weiterhin wurde in dem Verbundforschungsvorhaben das Ermüdungsverhalten des Verbundes zwischen Beton und Bewehrung unter sehr hohen Lastwechselzahlen in Druck- und Zugschwellbeanspruchung, der Einfluss der Belastungsfrequenz und -geschwindigkeit und das Verhalten von Betonstahl unter sehr hohen Lastwechselzahlen untersucht.

Im vorliegenden Beitrag werden Ergebnisse des Teilvorhabens der BAM „Einfluss von Probengeometrie und -größe auf die Ermüdung von Beton" dargestellt und diskutiert. In diesem Teilvorhaben wurden verschiedene normalfeste und hochfeste Betone in Form zylindrischer Proben unterschiedlicher Größe und Schlankheit geprüft und dabei die Änderung mechanischer und akustischer Materialeigenschaften analysiert.

2 Motivation und Fragestellungen der Untersuchung

Ermüdungsversuche an Beton sind sehr aufwendig und zumeist energieintensiv. Der Gesamtaufwand kann durch die Verwendung möglichst kleiner Proben reduziert werden, wobei die Aussagekraft der Ergebnisse und die Übertragbarkeit auf Bauteil- oder Bauwerksdimensionen nicht verlorengehen dürfen. Die Ergebnisse des Teilvorhabens der BAM „Einfluss von Probengeometrie und -größe auf die Ermüdung von Beton“ sollen dazu beitragen, die Proben hinsichtlich dieser Anforderungen zu optimieren.

Die hier angestrebte Bewertung der Übertragbarkeit von Laborergebnissen auf reale Bauwerksstrukturen befasst sich konkret mit der Ermüdungsfestigkeit sowie der Schädigungsentwicklung und der lebensdauerbegleitenden Schädigungserfassung mittels zerstörungsfreier mechanischer und akustischer Prüfverfahren. Die lebensdauerbegleitende Schädigungserfassung ermöglicht es dabei Unsicherheiten aus der Bemessung (Ermüdungsfestigkeit) zu reduzieren. Um diesen Aufgaben zu begegnen, wurden folgende Fragestellungen abgeleitet:

- Welche Standard-Probekörperabmessung („Regelgeometrie“) kann für Ermüdungsversuche zur besseren Vergleichbarkeit der Ergebnisse unterschiedlicher Prüfeinrichtungen empfohlen werden?
- Welche Anpassungsfaktoren für abweichende Probekörpergeometrien ergeben sich zur Berücksichtigung des Maßstabs- und Schlankheitseffektes?
- Wie ist die Übertragbarkeit der Ergebnisse vom Labormaßstab auf wirklichkeitsnahe Bauteilabmessungen zu bewerten?
- Welche zerstörungsfreien Messverfahren eignen sich zur Untersuchung und Bewertung der ermüdungsbedingten Materialschädigung in Laborversuchen als Grundlage für eine Quantifizierung der Restlebensdauer?
- Wie ist die Anwendbarkeit der zerstörungsfreien Messverfahren bei der Übertragung auf großformatige Probekörper zu bewerten?

Zur Beantwortung dieser Fragestellungen wurden Ermüdungsversuche an drei Betonen unterschiedlicher Festigkeiten durchgeführt. Die Untersuchung des Einflusses der Probengröße (Maßstabseffekt) auf die Ermüdungsfestigkeit erfolgte an Zylindern mit einem Verhältnis von Höhe zu Durchmesser $h/d = 3$ und Durchmessern von $d = 60$ mm, $d = 100$ mm, $d = 200$ mm und $d = 300$ mm. Als weiterer Parameter wurde das Verhältnis von Höhe zu Durchmesser der Zylinder, die sogenannte Schlankheit, variiert. Es wurden Zylinder mit einem Durchmesser von $d = 100$ mm und Schlankheiten von $h/d = 1$, $h/d = 2$, $h/d = 3$ und $h/d = 4$ geprüft.

Ein übergreifendes Ziel des Verbundprojektes war darüber hinaus die Ableitung aktualisierter Ermüdungsfestigkeitskurven (Wöhlerlinien) für normal- und hochfeste Betone als Grundlage für eine Normenfortschreibung. Aufgrund des hohen Prüfaufwandes zur Ermittlung von Wöhlerlinien wurden die im Rahmen des Gesamtvorhabens notwendigen Versuche auf vier am Verbundprojekt beteiligte Institute verteilt. Die Probekörper wurden mit einer sinusförmigen Druckschwellfunktion mit einer Frequenz von $f_p = 5$ Hz belastet. Als Referenzproben für diesen Ringversuch wurden Zylinder mit einem Durchmesser von $d = 100$ mm und einer Höhe von $h = 300$ mm festgelegt. Die BAM ermittelte die Bruchlastwechselzahlen für die drei Betone auf den Lastniveaus (auf die mittlere Druckfestigkeit der Charge bezogenes Verhältnis der Unter- bzw. Oberlast) S_{min}-S_{max} = 0,05-0,7; S_{min}-S_{max} = 0,2-0,8; S_{min}-S_{max} = 0,4-0,9; S_{min}-S_{max} = 0,6-0,95.

3 Stand der Technik

In diesem Kapitel werden die wichtigsten, im vorliegenden Beitrag verwendeten Bezeichnungen und Definitionen aus der einschlägigen Literatur im Hinblick auf den Baustoff Beton zusammengefasst und wo nötig durch eigene Definitionen ergänzt. Zusätzlich werden etwaige Anforderungen an die Prüftechnik, Messtechnik und Probekörper zur Durchführung von Ermüdungsuntersuchungen dargestellt.

3.1 Wissenschaftlich technische Begriffe

Im Allgemeinen werden unter Ermüdungsbeanspruchungen zyklisch veränderliche mechanische Belastungen verstanden. Ziel von Ermüdungsversuchen ist zumeist die Ermittlung der Bruchlastwechselzahl N_f - der unter bestimmten Bedingungen von einem Bauteil oder einer Materialprobe bis zum Versagen ertragbaren Lastwechsel. Die Belastung in kraftgeregelten Ermüdungsversuchen wird vollständig beschrieben durch die Belastungsform, deren Frequenz f_p, sowie die Oberspannung σ_{max} und Unterspannung σ_{min} auf dem Probenquerschnitt A. Daraus können der Mittelwert der Spannung σ_m, die Spannungsamplitude σ_a, die Spannungsschwingbreite $\Delta\sigma$ und das Spannungsverhältnis R aus dem Ober- und Unterwert der Spannung, wie in Bild 1 veranschaulicht, als charakteristische Spannungskennwerte abgeleitet werden. Typischerweise werden sinusförmige Belastungsfunktionen für Ermüdungsversuche verwendet. Das Spannungsverhältnis R dient, wie in Bild 2 veranschaulicht, der Unterscheidung des Beanspruchungsbereichs in Druckschwell- ($1 < R \leq \infty$ ($\sigma \leq 0$)), Wechsel- ($-\infty < R \leq 0$) und Zugschwellbeanspruchung ($0 \leq R < 1$ ($\sigma \geq 0$)). Das Lastniveau S ist das Verhältnis der Spannung bezogen auf die statische Festigkeit (f_c). Neben den direkt aus der Ermüdungsbeanspruchung ableitbaren Lastniveaus S_{min} für die Unterspannung σ_{min}, S_m für die Mittelspannung σ_m und S_{max} die Oberspannung σ_{max} können für Beton je nach Bedarf noch die Lastniveaus S_0 für die Grundlast σ_0 und die Drittelslast $S_{1/3}$ für die Spannung $\sigma_{1/3}$ bei einem Drittel der Druckfestigkeit interessant sein, da bei diesen Spannungen der statische E-Modul ermittelt wird.

$$R = \frac{\sigma_{min}}{\sigma_{max}}$$ (Spannungsverhältnis) (1)

$$S = \frac{\sigma}{f_{cm}}$$ (Relatives Lastniveau) (2)

Die Beziehungen zwischen den Spannungskennwerten und weiteren, in diesem Beitrag verwendeten Definitionen und Begriffen, sind in Tabelle 1 bis 5 zusammengefasst.

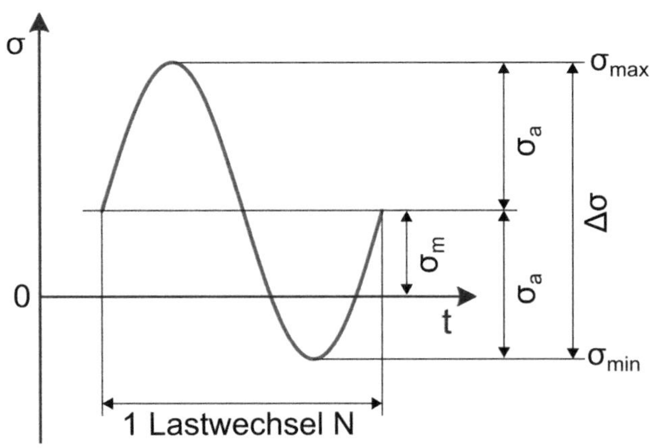

Bild 1: Kennwerte des Spannungs-Zeit Diagramms einer Periode in zyklischen Versuchen nach /51/

+σ Druckschwell-belastung | Wechsel-belastung | Zugschwell-belastung

|σm|=σa |σm|<σa |σm|>σa

0 t

σm>σa σm<σa σm=σa σm=0

R=-1

-σ 1<R≤∞ -∞<R<-1 -1<R<0 0≤R<1

Bild 2: Veranschaulichung der Druckschwell-, Wechsel- und Zugschwellbeanspruchung anhand des Spannungsverhältnisses R nach /85/

Es haben sich Einstufen- (Wöhlerversuche), Mehrstufen-, Betriebslast- und Zufallslastversuche etabliert. Einstufenversuche zeichnen sich durch zyklische Belastungen des Probekörpers mit konstanter Lastamplitude aus. Sie werden häufig zur Bestimmung der Ermüdungsfestigkeit, also der Anzahl der Lastwechsel bis zum Ermüdungsversagen der sogenannten Bruchlastwechselzahl N_f durchgeführt. Einstufenversuche sind aufgrund ihrer Einfachheit die am häufigsten durchgeführten, grundlegenden Ermüdungsversuche. Mehrstufenversuche dienen der Untersuchung von Reihenfolgeeffekten und der Schädigungsakkumulation bei wechselnden Belastungen. Hierzu werden mehrere Einstufenversuche mit systematisch veränderten charakteristischen Spannungskennwerten (Mittelspannung, Amplitude) hintereinander ausgeführt und der Einfluss der Lastfolgen auf die Versuchsergebnisse analysiert. Die zugehörige Schädigung *D* berechnet sich nach /118, 138/ in Gleichung (3) als Summe der Verhältnisse der aufgebrachten Lastwechsel N^i zur jeweiligen Ermüdungsfestigkeit N_f^i beim Spannungskennwert i.

$$D = \sum_{i=1}^{j} \left(\frac{N^i}{N_f^i} \right) = 1 \qquad \text{(linear akkumulierte Schädigung)} \qquad (3)$$

Wie allerdings beispielsweise von *Baktheer* /12/ diskutiert wird, trifft die hierbei angenommene lineare Schädigungsentwicklung bei Beton nicht zu. Betriebslastversuche bilden wirklichkeitsgetreu die im Betrieb eines Bauteils oder Bauwerks auftretenden Beanspruchungen nach. In Zufallslastversuchen wird das Prüfobjekt mit zufälligen Lastenfolgen belastet.

Ermüdungsversuche werden bis zum Erreichen eines Abbruchkriteriums durchgeführt. Die häufigsten Abbruchkriterien sind das Versagen des Probekörpers beziehungsweise Bauteils oder das Erreichen einer bestimmten Lastwechselzahl, die Grenzlastwechselzahl genannt wird. Typische Grenzlastwechselzahlen liegen zwischen 10^6 und 10^7 Lastwechseln /111/. Es können weitere Abbruchkriterien anhand von Messwerten definiert werden, wie das Erreichen vorab definierter Verformungen, Steifigkeitsveränderungen oder anderer, während des Versuchs ermittelter Kenngrößen /173/.

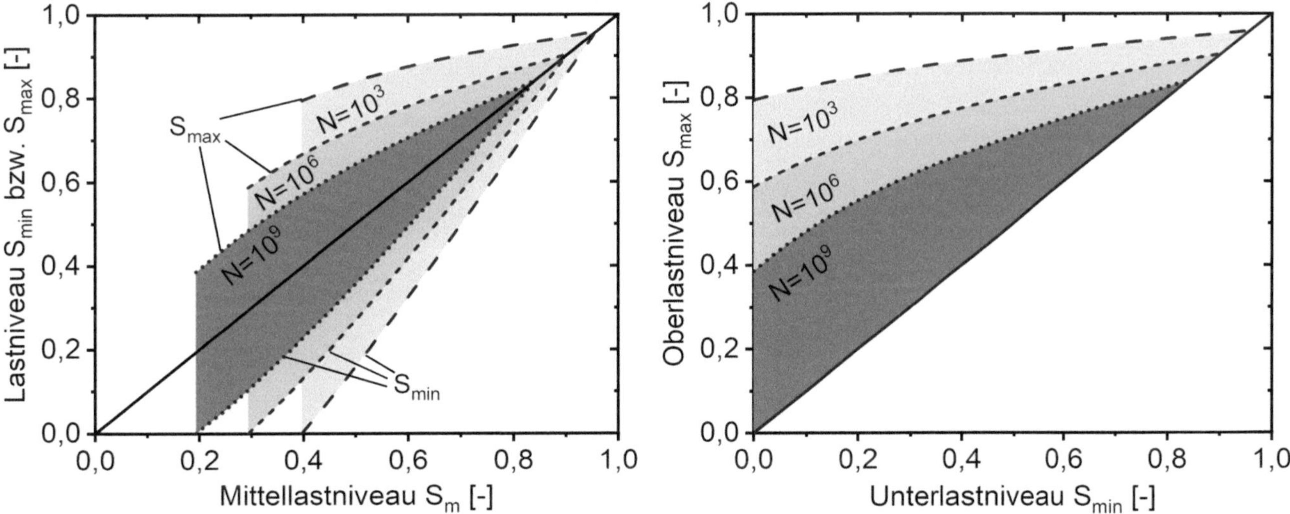

Bild 3: Smith-Diagramm nach /50, 114/ für Bruchlastwechselzahlen aus *fib* Model Code 2010 /76/

Bild 4: Goodman-Diagramm nach /50, 114/ für Bruchlastwechselzahlen aus *fib* Model Code 2010 /76/

Die Ergebnisse aus Ermüdungsversuchen sind Messwerte, die während des Ermüdungsversuchs oder beim Erreichen des Abbruchkriteriums erfasst werden. Das häufigste Ergebnis von Ermüdungsversuchen stammt aus Einstufenversuchen mit versagenden Probekörpern und ist die Ermüdungsfestigkeit in Form der Bruchlastwechselzahl N_f, also die Anzahl an Lastwechseln bis zum Versagen des Probekörpers. Während des Ermüdungsversuchs messbare Veränderungen des Probekörpers wie zum Beispiel die Dehnung, die Steifigkeit, die Ultraschalllaufzeit, Schallemissionen oder die Erwärmung, sind in Abschnitt 4.1 zusammengefasst. Um Messwerte aus Ermüdungsversuchen mit unterschiedlichen Bruchlastwechselzahlen miteinander vergleichen zu können, werden diese häufig über der Lebensdauer, dem Verhältnis aus Lastwechseln zu Bruchlastwechseln (N/N_f), dargestellt.

Die Bruchlastwechselzahlen werden in Ermüdungsfestigkeitsdiagrammen (Wöhlerdiagrammen, *S*-*N*-Diagrammen), wie in Bild 7 gezeigt, dargestellt. Hierzu wird in der Regel das Oberlastniveau S_{max} beziehungsweise der Oberwert der Spannung σ_{max} linear über den dekadischen Logarithmus der Bruchlastwechsel log(N_f) aufgetragen, wobei das Unterlastniveau S_{min} (σ_{min}) als Scharparameter verwendet werden kann. Die Ermüdungsfestigkeit beschreibt also die Anzahl der Bruchlastwechsel in Abhängigkeit vom Lastniveau. Wird das Abbruchkriterium nicht durch das Versagen des Probekörpers, sondern durch das Erreichen der Grenzlastwechselzahl ausgelöst, wird der Versuch als Durchläufer in das Diagramm eingetragen. Eine Regressionsfunktion für die halblogarithmische Darstellung bei konstanter Unterlast S_{min} (σ_{min}) wird als Wöhlerline bezeichnet. Um eine Abhängigkeit von der Mittelspannung zu veranschaulichen, haben sich das Smith- und das im Stahlbetonbau verbreitete Goodman-Diagramm durchgesetzt. Im Smith-Diagramm (Bild 3) wird das Ober- bzw. Unterspannungsniveau über das Mittelspannungsniveau aufgetragen. Im Goodman-Diagramm (Bild 4) wird das Oberspannungsniveau über das Unterspannungsniveau aufgetragen. In beiden Diagrammen ist die Bruchlastwechselzahl der Scharparameter. Es wird also für eine festgelegte Bruchlastwechselzahl die Abhängigkeit vom Ober-, Unter- beziehungsweise Mittellastniveau dargestellt.

Die Ermüdungsfestigkeit im Wöhlerdiagramm in Bild 5 kann bezüglich der Steigung der Wöhlerlinie in drei Bereiche eingeteilt werden. Die Kurzzeitfestigkeit ist der Abschnitt der Abszisse, in welchem die Wöhlerlinie nahe der statischen Beanspruchbarkeit des Werkstoffs liegt /85, 107, 122/. Von *König* /107/ wird für den Übergang der Kurzzeitfestigkeit in die Zeitfestigkeit bei Beton eine Bruchlastwechselzahl von $N_f = 10^4$ angegeben. Die Zeitfestigkeit ist der Bereich, in dem das Versagen nach entsprechender Lastspielzahl in jedem Fall eintritt und die Wöhlerlinie meist linear fällt. Der Bereich der Dauerfestigkeit beginnt nach /107/ bei $N_f > 2 \cdot 10^6$ und ist der Bereich der Wöhlerlinie in dem theoretisch kein Versagen eintritt. Über die Existenz einer Dauerfestigkeit von Beton gibt es verschiedene theoretische Annahmen. Aus bruchmechanischer Sicht argumentiert *Petković* /141/, dass eine Dauerfestigkeit nicht existieren kann, weil alle Spannungsveränderungen zu einer Schädigung beitragen. Dem widerspricht das Argument der Aktivierungsenergie von *Hohberg* /90/, wonach bis zu einer aufgebrachten Kraft, welche die zur Lösung einer Bindung benötigte Aktivierungsenergie zur Verfügung stellt, keine Dislokationsvorgänge, also keine Schädigung eintreten darf und damit eine Dauerfestigkeit theoretisch möglich wäre. Eine weitere Möglichkeit, die Bereiche der Ermüdungsbeanspruchung einzuteilen, wird von *Hsu* /94/ durch die Zuordnung von Bruchlastwechselzahlen zu in der Praxis auftretenden Belastungsszenarien vorgeschlagen (Bild 6). Die Bruchlastwechselzahlen werden in die Bereiche der „niederzyklischen“ ($\log(N_f) < 3$), „hochzyklischen“ ($3 < \log(N_f) < 7$) und „superhochzyklischen“ ($7 < \log(N_f) < 9$) Ermüdung eingeteilt.

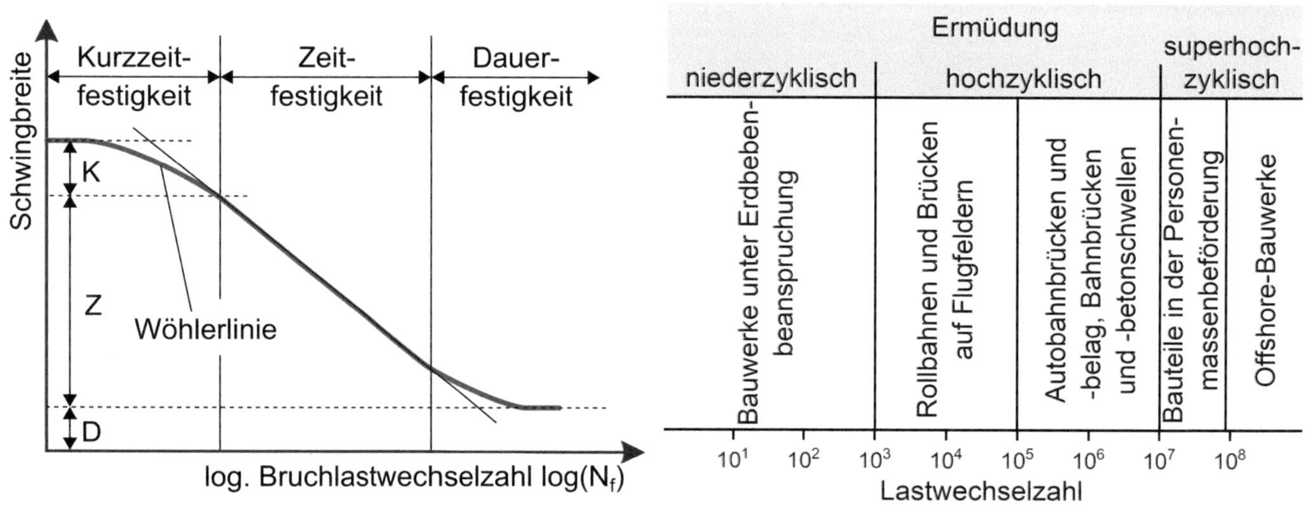

Bild 5: Festigkeitsabschnitte der Wöhlerlinie in Anlehnung an /85, 122/

Bild 6: Bereiche der Ermüdungsfestigkeit von Beton in Anlehnung an /3, 94/

In Bemessungsvorschriften zur Ermüdung von Beton /39, 56-59, 76/ sind Regressionsfunktionen für die Ermüdungsfestigkeit formuliert, welche in Abhängigkeit von der Ober- und Unterlast einen Wert für die erwartbare Bruchlastwechselzahl ergeben (Bild 8). Die Kurven gehen, abhängig vom Unterlastniveau und der Bemessungsvorschrift, ab einer Bruchlastwechselzahl von etwa $N_f = 10^8$ bis $N_f = 10^{10}$ in einen flacheren Verlauf über, womit der Übergang zu einer theoretisch möglichen Dauerfestigkeit angedeutet wird. Das Sicherheitsniveau wird unter anderem durch die Abminderung der charakteristischen Druckfestigkeit f_{ck} über Sicherheitsbeiwerte für die Dauerstandfestigkeit $\beta_{c,sus}$, die Nacherhärtung $\beta_{cc}(t)$, einen statischen Teilsicherheitsbeiwert γ_c und eine Abminderung für den Beanspruchungsfall Ermüdung α_{fat}, welche in den Bemessungswert der Druckfestigkeit unter Ermüdungsbeanspruchung $f_{cd,fat}$ einfließen, erreicht /76, 111/. Der Abminderungsfaktor für den Beanspruchungsfall Ermüdung α_{fat} wird mit zunehmender charakteristischen Druckfestigkeit f_{ck} kleiner.

$$f_{cd,fat} = \beta_{c,sus} \cdot \beta_{cc}(t) \cdot \frac{f_{ck}}{\gamma_c} \cdot \alpha_{fat} = \beta_{c,sus} \cdot \beta_{cc}(t) \cdot \frac{f_{ck}}{\gamma_c} \cdot \left(1 - \frac{f_{ck}}{40 \cdot f_{ck0}}\right) \qquad (4)$$

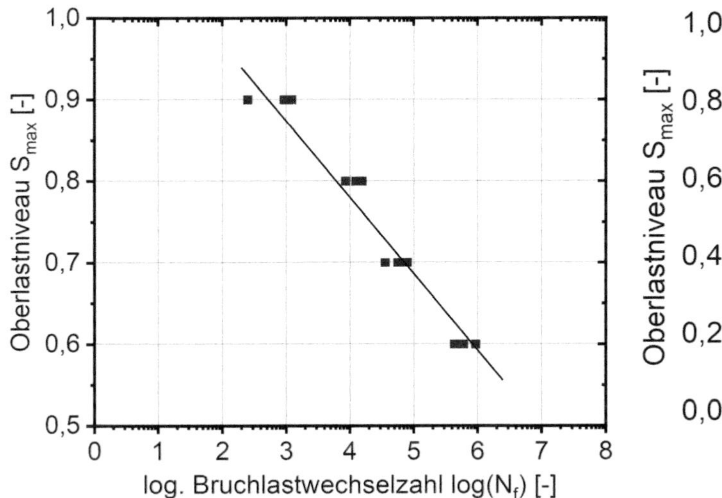

Bild 7: Bruchlastwechselzahlen in Abhängigkeit des Oberlastniveaus in einem Wöhlerdiagramm

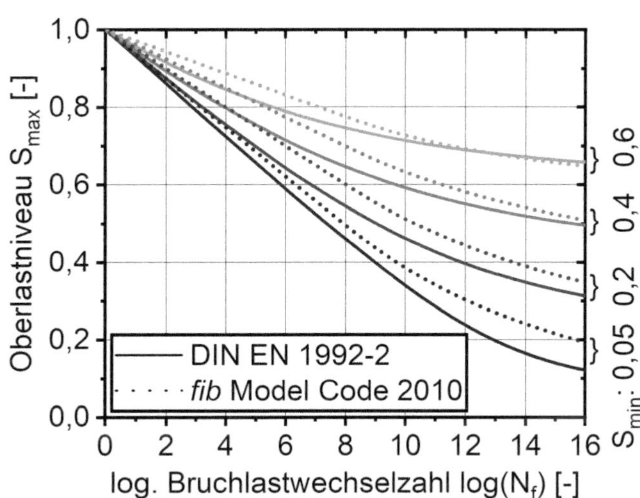

Bild 8: Wöhlerlinien zur Bemessung nach *fib* Model Code 2010 /76/ und DIN EN 1992-2:2010 /59/

Großzügige Sicherheitsfaktoren sind aufgrund der großen Streuung der Ermüdungsfestigkeit von Beton von zentraler Bedeutung. Die Verteilung der Bruchlastwechselzahlen im Druckschwellversuch wird üblicherweise mit einer logarithmischen Normalverteilung beschrieben /91, 106, 107, 141, 194/. Dies wird vielfach begründet mit der Überlagerung der allgemein als normalverteilt angenommenen Kurzzeitfestigkeit und dem linearen Zusammenhang zwischen Lastniveau und logarithmierter Bruchlastwechselzahl der Wöhlerlinie. Die logarithmische Normalverteilung der Bruchlastwechselzahl wurde mit Druckschwellversuchen an normalfestem Beton auf zwei Lastniveaus mit bis zu 39 Probekörpern von *Weigler* /194/ bzw. *Klausen* /106/ bestätigt. Neuere Studien diskutierten die Verwendung der, typischerweise bei Biegezugversuchen an Hochleistungskeramiken (DIN EN 843-5:2007 /52/) angewendeten, Weibullverteilung mit zwei Parametern an faserverstärktem normalfestem Beton /137/ beziehungsweise mit drei Parametern an faserverstärktem hochfestem Beton /154/ unter Druckschwellbelastung. Die Weibullverteilung wurde, ebenfalls zur Auswertung von Ermüdungsversuchen im 4-Punkt-Biegezugversuch verwendet /4, 134/. /133/ beobachtete in Ermüdungsversuchen unter 4-Punkt-Biegezugbelastung, die mit der Weibull-Verteilung ausgewertet wurden, eine größere Streuung für niedrigere Oberlasten und folgerte daraus auf eine Lastabhängigkeit der Verteilungsfunktion. Von /17/ wurden die Weibull- und die Normalverteilung mit dem Größeneffekt (siehe Abschnitt 4.3) in Verbindung gebracht, womit sie unter anderem abhängig von der Probekörpergröße sind.

In Regelwerken für Beton ist den Autoren keine Angabe für den Fehler der mittleren Bruchlastwechselzahl von der Anzahl der Versuche bekannt. Für metallische Werkstoffe gibt es allerdings in DIN EN ISO 50100:2016 Angaben zu Abhängigkeit des Fehlers von der Anzahl der Versuche. In der experimentellen Praxis zur Bestimmung von Wöhlerlinien in Druckschwellversuchen an Beton gehören Studien mit 10 bis 15 Probekörpern pro Lastniveau bei vier Lastniveaus pro Wöhlerlinie /91, 194/ zu den umfangreicheren Studien. Für eine Unterscheidung verschiedener Verteilungsfunktionen werden jedoch bei der mechanischen Prüfung von Hochleistungskeramiken (DIN EN 843-5:2007 /52/) mindestens 30 Versuche empfohlen. In Studien an Beton wurden häufiger sechs Probekörper pro Lastniveau untersucht /95, 105, 145, 177/, was nach /139/ bei einer angenommenen logarithmischen Normalverteilung einem Fehler von 25 % für einen Vertrauensbereich von 95 % ergab.

3.2 Prüftechnische Voraussetzungen für Ermüdungsversuche

Grundsätzlich orientieren sich die folgenden Empfehlungen zur Durchführung von Ermüdungsversuchen unter Druckschwellbelastung an den technischen Anforderungen für die Prüfung von Beton /64-66/. Bezogen auf die Messtechnik und die Prüfmaschine gehen die Empfehlungen über die Normen hinaus. Je nach Fragestellung der Untersuchungen kann es jedoch sinnvoll sein von den aufgeführten Empfehlungen abzuweichen.

3.2.1 Anforderungen an die Prüfmaschine

Prüfmaschinen zur Ermüdungsprüfung von Beton sollten die Anforderungen nach DIN EN 12390-4:2020 /65/ erfüllen. Dies gilt, insbesondere für die Geometrie der Kalotte und die Konstruktion der Druckplatten. Grundsätzlich ist in zyklischen Versuchen von dem Einsatz von, im unbelasteten Zustand, frei bewegbaren Teilen (Abstandsblöcke) abzusehen, um eine veränderbare Lasteinleitung auszuschließen. Insbesondere bezüglich der Messung der Verformungen, der Programmierung und Regelung der zyklischen Kräfte sind Anforderungen zu erfüllen, welche entsprechend DIN EN 12390-13:2021 /67/ über DIN EN 12390-4:2020 /65/ hinaus gehen.

DIN EN 12390-13:2021 /67/ erweitert die Anforderungen der DIN EN 12390-4:2020 an Druckprüfmaschinen für die Prüfung des E-Moduls und kann als Grundlage für zyklische Ermüdungsversuche herangezogen werden. Um die notwendige zyklische Belastung einer Ermüdungsprüfung zu realisieren, kann entweder auf Resonanzprüfmaschinen oder servohydraulische Prüfmaschinen zurückgegriffen werden. Während eine Programmierbarkeit von Belastungszyklen sowie die Änderung von Lasten mit einer vorgegebenen Laständerungsrate bei servohydraulischen Prüfmaschinen bestehen bleibt, können Resonanzprüfmaschinen von dieser Anforderung abweichen. Außerdem sollten servohydraulische Prüfmaschinen über den gesamten Arbeitsbereich von der unteren bis zur oberen Prüfkraft entsprechend DIN EN ISO 7500-1:2018 /69/ kalibriert sein und die Anforderungen an Klasse 1 erfüllen.

In Resonanzprüfmaschinen sind tendenziell höhere Prüffrequenzen sowie reduzierte Energiekosten realisierbar /27, 47, 103, 157/. Bei servohydraulischen Prüfmaschinen ist die Prüffrequenz f_p vor allem durch den maximalen Volumenstrom Q des Hydrauliksystems limitiert. Er wird im Wesentlichen durch die Leistung des Hydraulikaggregats, die Druckverluste im Rohrleitungssystem und die Kapazität der Ventile bestimmt. Der benötigte mittlere Volumenstrom wird bei einer sinusförmigen Belastungsfunktion von der Querschnittsfläche des Hydraulikkolbens A_{Hyd}, dem Kolbenhub H und der Prüffrequenz f_p bestimmt.

$$Q = \pi \cdot f_p \cdot H \cdot A_{Hyd} \qquad (5)$$

Der Hub des Arbeitskolbens H lässt sich aus der Höhe des Probekörpers h, der Querschnittsfläche des Probekörpers A_{Probe}, dem E-Modul E des Probekörpers und der Kraftdifferenz des Ermüdungsversuchs $\Delta F = F_{max} - F_{min}$ abschätzen.

$$H = \frac{\Delta F \cdot h}{A_P \cdot E} \qquad (6)$$

Zusätzlich ist die Verformung des Lastrahmens der Prüfmaschine zu berücksichtigen. Bei der Konzipierung eines Ermüdungsprüfstandes bzw. von Ermüdungsversuchen muss berücksichtigt werden, dass höhere Prüffrequenzen zwar die Prüfdauer reduzieren, diese aber Auswirkungen auf das Materialverhalten haben können. Insbesondere bei hochfestem Beton können dadurch erhebliche Erwärmungen der Probekörper die Folge sein. Beispielsweise kann es bei hochfestem Beton der Klasse C80 bei einer Prüffrequenz von f_p = 10 Hz zu Erwärmungen des Probekörpers von über 40 K kommen /74/ (siehe Abschnitt 4.2).

3.2.2 Anforderungen an die Messtechnik

Um die auf den Probekörper einwirkenden zyklischen Belastungen zu dokumentieren, sollten mindestens die Anzahl der aufgebrachten Zyklen aufgezeichnet werden. Für eine Analyse der Schädigungsevolution können neben dem Kraftverlauf weitere Messgrößen, wie die Änderung des Druckplattenabstands und die Probekörperverformungen mit einer Frequenz von mindestens dem zehnfachen der Belastungsfrequenz aufgezeichnet werden. Zur Datenreduktion bei hochzyklischen Versuchen kann die Aufzeichnung der Daten auf die Zyklen zu Beginn des Versuches (bis zur Einregelung der Kraftspitzenwerte auf 1 % der Sollwerte) sowie auf Zyklen in regelmäßigen Abständen während des Versuchs reduziert werden. Um die Daten während des Bruchereignisses zuverlässig speichern zu können wird empfohlen, alle Daten zusätzlich in einem Ringspeicher abzulegen, dessen Aufzeichnung mit dem Abbruchkriterium beendet wird. Die Längenänderungsmesseinrichtungen zur Erfassung der Verformung des Probekörpers während des Ermüdungsversuchs sollten mindestens der Klasse 1 nach DIN EN ISO 9513:2013 /70/ entsprechen. Der erforderliche Messbereich ist vor allem abhängig von der Schlankheit, der Betonmischungszusammensetzung der Probekörper und dem Lastniveau. Die Wegaufnehmer zur Messung der Änderung des Druckplattenabstandes sollten an drei Stellen um 120° versetzt zwischen den Druckplatten im gleichen Abstand vom Zentrum der Probekörper angebracht werden. Bei der Auswahl der Messeinrichtungen ist zu beachten, dass viele Sensoren nur eine begrenzte Anzahl von Bewegungsspielen ertragen. Alternativ können berührungslos messende Sensoren, wie Laser- oder Wirbelstromsensoren, verwendet werden. Wird ein plötzliches, sprödes Versagen der Probekörper erwartet, so wird empfohlen die Längenänderungsmesseinrichtung und die Umgebung vor umherfliegenden Bruchstücken zu schützen. Für lokale Längenmessungen, zum Beispiel der Quer- und Längsdehnung des Probekörpers, werden Dehnungsmessstreifen (DMS) empfohlen. Die Erfahrung zeigt allerdings, dass DMS häufig schon vor dem Versagen der Probekörper keine zuverlässigen Messwerte mehr liefern. Es werden lokal überhöhte Dehnungswerte, die Ermüdung des Klebstoffs, die Ermüdung der DMS, die Rissbildung und die Schalenbildung des Probekörpers als Ursache vermutet.

Die Temperatur des Probekörpers sollte, insbesondere bei hochfestem Beton und höheren Prüffrequenzen, während des gesamten Versuchs an mindestens einer Stelle auf der Oberfläche auf halber Höhe des Probekörpers gemessen werden, um mögliche Temperatureffekte zu erkennen. Hierzu können z. B. kontaktlose Strahlungsthermometer oder nach DIN EN 1363-1:2020 /55/ gefertigte Scheiben-Thermoelemente verwendet werden.

Mit akustischen Prüfmethoden, wie der Schallemissionsanalyse oder mit Ultraschallmessungen, kann der Verlauf des Ermüdungsprozesses zusätzlich erfasst werden /173/. Je nach Größe der Probekörper und den Dämpfungseigenschaften des Betons liegen die für solche Messungen geeigneten Frequenzen zwischen 20 kHz und 500 kHz. Gegebenenfalls sind technische Anpassungen notwendig, um z. B. vom Hydrauliksystem in diesem Frequenzbereich ausgehende Störgeräusche zu minimieren.

3.2.3 Anforderungen an die Probekörper

Für die Ermüdungsprüfung sind zylindrische Probekörper mit einer Schlankheit (Verhältnis von Höhe zu Durchmesser) von 2:1 oder 3:1 gut geeignet. Bewährt haben sich insbesondere Zylinder mit einem Durchmesser von d = 100 mm und einer Höhe von h = 300 mm. Diese wurden im Verbundprojekt als Referenz-Probekörpergeometrie für die Ermittlung der Wöhlerlinien verwendet. Probekörper für Ermüdungsversuche sollten hinsichtlich der Maßhaltigkeit, der Ebenheit der Lasteinleitungsflächen und der Rechtwinkligkeit zwischen Lasteinleitungs- und Mantelflächen mindestens den Anforderungen aus DIN EN 12390-1:2021 /61/ entsprechen.

Die Herstellung und Lagerung der Proben sollte, je nach Zielstellung der Untersuchungen, nach DIN EN 12390-2:2019 /63/ erfolgen. Abweichende Lagerungsbedingungen, beispielsweise für besonders große Probekörper, die nicht in einem Klimaraum gelagert werden können, sollten dokumentiert werden. Aufgrund der zumeist langen Versuchsdauern ist es im Allgemeinen nicht möglich, alle Ermüdungsprüfungen für eine Probencharge innerhalb weniger Tage abzuschließen. Um den Einfluss der Nacherhärtung des Betons gering zu halten, sollten die Proben möglichst erst nach dem Abklingen des Hydratationsvorgangs, also z. B. frühestens 56 Tage nach der Herstellung, geprüft werden. Einige Betone, insbesondere mit einem hohen Anteil puzzolanischer Bindemittel, können längere Lagerungszeiten erfordern. Gegebenenfalls ist die Entwicklung der Druckfestigkeit zwischen den Ermüdungsversuchen an separaten Proben zu prüfen.

4 Stand der Forschung

In diesem Kapitel werden anhand der bisherigen Forschungen die derzeitigen Erkenntnisse in Bezug auf die Probekörperveränderungen im Ermüdungsprozess, Einflussfaktoren auf den Ermüdungsprozess und Modellansätze für verschiedene Größeneffekte erläutert. Darauf aufbauend wird der Einfluss der Schlankheit und Größe der Probekörper auf linear monoton und zyklisch belastete Probekörper diskutiert.

4.1 Der Schädigungsprozess unter Druckschwellbeanspruchung

Die ermüdungsbedingten Veränderungen bei Probekörpern aus Beton unter Druckschwellbeanspruchung sind im Allgemeinen mit einem dreiphasigen Schädigungsprozess verbunden. Materialeigenschaften, wie z. B. der E-Modul oder die Schallgeschwindigkeit, ändern sich dabei in der ersten und in der letzten Phase der Lebensdauer besonders ausgeprägt mit einer exponentiell beschreibbaren Form. In der mittleren und längsten Phase hingegen ändern sich die Eigenschaften mit einer wesentlich kleineren, nahezu konstanten Rate.

Im Wesentlichen kann die Schädigung im Ermüdungsprozess auf die Entstehung und das Wachstum von Mikrorissen zurückgeführt werden /34, 162, 173/. Daraus resultieren Änderungen der Dichte /106, 162/ und der Steifigkeit /173/ der Proben. Zudem treten, ähnlich wie beim Kriechen, viskoplastische Verformungen auf /116, 173, 185/. Die ermüdungsbedingten Änderungen der Materialeigenschaften können mit verschiedenen Messverfahren detektiert werden, für die ein breites Spektrum von Methoden zur Analyse des Ermüdungsprozesses zur Verfügung steht.

Zur Charakterisierung bzw. Analyse der Ermüdungsprozesse wird in den meisten Untersuchungen die Entwicklung der Verformung in Lastrichtung herangezogen. Gemessen wird in der Regel eine Längenänderung zwischen den Unter- und Oberlastniveaus. Die Messung erfolgt lokal, z. B. mit DMS über einen kleinen Bereich der Oberfläche /72, 90, 91, 96, 101, 105, 116, 141, 173/ oder über die gesamte Probenhöhe /95, 106, 124, 135, 191/, z. B. über die Änderung des Druckplattenabstandes.

Analysen der Entwicklung der Stauchung bei konstanten Lastniveaus zeigen, dass in der zweiten Ermüdungsphase die logarithmierte Steigung der Stauchung pro Lastwechsel sowohl für normalfeste Betone /43, 93, 115, 141, 167/, als auch für hochfeste Betone /135, 141, 191/ proportional mit zunehmender logarithmierter Bruchlastwechselzahl abnimmt. Die Verformungsänderung über die Lebensdauer bei der Oberlast ist in normalfesten Betonen typischerweise größer als bei hochfesten Betonen /72, 105, 141, 191/.

Die Umfangsdehnung des Probekörpers nimmt generell geringfügig bis zum Anfang der dritten Ermüdungsphase bei einer Lebensdauer von ca. N/N_f = 0,8 zu, ab welcher eine beschleunigte Zunahme einsetzt /9, 124, 141, 162/. Die aus der Quer- und Längsverformung abschätzbare Volumenänderung zeigt, dass die nicht monotone Volumenentwicklung gegen Ende der Lebensdauer von der anfänglichen Volumenabnahme in eine Volumenzunahme übergeht, welche die initiale Verdichtung um ein Vielfaches übersteigt /25, 91, 101, 106, 162/. Mittels digitaler Bildkorrelation zeigte *Thiele* /173/, dass die lokale Verformung an der Probekörperoberfläche aufgrund der heterogenen Gefügestruktur stark variiert. Entsprechend können lokale Verformungsmessungen mit DMS große Streuungen zeigen und vor dem Versagen des Probekörpers stark driften und ausfallen /141/.

Aus der axialen Verformungsamplitude zwischen Unter- und Oberlast kann ein Sekantenmodul berechnet werden. Dieser Sekantenmodul fällt in drei Phasen monoton ab /91, 101, 116, 135, 169, 183, 186/. Die Abnahme des Sekantenmoduls ist abhängig vom Lastniveau /91, 173, 186/ und ist in den Untersuchungen von /72, 90, 141/ typischerweise für die untersuchten normalfesten Betone (45 MPa < f_c < 57 MPa) stärker ausgeprägt als für die hochfesten Betone (f_c > 90 MPa).

In der Anfangsphase der Ermüdungsbeanspruchung ist die aus der Ermüdungsbelastung resultierende Spannungs-Dehnungs-Linie konkav geformt und wird im weiteren Verlauf der Ermüdungsbeanspruchung zunehmend konvex /23, 72, 91, 101, 116, 173, 183/. Die konvexe Spannungs-Dehnungs-Linie entspricht einer zunehmenden Steifigkeit mit steigender Last, was einem Verdichten der Betonmatrix sowie dem Überdrücken von Mikrorissen, deren Rissebene senkrecht zur Lastrichtung liegt, infolge der Belastung zugeschrieben wird /116, 162, 173/. Die Krümmungsumkehr der Spannungs-Dehnungs-Linie in der frühen Phase der Ermüdungsbelastung ist nach ersten Untersuchungen von /78, 79/ bei hochfestem Beton vermutlich geringer ausgeprägt als bei normalfestem Beton.

Neben der Steifigkeit können verschiedene Energieanteile, die sich z. B. aus der Fläche innerhalb der Hysteresekurve der Spannungs-Dehnungs-Linie zwischen Be- und Entlastung ergeben, analysiert werden. Die in einem Lastwechsel dissipierte Energie /31, 72, 144, 172/ kann anhand der Änderungsrate /95/ oder Summe /30/ zur Schädigungscharakterisierung verwendet werden. Weitere kumulative Anteile der Formänderungsenergiedichte, wie z. B. die Fläche im Spannungs-Dehnungs-Diagramm zwischen der ersten Belastung und den folgenden beziehungsweise der letzten Entlastung, können zur Schädigungscharakterisierung herangezogen werden /142, 173/. Grundlage für die Betrachtungen von *Pfanner* /142/ bildet die Hypothese, dass die zum Versagen führende Formänderungsenergiedichte unabhängig davon ist, ob es sich um eine zyklische oder monotone Belastung handelt. Diese Hypothese konnte von *Thiele* /173/ durch den Vergleich von Versuchen mit statischen und zyklischen Belastungen beziehungsweise verschiedenen zyklischen Versuchen nicht bestätigt werden.

Die durch die zyklische Belastung in den Probekörper eingetragene Energie macht sich, je nach Versuchsparametern, durch eine zunehmende Temperatur des Probekörpers bemerkbar. Während es bei normalfestem Beton typischerweise erst bei höheren Prüffrequenzen zu einer messbaren Erwärmung kommt /5/, ist eine Probekörpererwärmung bei hochfestem Beton bereits bei einstelligen Prüffrequenzen ein häufig beobachtetes Phänomen /74, 75, 78, 159/. Die Erwärmung bis zum Versagen des Probekörpers ist dabei außerdem abhängig von der Spannungsamplitude, der Versuchsdauer und dem Wärmeaustausch des Probekörpers mit der Umgebung.

Die Schädigungsentwicklung in einem Probekörper kann anhand der Änderung der in Bild 9 dargestellten Ultraschallgeschwindigkeit beobachtet werden. Qualitativ verläuft die Änderung der Ultraschallgeschwindigkeit bis zum Ermüdungsversagen /33, 78, 101, 146, 162, 169, 173, 178, 186/ ähnlich der Änderung des Sekantenmoduls /169, 173, 186/. Ein Vergleich der Entwicklung der Ultraschallgeschwindigkeiten senkrecht und parallel zur Belastungsrichtung deutet ab der ersten Ermüdungsphase auf ein zunehmend anisotropes Risswachstum hin /79, 101, 173/. Bereits ab einer Lebensdauer von N/N_f = 0,1 beobachtete /173/, dass die relative Häufigkeit von Rissen mit Orientierung parallel zur Lastrichtung in Längsschnitten sichtbar zunahm. Das Rissbild ist damit dem anisotropen Bruchbild aus Versuchen mit linear monotoner Druckspannung qualitativ ähnlich /160, 188/.

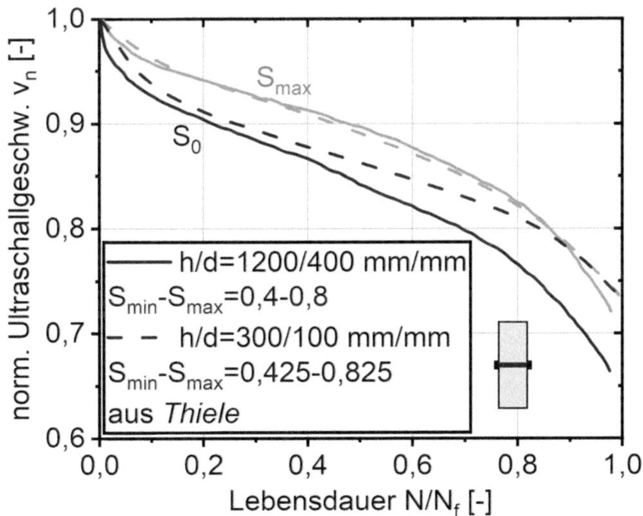

Bild 9: Entwicklung der normierten Ultraschallgeschwindigkeit für unterschiedlich große Proben aus *Thiele* /173/

Neben der Ultraschallgeschwindigkeit kann die Dämpfung der Schallwellen als Indikator für den Schädigungsverlauf verwendet werden. Ein Maß für die Änderung der Dämpfung ist die am Ultraschallempfänger gemessene Größe der Signalamplitude bei konstanter Pulsamplitude am Ultraschallsender. Die Dämpfung reagiert sehr empfindlich auf die Schädigung in Beton /169, 173/. Allerdings hängt sie zugleich stark von der Qualität der akustischen Ankopplung der Sensoren ab. Da eine über die Versuchsdauer gleichbleibende Ankopplung schwer realisierbar und kontrollierbar ist, wird die Dämpfung nur selten als Schädigungsindikator herangezogen.

Bei der Entstehung und dem Wachstum von Mikrorissen und durch die Reibung an den Rissufern können transiente Ultraschallwellen, sogenannte Schallemissionswellen, entstehen, die sich im Material ausbreiten und mit piezoelektrischen Sensoren an der Oberfläche detektiert werden können. Die Schallemissionsaktivität, d.h. die Anzahl der pro Zeit detektierten Schallereignisse, lässt somit Rückschlüsse auf den Schädigungsprozess zu. Durch /1, 106, 168, 173, 174, 178, 189/ konnte gezeigt werden, dass die Schallemissionsaktivität mit der Änderung von Materialeigenschaften wie E-Modul oder Ultraschallgeschwindigkeit korreliert.

4.2 Einflussfaktoren auf den Ermüdungsprozess

Das Ermüdungsverhalten von Beton wird durch verschiedene Faktoren beeinflusst. Zu den ausschlaggebenden Faktoren gehören nach *König & Danielewitz* /107/ das Lastniveau, die Beanspruchungsart (Druck, Zug, einaxial, mehraxial, zentrisch, exzentrisch), die Umweltbedingungen (feucht, trocken) und die Prüffrequenz. Zu den weniger ausschlaggebenden Faktoren gehören danach die Betongüte, Betonmischungszusammensetzung und die Belastungsgeschichte (Lastpausen, Lastfolgen). Diese Einflussfaktoren werden in *Marx* /114/ detailliert dargestellt. Im Folgenden werden die für die vorgestellten Untersuchungen relevanten Einflussfaktoren zusammengefasst. Ein wichtiger und bisher wenig beachteter Einflussfaktor ist die Schlankheit bzw. Größe der Probekörper, welcher in Abschnitt 4.5 detailliert analysiert wird.

Der Einfluss des Lastniveaus auf die Bruchlastwechselzahl und die Verformung der Proben in Druckschwellversuchen ist, vor allem aufgrund der hohen praktischen Relevanz, einer der am meisten untersuchten Einflussgrößen. Der Zusammenhang zwischen dem Lastniveau und der Bruchlastwechselzahl wird umfassend in Bemessungsvorschriften /39, 56-59, 76/ beschrieben. Bei konstantem minimalem Lastniveau nimmt die Bruchlastwechsel mit steigendem maximalem Lastniveau ab. Außerdem steigt die Bruchlastwechselzahl bei zunehmendem minimalem Lastniveau und konstantem maximalen Lastniveau /106, 141, 149, 177, 191/. Die abnehmende Spannungsamplitude erhöht die Bruchlastwechselzahl folglich mehr als das gleichzeitig zunehmende mittlere Lastniveau eine Abnahme der Bruchlastwechselzahl verursacht. Für weitere Details sei auf /107/ verwiesen.

Um die Versuchszeit zu reduzieren, kann eine möglichst hohe Prüffrequenz angestrebt werden. Sie hat jedoch einen vom maximalen Lastniveau abhängigen Einfluss auf die Bruchlastwechselzahl in Druckschwellversuchen. Oberhalb eines kritischen Lastniveaus S_{krit} nimmt die Bruchlastwechselzahl mit zunehmender Prüffrequenz zu, während sie unterhalb dieses Lastniveaus mit zunehmender Prüffrequenz abnimmt /74, 90, 159/. Nach *Schneider* /159/ sind hierbei zwei gegenläufige Prozesse relevant. Untersucht wurden trockene Proben mit einer Zylinderdruckfestigkeit von f_{cm} = 120 MPa bei einer Prüffrequenz von f_p = 2 Hz, f_p = 4 Hz und f_p = 7 Hz. Ab einer kritischen Spannung von etwa $S_{max} \geq S_{krit}$ = 0,75 führte demnach die hohe Belastungsgeschwindigkeit bei Prüffrequenzen von f_p = 4 Hz und f_p = 7 Hz zu einer zunehmenden effektiven Druckfestigkeit, folglich zu einer Reduktion des effektiven Lastniveaus und damit zu einer Zunahme der Bruchlastwechselzahl. Bei $S_{max} < S_{krit}$ = 0,75 führten zunehmende Prüffrequenzen insbesondere bei hochfesten Betonrezepturen zu zunehmenden Temperaturen der Probekörper und abnehmenden Bruchlastwechselzahlen. Steigende lokale und globale thermo-mechanische Spannungen, Trocknungsrisse und ein erhöhter Wasserdampfdruck in den Poren bei zunehmender Temperatur wurden als Ursache für die reduzierte Bruchlastwechselzahl von *Myrtja* /125/ diskutiert.

Bei normalfestem Beton ($f_c \leq$ 56 MPa), einem maximalen Lastniveau größer als S_{max} = 0,7 und einer Prüffrequenz $f_p \leq$ 20 Hz nimmt die Bruchlastwechselzahl mit steigender Prüffrequenz zu /91, 149, 167, 194/. Es ist naheliegend zu vermuten, dass bei normalfestem Beton aufgrund der geringeren Eigenerwärmung das oben beschriebene kritische Lastniveau kleiner als S_{krit} = 0,75 ist.

Ein noch kleinerer Wert von S_{krit} = 0,45 bis S_{krit} = 0,55 wurde für wassergelagerte Probekörper durch *Hohberg* /90/ abgeschätzt. Entsprechend beobachtete *van Leeuwen* /180/ eine Zunahme der Bruchlastwechselzahl mit zunehmender Prüffrequenz bei $S_{max} \geq$ 0,55 für unter Wasser gelagerte und geprüfte Probekörper.

Im Verbundprojekt WinConFat wurde der Einfluss der Belastungsfrequenz von *Schneider* /159/ für die Rezeptur f_c = 120 MPa und die Probengeometrie h/d = 300/100 mm/mm untersucht. Es zeigt sich, dass auf dem Lastniveau S_{min}-S_{max} = 0,05-0,7 der Unterschied der logarithmierten Bruchlastwechselzahl zwischen f_p = 2 Hz und f_p = 4 Hz größer ist als jener zwischen f_p = 4 Hz und f_p = 7 Hz.

Untersuchungen zur Auswirkung von Lastpausen auf dem Unterlastniveau /88, 194/ oder dem kriechaffinen Spannungsniveaus /159/ auf das Ermüdungsverhalten kamen zu unterschiedlichen Ergebnissen. So wurde die Bruchlastwechselzahl von Leichtbeton nach *Weigler* /194/ durch Lastpausen von bis zu 10 min nicht beeinflusst. An normalfestem Beton stellte *Härig* /88/ eine Zunahme der Bruchlastwechselzahl durch eingefügte Lastpausen fest. Nach *Hohberg* /90/ war der Einfluss von Lastpausen auf die Bruchlastwechselzahl an Zylindern (h/d = 300/100 mm/mm) aus normalfestem Beton bei f_p = 10 Hz abhängig vom maximalen Lastniveau und ab etwa 30 min Pause unverändert. Demnach nahm die Bruchlastwechselzahl bei S_{max} = 0,66 um etwa das 2,4-fache der Bruchlastwechselzahl ohne Lastpausen zu und bei S_{max} = 0,84 nahm die Bruchlastwechselzahl auf etwa das 0,25-fache der Bruchlastwechselzahl ohne Lastpausen ab.

Untersuchungen von *Schneider* /159/ an Zylindern (h/d = 300/100 mm/mm) aus hochfestem Beton bei $f_p \leq 7$ Hz und S_{max} = 0,7 zeigten, dass das Abkühlen des Probekörpers in den Lastpausen die Bruchlastwechselzahlen erhöht. Es kann also festgehalten werden, dass der Einfluss von Lastpausen oberhalb von $S_{max} \geq 0,75$ nicht abschließend geklärt ist und bei $S_{max} \leq 0,7$ entweder keine oder eine Zunahme der Bruchlastwechselzahl zu erwarten ist.

Die Untersuchungen von Lastfolgen zeigen, dass die, den Bemessungsvorschriften /59, 76/ zugrunde gelegte, lineare Schädigungsakkumulation nach *Palmgren /138/* und *Miner* /118/ im Allgemeinen nicht der realen Schädigungsentwicklung von Beton entspricht. Nach der linearen Schädigungsakkumulationshypothese spielt die Reihenfolge der Lastkollektive keine Rolle und die Schädigungssumme beim Ermüdungsversagen ist D = 1. Während /106, 171, 194/ anhand von Druckschwellversuchen mit veränderter Amplitude eine Schädigungssumme von D = 1 ermittelten, kamen /11, 91, 201/ auf eine Schädigungssummen $D \neq 1$. In Versuchen mit steigenden Amplituden der Lastfolgen waren hier die Schädigungssummen $D > 1$ und in Versuchen mit fallenden Amplituden der Lastfolgen waren die Schädigungssummen $D < 1$.

Werden Probekörper im Druckschwellversuch exzentrisch belastet, so verändern die asymmetrischen Spannungszustände im Probekörper das Ermüdungsverhalten. *Ople* /136/ zeigte an Betonprismen (100 x 150 x 300 mm) der Festigkeit f_c = 34,5 MPa mit einer Exzentrizität von bis zu 25,4 mm, dass die Bruchlastwechselzahl von exzentrisch belasteten Probekörpern größer ist als die Bruchlastwechselzahl zentrisch belasteter Probekörper. Diese Beobachtung kann durch Spannungsumlagerungen erklärt werden. Exzentrisch auf einen Probekörper wirkende Lasten führen zu einem inhomogenen Spannungsfeld im Probekörper. In Bereichen größerer Spannung nimmt die Schädigung stärker zu und damit die Steifigkeit stärker ab als in Bereichen geringer Spannung. Infolge der Reduktion der Steifigkeit werden die Spannungen in Bereiche höherer Steifigkeiten umgelagert. Der Prozess der Spannungsumlagerung wurde an auf Biegung belasteten Beton- und Stahlbetonbalken überprüft /47, 89/. Von *Thiele* /173/ wurden zunehmende Materialveränderung im mittleren Drittel der Probekörper mit voranschreitender Versuchsdauer unter anderem auf zunehmende zeitabhängige Lastumlagerungsprozesse im Betongefüge zurückgeführt. Ebenso wurden von /173/ stärker ausgeprägte Veränderungen bei größeren Probekörpern in niederzyklischen Versuchen beobachtet.

Die Feuchte der Probekörper hat einen großen Einfluss auf das Probekörperverhalten unter Ermüdungsbeanspruchung. Die Bruchlastwechselzahl von unter Wasser gelagerten und geprüften Probekörpern ist deutlich kleiner als jene von trocken (T = 20 °C und RH = 65 %) gelagerten Probekörpern /90, 95, 120, 121, 132, 180/. Dies wird von entsprechenden Bemessungsvorschriften des DNV /71/ berücksichtigt. Von *Hümme* /95/ wurde von einer größeren dissipierten Energie, Dehnungs- und Steifigkeitsabnahme je Lastwechsel bei unter Wasser gelagerten und geprüften Probekörpern berichtet. Überdruck von Porenwasser und ein erodierendes Wasserpumpen wurden als mögliche Ursachen diskutiert. Detailliertere Informationen zum veränderten Ermüdungsverhalten von unter Wasser gelagerten und geprüften Probekörpern sind in einem anderen Teilprojekt des Verbundprojektes WinConFat von *Tomann* /175/ zu finden.

Die Mischungszusammensetzung eines Betons umfasst einen großen Bereich an möglichen betontechnologischen Variablen. Deren Einfluss auf das Ermüdungsverhalten wird in erster Näherung häufig auf die resultierende statische Druckfestigkeit reduziert. Während einige Autoren von einer Abnahme der Bruchlastwechselzahl mit zunehmender Druckfestigkeit von bis zu $\Delta\log(N_f)$ = 1,5 berichteten /105, 107, 130, 177, 180, 191, 201/, fanden andere Autoren keinen Einfluss der Druckfestigkeit /23, 72, 80, 90/ oder hielten diesen für vernachlässigbar /111, 141/. Die Ermüdungsfestigkeit kann zusätzlich von der Gesteinskörnung, dem Bindemittel und dem Zusatz von Fasern abhängen, was von *Marx* /114/ detaillierter analysiert wurde. Wie in Abschnitt 4.1 ausgeführt wird, zeigten Untersuchungen des Ermüdungsprozesses, dass hochfester Beton eine reduzierte Kapazität für Verformungen /72, 105, 141, 191/ und eine geringere Steifigkeitsabnahme innerhalb der Lebensdauer /72, 90, 141/ aufwiesen als normalfester Beton. Abnehmende Probekörperveränderungen wurden von /141, 173/ mit einer reduzierten Kapazität für Lastumlagerungen in Verbindung gebracht. Eine reduzierte plastische Verformbarkeit wird als zunehmende Sprödigkeit bezeichnet. Ein sprödes Materialverhalten ist typisch für defektarme mineralische Materialien. Aufgrund der porösen, ungeordneten Struktur verhält sich Beton nach /19/ makroskopisch jedoch quasispröde, das heißt, das plastische Verhalten der Spannungs-Dehnungs-Linie ist das Ergebnis mikroskopischer Gefügeschädigungen. Ebenso können jedoch plastische Kriechverformungen unter statischen Lasten wie z. B. in /29/ mit viskoplastischen Materialmodellen beschrieben werden. Der Bemessungswert der Betondruckfestigkeit unter Ermüdungsbeanspruchung schreibt mit zunehmender charakteristischer Druckfestigkeit eine zunehmende Sicherheit vor /39, 59, 76/, wodurch die zunehmende Sprödigkeit berücksichtigt wird.

4.3 Modellvorstellungen für den Größeneffekt

Der Größeneffekt ist ein Sammelbegriff für den Einfluss der Bauteil- oder Probengröße auf das Versagensverhalten bzw. auf die mechanischen Eigenschaften. Häufig wird für Beton eine Reduktion der Festigkeit mit zunehmender Größe als Größeneffekt bezeichnet. Nach *Bažant* /18/ wurde der Größeneffekt bereits in Arbeiten von *Leonardo da Vinci* /44/ und *Galileo Galilei* /81/ anhand von Seilen und Knochen diskutiert, welche mit zunehmender Länge beziehungsweise Größe an Festigkeit abnehmen.

In der Literatur werden unter anderem die folgenden Einflussfaktoren sowie Modellansätze hinsichtlich der Erklärung bzw. Beschreibung von Größeneffekten diskutiert:

- Herstellungsbedingte Einflüsse (Randzoneneffekt)
- Physikalisch bedingte Einflüsse (thermische und hygrische Effekte)
- Statistisch begründete Modellansätze
- Energetisch-bruchmechanisch begründete Modellansätze
- Fraktal begründete Modellansätze

Die *Randzone* eines betonierten Probekörpers ist durch eine gegenüber dem Probeninneren veränderte Mischungszusammensetzung geprägt. In der Regel sind hier die Anteile der Zementsteinmatrix und der kleinen Fraktionen der Gesteinskörnung erhöht. Zudem sind die Hydratationsbedingungen abweichend und die Betonrandzone kann bei älteren Probekörpern carbonatisiert sein. Daraus resultieren abweichende mechanische Eigenschaften der Randzone, die sich je nach Anteil dieser Randzone am Probenvolumen auf die Festigkeit auswirken können.

Temperatur- oder *Feuchtegradienten* im Beton können unabhängig von äußeren Lasten erhebliche Spannungen verursachen. Bei konstanten, und in Beton kleinen, Transportkoeffizienten (Wärmeleitfähigkeit, Diffusionskoeffizient) können resultierende Spannungsgradienten mit wachsendem Probenvolumen größer werden und so zu kleineren Festigkeiten führen.

Der *statistisch begründeter Modellansatz* nach *Weibull* /192/ ist das bekannteste Erklärungsmodell für eine Abhängigkeit der Festigkeit von der Größe des Probekörpers. Es beruht auf zwei Voraussetzungen: 1. Es sind alle Defekte unterschiedlicher Größe homogen im Volumen des Materials verteilt. 2. Das Bauteil versagt beim Eintreten des Risswachstums an einem Defekt, was mit dem Versagen der vollständigen Kette beim Versagen eines Kettengliedes veranschaulicht werden kann. Somit ist in einem großen Probekörper die Wahrscheinlichkeit für das Auftreten eines großen Defekts, welcher bei geringen Spannungen zu einem Versagen führt, größer als bei einem kleinen Probekörper. Außerdem variiert die Größe des größten Defekts zwischen kleinen Probekörpern mehr als zwischen großen Probekörpern, was zu einer größeren Streuung der Festigkeit in kleineren Probekörpern führt. Aus dem Kettenmodell kann die Versagenswahrscheinlichkeit in Form der Weibullverteilung abgeleitet werden /151, 193/. Bei ideal spröden Materialien, wie Glas und nichtmetallischen Einkristallen, folgt die Festigkeit einer Weibullverteilung. Nach *Bažant* /19/ kann eine Weibullverteilung für die Festigkeitsverteilung angenommen werden, wenn die größte Heterogenität im Material deutlich kleiner als der Probekörper ist. Dies kann beispielsweise bei technischen Keramiken und Metallen der Fall sein, trifft jedoch bei Betonproben häufig nicht zu. Die Weibulltheorie berücksichtigt nach /19/ außerdem nicht die Spannungsumlagerungen in lokal geschädigtem Beton oder das Versagensverhalten quasi-spröder Materialen.

Der *energetisch-bruchmechanische Ansatz zur Erklärung des Größeneffekts* von *Bažant & Planas* /19/ beruht auf der Umsetzung der Dehnungsenergie zur Überwindung der Bindungsenergie bei dem Risswachstum (Bruchenergie) innerhalb einer lokalen Schädigungszone (Bruchprozesszone). Da die Dehnungsenergie näherungsweise mit dem Volumen und die Bruchenergie in der Schädigungszone näherungsweise mit dem Querschnitt des Probekörpers zunimmt, entsteht eine Größenabhängigkeit. Die Schädigungszone ist von geometrischen Randbedingungen und der materialspezifischen charakteristischen Länge ℓ_c abhängig /14, 21/. Die charakteristische Länge kann aus dem E-Modul, der Zugfestigkeit und der Bruchenergie /104/ berechnet werden. Die Bruchenergie ist die Menge an Energie, die pro erzeugter Rissfläche aufgebracht werden muss. Für Beton unter linear monotoner Druckbelastung formuliert *Bažant & Xiang* /21/ und unter zyklischer

Biegezugbelastung formuliert *Bažant & Schell* /20/ einen Modellansatz für den Zusammenhang zwischen der Probekörpergeometrie, der Bruchprozesszone und den Materialparametern. Das Verhältnis aus Strukturgröße und charakteristischer Länge wird als Sprödigkeitszahl bezeichnet und ist die zentrale Größe des energetisch-bruchmechanischen Ansatzes.

Der *fraktale Ansatz zur Erklärung des Größeneffekts* beruht auf der Annahme, dass Defekte in Beton, ebenso wie Fraktale, Ähnlichkeiten bei unterschiedlichen Vergrößerungen aufweisen. Aus mathematischen Gesetzmäßigkeiten der Fraktale leitet *Carpinteri* /37, 38/ eine Materialkonstante für die Festigkeit von Beton σ_u^* mit einer nicht ganzzahligen Dimension der Fläche ([Kraft] x [Länge]$^{-(2-x)}$ mit $0 \leq x < 1$) ab. Wird diese in Beziehung zu der klassischen Festigkeit σ_u gesetzt, so entsteht eine Größenabhängigkeit. Dieser Ansatz wird jedoch von *Bažant* /22/, beispielsweise wegen der fehlenden fraktalen Eigenschaften sehr großer Strukturen oder einer fehlenden mathematischen Konsistenz, kontrovers diskutiert.

Ein ausführlicher Vergleich verschiedener Modelle zur Erklärung des Größeneffekts durch *Bažant & Yavari* /22/ zeigt, dass empirische Modelle /39, 76, 128/ zu einer Überschätzung der Festigkeit bei großen Strukturen führen können. Von *Muciaccia* /119/ wird das Modell für den energetisch-bruchmechanischen Größeneffekt in Druckversuchen von *Bažant & Xiang* /21/ aufgrund seiner besseren physikalischen Grundlagen dem multifraktalen Skalierungsgesetz von *Carpinteri* /37/ bei großen Strukturen vorgezogen. Bei sehr großen Probekörpern ist nach /119/ der statistische Größeneffekt nach *Weibull* /193/ zu berücksichtigen. Die Umsetzung verschiedener Modellvorstellungen zum Größeneffekt in unterschiedliche nationale Bemessungsvorschriften wird z. B. in /15/ diskutiert.

4.4 Größen- und Schlankheitsabhängigkeit im statischen Druckversuch

Für eine bessere Einordnung der Ergebnisse aus zyklischen Ermüdungsversuchen sollen zunächst die wichtigsten Ergebnisse zum Bruchverhalten von unterschiedlich großen und schlanken Probekörpern aus weg- und kraftgeregelten, monotonen Druckversuchen vorgestellt werden.

Eigenschaften wie die Zug- oder Druckfestigkeit von Materialien werden häufig in erster Näherung als unabhängig von der Größe, Schlankheit oder Form der geprüften Probekörper angenommen. Eine genaue Analyse zeigt jedoch, dass dies nicht korrekt ist. Frühe Untersuchungen zum Einfluss der Geometrie von Probekörpern aus Beton zeigten eine Abnahme der Druckfestigkeit mit zunehmender Größe /28, 82/. Eine der ersten empirischen quantitativen Beschreibungen des Größeneffekts in Abhängigkeit des Durchmessers und der Höhe von zylindrischen Betonprobekörpern wurde durch *Neville* /128/ vorgenommen und in eine belgische Norm überführt *NBN B15-220* /127/. Nachfolgend wurde die Bestimmung der Materialeigenschaften von Beton für definierte Größen und Formen in nationalen /6, 48/, europäischen /61/ und internationalen /97/ Regelungstexten festgelegt. Der Einfluss der Probekörperform, also beispielsweise der Unterschied zwischen Würfel oder Zylinder, auf die Druckfestigkeit ist in /179/ beschrieben und soll hier nicht weiter betrachtet werden. Der Einfluss der Größe /13, 15, 35, 48, 161/ und der Schlankheit /7, 127, 182/ der Probekörper auf die Festigkeit erfährt international Berücksichtigung in Normen, Bemessungsvorschriften und Berichten. Eine Abnahme der Festigkeit mit zunehmender Größe, wie in Bild 10, wird im Folgenden als Größeneffekt und eine Abnahme der Festigkeit mit zunehmender Schlankheit, wie in Bild 11, als Schlankheitseffekt bezeichnet. Bei eingehender Betrachtung des Größeneffekts können weitreichende Folgerungen für das Bruchverhalten, die Schädigungsentwicklung und die Versagenswahrscheinlichkeit abgeleitet werden /16-19/.

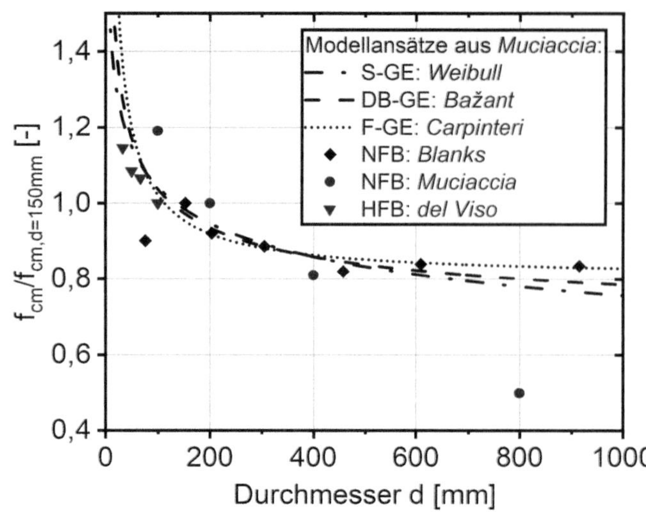

Bild 10: Größeneffekt (GE) der Druckfestigkeit für normalfesten (NFB) *Blanks /28/, Muciaccia* /119/ (h/d = 2) und hochfesten Beton (HFB) *del Viso* /46/ (h/d = 1). Statistischer (S) *Weibull* /192/, bruchmechanischer (B) *Bažant* /21/ und fraktaler (F) *Carpinteri* /37/ Modelansatz aus /119/

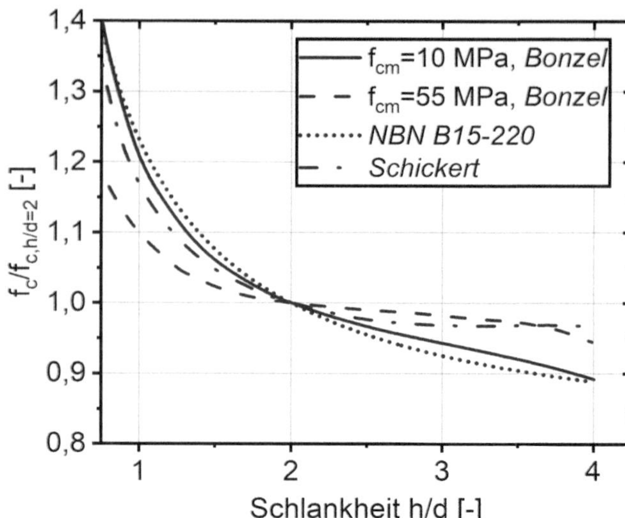

Bild 11: Abhängigkeit der Druckfestigkeit von der Schlankheit (d = 150 mm) aus *Bonzel /32/, NBN B15-220 /127/* und *Schickert* /155/

4.4.1.1 Unterschiedlich große Probekörper

Für eine umfassende experimentelle Beurteilung des Größeneffekts im Druckversuch ist eine große Anzahl an verschieden großer Probekörper mit vielen Abstufungen und möglichst großen Probekörpern wichtig. Das größte den Autoren bekannte Verhältnis vom kleinsten zum größten Probekörper war 1:16 /36/, die bisher größten Probekörper der Schlankheit h/d = 3 waren 3200 mm hoch /36, 119/ und die größte Anzahl verschieden großer Probekörper beträgt sieben /28, 164/. Der Größeneffekt wurde weiterhin durch viele Versuchsreihen, unter anderem an hochfestem Beton /41, 46/, Leichtbeton /164/, faserverstärktem Beton /2, 77, 83, 87, 200/ und selbstverdichtendem Beton /45/ bestätigt. Weitere Untersuchungen beschäftigten sich systematisch mit dem Einfluss der Gesteinskörnung /26, 28, 86, 98, 163, 170, 176/, des Alters /190, 197/, der Druckfestigkeit /77, 83/ und dem w/z-Wert /26, 195, 198/.

Unter Biegezugbelastung wurden Einflüsse der Betonmischungszusammensetzung untersucht. Eine Literaturauswertung von Bruchparametern des Größeneffekts im 3-Punkt-Biegezugversuch mit Hilfe künstlicher neuronaler Netze von /197/ zeigte, dass die Bruchenergie für ein zunehmendes Größtkorn und einen abnehmenden w/z-Wert steigt und die charakteristische Länge für ein zunehmendes Größtkorn und einen zunehmenden w/z-Wert steigt.

Von /46/ und /165/ wurde unter Druckbelastung mit zunehmender Probekörpergröße ein zunehmender, anhand der Gesamtverformung der Proben bestimmter, Tangentenmodul beobachtet. Nach /40, 163/ wurde jedoch keine Abhängigkeit, der lokal in der Mitte des Probekörpers gemessenen, Spannungs-Dehnungs-Linie von der Größe der Probekörper beobachtet. Diskrete-Elemente-Modelle von /147, 166/ konnten die Abhängigkeit der anhand der Gesamtverformung bestimmten Spannungs-Dehnungs-Linie von der Größe der Probekörper beschreiben.

Einige Versuchsreihen konnten die Zunahme der Druckfestigkeit mit abnehmender Größe der Probekörper nicht reproduzieren. Vermutet wurden die Ursachen in einem zu kleinen Umfang an verschieden großen Probekörpern /83, 112/, einer sehr hohen strukturellen Homogenität der untersuchten Bohrkerne aus Leichtbeton /73/, einer geringen Anzahl geprüfter Probekörper pro Größe der Probekörper /199/ oder einem zu kleinen Verhältnis der Probekörpergröße zum Durchmesser des Größtkorns /170/. Entgegen der grundsätzlichen Erwartung an den Größeneffekt, berichten /68, 196/ von einer Zunahme der Druckfestigkeit mit zunehmender Größe der Probekörper an geschnittenen Probekörpern. Die beobachtete Abnahme der Varianz der Druckfestigkeit in /196/ mit zunehmender Größe der Probekörper entspricht hingegen den Erwartungen.

4.4.1.2 Unterschiedlich schlanke Probekörper

Eine Zunahme der Druckfestigkeit und Abnahme der Steigung der Spannungs-Dehnungs-Linie, wie sie bei der Abnahme der Größe der Probekörper /36, 46/ festgestellt wurde, ist mit abnehmender Schlankheit teils deutlich ausgeprägt zu beobachten.

Die Druckfestigkeit von Probekörpern nimmt nach /32, 82, 117/ grundsätzlich bei einer Schlankheit kleiner *h*/*d* = 2 zu. Dieser Effekt wird primär durch den Einfluss der Druckplatten erklärt, welche die Querdehnung des Probekörpers in den anliegenden Bereichen behindern, was zu einer Zunahme der Druckfestigkeit, der Bruchdehnung und der Verlängerung der Spannungs-Dehnungs-Linie im Nachbruchbereich /123, 182/ führt. In Untersuchungen von *Markeset* /113/ wird die Dehnungsentwicklung im Nachbruchbereich durch die lokalisierte Schädigung verursacht, welche über die Dehnungsenergiedichte durch das Modell der lokalisierten Druckschädigungszone („compressive damage zone") beschrieben wird. Nach *van Mier* /182/ ist bei oder bis kurz vor dem Erreichen der Druckfestigkeit kein Einfluss der Schlankheit auf das Spannungs-Dehnungs-Diagramm zu erkennen, woraus abgeleitet wird, dass bis kurz vor dem Versagen keine lokalisierte Druckschädigungszone vorhanden ist /109, 153, 181, 182/. Die mit Schallemissionsprüfung /143, 152, 155, 156/, Ultraschallprüfung /102, 131, 169, 187/ und weggeregelten, zyklischen Untersuchungen /10/ vor dem finalen Bruch aufgezeigten Schädigungsvorgänge in Druckversuchen ergeben die Frage, ob und ab welcher Last die von *Markeset* /113/ bzw. *Bažant & Xiang* /21/ postulierte lokalisierte Druckschädigungszone auftritt.

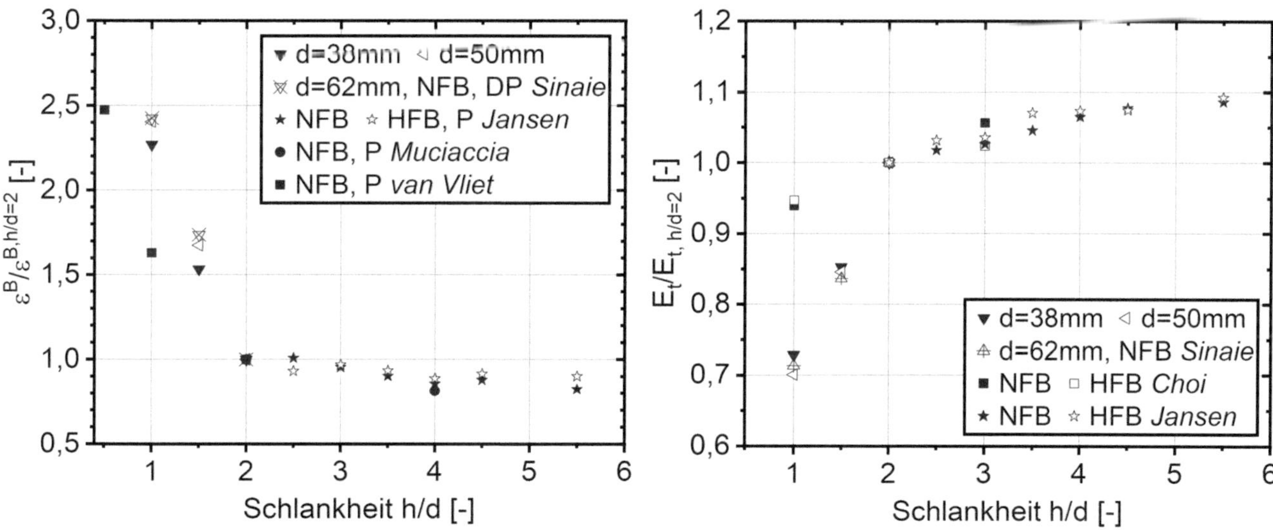

Bild 12: Auf *h*/*d* = 2 normierte Bruchdehnung aus *Jansen* /99/, *Muciaccia* /119/, *Sinaie* /165/ und *van Vliet* /184/ gemessen zwischen den Druckplatten (DP) und auf der Mantelfläche der Probekörper (P)

Bild 13: Tangentenmoduln normiert auf *h*/*d* = 2 aus *Choi* /42/, *Jansen /99/* und *Sinaie* /165/

Überträgt man die Modellvorstellung einer lokalisierten Druckschädigungszone auf den Bereich der Spannungs-Dehnungs-Linie vor dem Versagen des Probekörpers, so wäre mit abnehmender Schlankheit eine zunehmende Druckfestigkeit und Bruchdehnung sowie eine abnehmende Steifigkeit zu erwarten. Hinweise auf ein solches Verhalten, welches insbesondere bezüglich der abnehmenden Steifigkeit der Vorstellung von *van Mier* /182/ widerspricht, finden sich an den im folgenden aufgeführten Stellen in der Literatur. Übereinstimmend mit /182, 184/ wird von einer Zunahme der Bruchdehnung mit abnehmender Schlankheit der Probekörper auch von /165/ berichtet. Von einer Abnahme der Bruchdehnung bei einer Schlankheit von *h*/*d* ≥ 2 berichten /99, 119/. Die Zusammenfassung dieser Ergebnisse in Bild 12 zeigt also eine abnehmende bezogene Bruchdehnung mit zunehmender Schlankheit.

Ebenso wird von einer Zunahme des Tangentenmoduls bis zu einer Schlankheit von *h*/*d* = 5,5, wie in Bild 13 zusammengefasst, berichtet /42, 99, 165/. Die Dehnungen zur Berechnung des Tangentenmoduls werden dabei aus der Änderung des Druckplattenabstands gewonnen /42, 165/ oder auf den Probekörpern in unmittelbarer Nähe zu den Druckplatten gemessen /99/. Die Unterschiede der Druckfestigkeit und der Bruchdehnung für verschieden schlanke Probekörper sind in /165/ größer als jene der Tangentenmoduln, woraus abgeleitet wird, dass eine abschließende Beurteilung des Geometrieeffekts weiterhin aussteht. Dokumentierte Spannungs-Dehnungs-Linien, die auf der Änderung des Druckplattenabstands beruhen, zeigen ebenfalls eine

Zunahme der Steifigkeit und eine Abnahme der Bruchdehnung mit zunehmender Schlankheit der Probekörper in Kraft- /155/ und weggeregelten /153, 166, 188/ Versuchen mit Druckplatten aus Stahl (Bild 14). Von /153, 165/ wird vermutet, dass die Veränderungen der Spannungs-Dehnungs-Linie mit der zunehmenden Querdehnungsbehinderung bei abnehmender Schlankheit der Probekörper zusammenhängen. Denkbare Einflüsse aus dem Anpassen der Stirnflächen des Probekörpers an die Druckplatten werden von /155/ an gesägten und geschliffenen Probekörpern ausgeschlossen. In einigen Untersuchungen /126, 181, 188/ liegt der Fokus der Analyse auf der Spannungs-Dehnungs-Linie nach dem Erreichen der Bruchlast, sodass die Abhängigkeit von der Schlankheit vor dem Erreichen der Bruchlast seltener diskutiert wird.

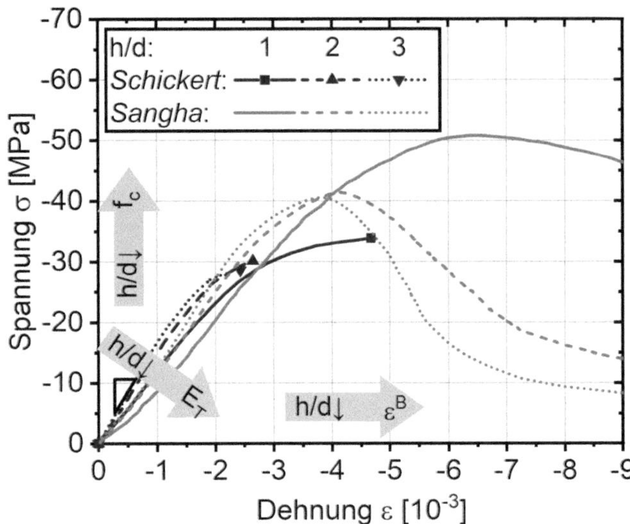

Bild 14: Spannungs-Dehnungs-Linien kraftgeregelter *Schickert* /155/ und weggeregelter *Sangha* /153/ Druckversuche an Probekörpern unterschiedlicher Schlankheit (*h*/*d*)

4.5 Ermüdungsverhalten von unterschiedlich großen und schlanken Probekörpern im Druckschwellversuch

Eine der frühesten Untersuchungen unter zyklischer Druckschwellbelastung an verschieden großen Probekörpern wurden durch Untersuchungen des Einflusses der Feuchte auf die Bruchlastwechselzahl motiviert /132, 140/. Die mittleren Bruchlastwechselzahlen wurden auf dem Lastniveau S_{min}-S_{max} = 0,05-0,7 an jewils zwei Zylindern aus hochfestem Beton (f_c = 80 MPa) in drei unterschiedlichen Größen bei einer Schlankheit von *h*/*d* = 3 ermittelt. Zwei trockene Bohrkerne aus hochfestem Beton der Größe *d* = 50 mm erreichten eine geringfügig kleinere mittlere Bruchlastwechselzahl als Bohrkerne der Größe *d* = 100 mm, was einem größeren Einfluss des schädigenden Bohrvorgangs an den kleinen Probekörpern zugschrieben wurde. Die geringste mittlere Bruchlastwechselzahl wurde für die direkt betonierten Zylinder aus hochfestem Beton der Größe *d* = 450 mm dokumentiert. Zusätzlich erreichten trockene Bohrkerne aus Leicht- und Normalbeton mit *d* = 50 mm eine geringere Bruchlastwechselzahl als jene mit *d* = 100 mm. Feuchte Probekörper erreichten geringere Bruchlastwechselzahlen als die trocken gelagerten Probekörper.

In weiteren Ermüdungsversuchen an normalfestem Beton wurde in *Thiele* /173/ der Ermüdungsprozess von Zylindern der Größe *h*/*d* = 300/100 mm/mm und *h*/*d* = 1200/400 mm/mm untersucht. Die kleineren Probekörper erreichten auf dem Lastniveau S_{min}-S_{max} = 0,425-0,825 bei einer Prüffrequenz von f_p = 5 Hz eine durchschnittliche Bruchlastwechselzahl von log(N_f) = 4,1 Lastwechseln, während die großen Probekörper auf dem Lastniveau S_{min}-S_{max} = 0,4-0,8 bei einer Prüffrequenz von f_p = 1 Hz log(N_f) = 4,35 Bruchlastwechsel erreichten. Ein direkter Vergleich der beiden Probekörpergrößen ist aufgrund der abweichenden experimentellen Bedingungen und der geringen Anzahl geprüfter Großprobekörper (*h*/*d* = 1200/400 mm/mm) nicht möglich. Von /173/ wurde jedoch den größeren Probekörpern auf der Basis des umfangreich charakterisierten Ermüdungsprozesses z. B. in Bild 15 eine geringere „Beanspruchbarkeit" zugeschrieben.

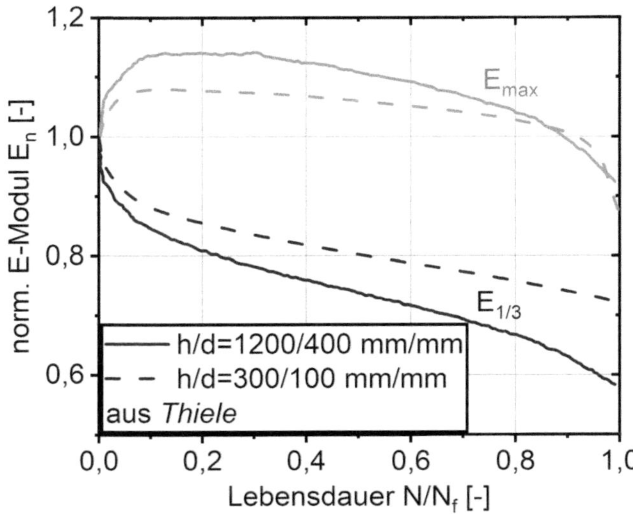

Bild 15: Stärkere Änderung der E-Moduln der größeren Probekörper aus *Thiele* /173/

Ein Vergleich von mittleren Bruchlastwechselzahlen der Probekörpergrößen *h*/*d* = 180/60 mm/mm und *h*/*d* = 300/100 mm/mm aus hochfestem Beton (C100, B1 mit Querzkies, B2 mit Basaltsplitt) bei Prüffrequenzen von 1 Hz, 5 Hz und 10 Hz bei unterschiedlichen Oberlastniveaus und Spannungsamplituden von *Schneider* /158/, zeigte generell für $S_{max} \leq 0,7$ eine kleinere mittlere Bruchlastwechselzahl für die größeren Probekörper. Auf dem Lastniveau $S_{max} = 0,8$ konnten aufgrund der großen Streuung der Ergebnisse keine Unterschiede zwischen den geprüften Probekörpergrößen identifiziert werden. Wie in Bild 16 dargestellt, ist die Reduktion der mittleren Bruchlastwechselzahl der großen Probekörper (*d* = 100 mm) bei Prüffrequenzen von $f_p = 1$ Hz größer als bei Prüffrequenzen von $f_p = 10$ Hz. Von /158/ wurde vermutet, dass die kleinere Bruchlastwechselzahl bei den größeren Probekörpern von der prüftechnisch bedingten größeren Probekörpererwärmung, Austrocknung und daraus resultierenden zusätzlichen Spannungen verursacht wird. Die Ergebnisse deuteten für eine reduzierte Spannungsamplitude für den Beton B1 bei einem Wechsel des Lastniveaus von S_{min}-S_{max} = 0,05-0,7 auf S_{min}-S_{max} = 0,2-0,7 keinen veränderten Größeneffekt in Bild 17 an. Für den Beton B2 wurde bei einem Wechsel des Lastniveaus von S_{min}-S_{max} = 0,05-0,7 auf S_{min}-S_{max} = 0,05-0,6 eine stärkere Reduktion der mittleren Bruchlastwechselzahl der großen Probekörper, also ein zunehmender Größeneffekt, in Bild 17 beobachtet. Da es sich bei diesen Untersuchungen nur um Probekörper mit einem relativ geringen Größenunterschied handelt, sind ausgeprägte Effekte infolge des Größenunterschiedes vermutlich nur bedingt zu erwarten.

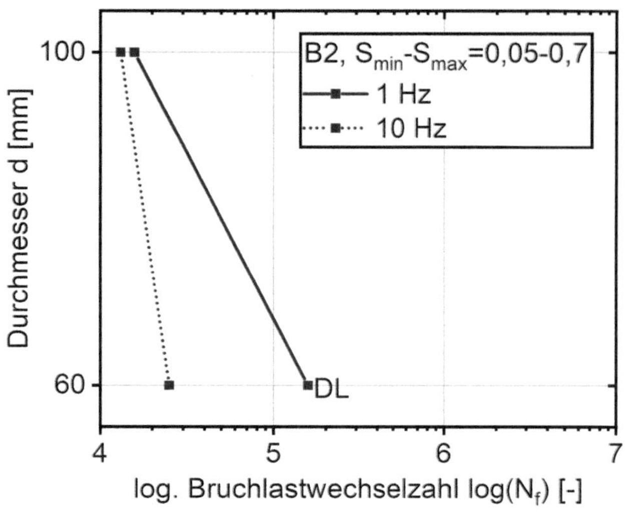

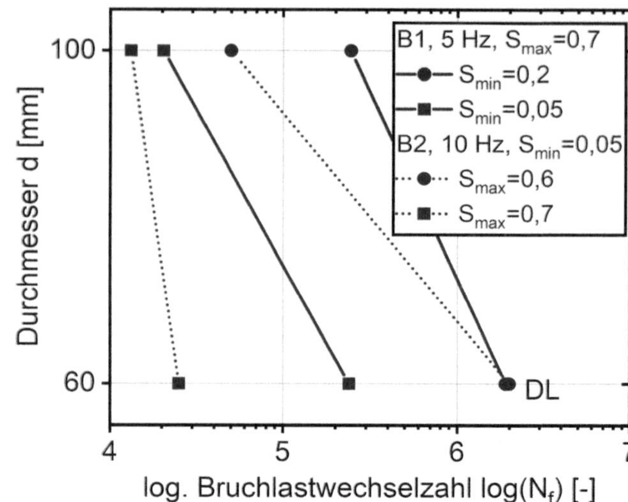

Bild 16: Abhängigkeit des Größeneffekts von der Prüffrequenz aus *Schneider* /158/. DL = Durchläufer

Bild 17: Abhängigkeit des Größeneffekts von der Spannungsamplitude aus *Schneider* /158/

In *Hümme* /95/ wurden Entwicklungen der Dehnung und des Sekantenmoduls für die Probekörper der Größe h/d = 180/60 mm/mm und h/d = 300/100 mm/mm aus hochfesten Beton (trocken) bei Prüffrequenzen von f_p = 1 Hz auf dem Lastniveau S_{min}-S_{max} = 0,05-0,7 und S_{min}-S_{max} = 0,05-0,8 gegeben. Es wurde beobachtet, dass auf beiden Lastniveaus sowohl die Anfangsdehnung als auch die Dehnungsänderung über die Lebensdauer bei kleinen Probekörpern (d = 60 mm) größer war als bei den großen Probekörpern (d = 100 mm). Die logarithmierte Dehnungsrate pro Lastwechsel auf dem Lastniveau S_{min}-S_{max} = 0,05-0,7 war jedoch bei den großen Probekörpern ($\log(\varepsilon^{II}_{max,N})$ = -4,68) größer als bei den kleinen Probekörpern ($\log(\varepsilon^{II}_{max,N})$ = -5,48), während das Lastniveau S_{min}-S_{max} = 0,05-0,8 keine Unterschiede der logarithmierten Dehnungsrate pro Lastwechsel in Abhängigkeit der Probekörpergröße aufwies. Der normierte Sekantenmodul nahm über die Lebensdauer bei den großen Probekörpern (d = 100 mm) stärker ab als bei den kleinen Probekörpern (d = 60 mm).

Die einzige, den Autoren bekannte Studie, in der unterschiedlich schlanke Probekörper untersucht wurden, legte ihren Fokus auf die Ermüdungsfestigkeit bei verschiedenen Spannungsverhältnissen bei Würfeln bzw. Prismen /92/. Aufgrund der geringen Anzahl an Versuchen und der stark streuenden Ergebnisse war jedoch keine Aussage zur Abhängigkeit der Bruchlastwechselzahl von der Schlankheit der Probekörper möglich. Mit abnehmender Schlankheit kann jedoch im Allgemeinen eine Zunahme des Einflusses des mehraxialen Spannungszustands in der Nähe der Druckplatten vermutet werden. Von *Grünberg* /84/ wurden an hochfestem Beton Ermüdungsversuche bei ein- und mehraxialen Spannungszuständen durchgeführt, deren Lastniveaus sich jeweils auf die ein- bzw. mehraxialen Druckfestigkeiten bezogen. Es wurde hier kein Unterschied zwischen den Wöhlerlinien bei einaxialen und mehraxialen Spannungszuständen festgestellt. Auf den Lastniveaus S_{min}-S_{max} = 0,05-0,8, S_{min}-S_{max} = 0,05-0,9 und S_{min}-S_{max} = 0,05-0,95 war kein Unterschied der Ermüdungsfestigkeit zwischen ein- und mehraxialem Spannungszustand zu erkennen. Nur auf dem Lastniveau S_{min}-S_{max} = 0,05-0,7 lag die mittlere Bruchlastwechselzahl im mehraxialen Spannungszustand über der mittleren Bruchlastwechselzahl im einaxialen Spannungszustand.

5 Versuchsdurchführung

5.1 Mischungszusammensetzungen und Herstellung

Ein übergreifendes Ziel des Verbundprojektes WinConFat war die Ableitung aktualisierter Ermüdungsfestigkeitskurven (Wöhlerlinien) für normal- und hochfesten Beton als Grundlage für eine Normenfortschreibung. Aufgrund des hohen Prüfaufwandes zur Ermittlung von Wöhlerlinien wurden, die im Rahmen des Gesamtvorhabens notwendigen Versuche auf vier am Verbundprojekt beteiligte Institute verteilt. Als Referenzproben für diesen Ringversuch wurden Zylinder mit einem Durchmesser von d = 100 mm und einer Höhe von h = 300 mm festgelegt. Die Betonmischungszusammensetzungen der drei untersuchten Betone sowie die mittleren Zylinderdruckfestigkeiten der Geometrie h/d = 300/100 mm/mm der an der BAM geprüften Chargen sind in Tabelle 6 zusammengestellt.

Tabelle 6: Betonmischungszusammensetzungen und gemittelte Druckfestigkeiten für alle an der BAM geprüften Chargen

	NFB	HFB-1	HFB-2
8/16 mm	Kalksplit	Kalksplitt	Quarzkies
2/8 mm	Kalksplit	Quarzkies	Quarzkies
w/z	0,5	0,47	0,35
Zement	CEM II / A-LL 42,5 N	CEM I 52,5 R	CEM I 52,5 R
f_{cm} [MPa]	40	118	130

Die Herstellung und der Transport der Probekörper zu den beteiligten Forschungseinrichtungen erfolgte zentral für das gesamte Verbundprojekt durch den Industriepartner MAX BÖGL Bauservice GmbH & Co. KG.

Die zylindrischen Probekörper wurden in wiederverwendbare, gefräste Kunststoffmassivschalungen betoniert und in den Schalungen entsprechend DIN EN 12390-2:2009 /62/ bei einer Temperatur von (20 ± 5) °C gelagert. Nach (24 ± 2) h wurden die Proben in den Schalungen geschliffen, anschließend ausgeschalt und für sechs Tage im Wasserbad mit (20 ± 2) °C gelagert. Die weitere Lagerung bis zum Transport zur BAM erfolgte vor Zugluft und Austrocknung geschützt bei 15 °C bis 22 °C. Während der bis zu zwei Tage dauernden Transporte konnte das Lagerungsklima der Proben nicht kontrolliert werden. In der BAM wurden die Proben mit Durchmessern $d \leq$ 100 mm in einer Klimakammer bei einer Temperatur von (20 ± 2) °C und einer relativen Luftfeuchte von (65 ± 5) % gelagert. Die Proben mit Durchmessern $d \geq$ 200 mm wurden in einer Prüfhalle der BAM bei Temperaturen zwischen 18 °C und 30 °C und relativen Feuchten von 30 % bis 50 % gelagert. Die Betonage der Proben erfolgte in drei Chargen (C1, C2, C3; siehe Anhang, Abschnitt 9.1) und die Proben wurden unter den Projektpartnern aufgeteilt.

Die Probekörper wurden in der BAM entsprechend DIN EN 12390-1:2012 /60/ auf Rechtwinkligkeit und Ebenheit überprüft und gegebenenfalls nachbearbeitet. Außerdem wurde der Durchmesser unten (d_u), in der Mitte (d_m) und oben (d_o), sowie die Höhe (h) und das Gewicht der Probekörper gemessen und dokumentiert (siehe Anhang, Abschnitt 9.1). Die praktikable Überprüfung der Ebenheit der Stirnflächen mit Haarlineal und Fühlerlehre wurde an ausgewählten Probekörpern zur Qualitätssicherung durch eine optische 3D-Vermessung ergänzt. Verwendet wurden hierzu die 3D-Scanner ATOS III der GOM GmbH und der Handy SCAN BLACK ELITE von Creaform. Exemplarisch sind Ergebnisse von einem Probekörper mit d = 60 mm Durchmesser in Bild 18 und mit d = 200 mm Durchmesser in Bild 19 dargestellt.

Die Rechtwinkligkeit der Probekörper mit Durchmessern $d \leq$ 200 mm wurde auf dem in Bild 20 dargestellten Messstand überprüft. Die senkrecht zur Mantelfläche des Probekörpers ausgerichteten und an einem rechten Winkel genullt, digitalen Messuhren erlauben Anhand der Anzeigendifferenz der beiden Messuhren eine schnellere und genauere Überprüfung der Rechtwinkligkeit als es mit einem rechten Winkel und Fühlerlehren möglich ist. Die Bestimmung der Rechtwinkligkeit von Probekörpern mit einem Durchmesser von d = 300 mm wurde wie in Bild 21 dargestellt durchgeführt. Die Ebenheit der Probekörper wurde unter Verwendung einer planen Stahlplatte, eines Haarlineals und einer Fühlerlehre bestimmt.

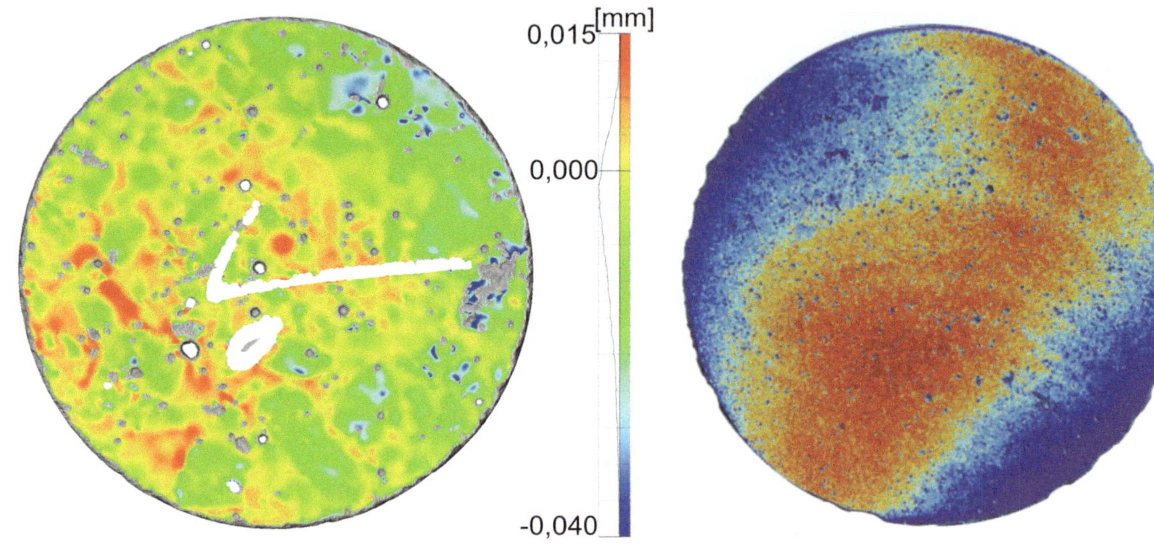

Bild 18: Topografie der Stirnfläche eines Probekörpers mit d = 60 mm

Bild 19: Topografie der Stirnfläche eines Probekörpers mit d = 200 mm

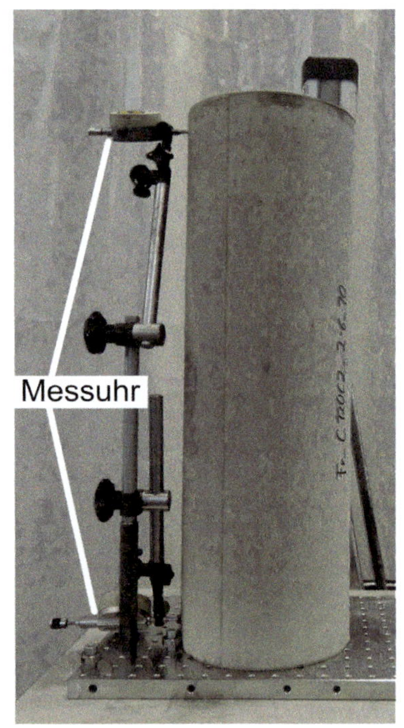

Bild 20: Messstand zur Überprüfung der Rechtwinkligkeit für Probekörper bis $h \leq 600$ mm

Bild 21: Überprüfung der Rechtwinkligkeit für Probekörper mit h = 900 mm

5.2 Untersuchungsmatrix

Die Untersuchungen zum Einfluss der Schlankheit und der Größe der Proben auf die Bruchlastwechselzahlen unter Druckschwellbeanspruchungen wurden auf Basis der im Verbundprojekt vereinbarten Referenzprobengeometrie, Zylinder mit einem Durchmesser von d = 100 mm und einer Höhe von h = 300 mm, durchgeführt. Neben der Bestimmung der Bruchlastwechselzahlen bzw. der Ermüdungsfestigkeit von Proben mit unterschiedlichen Druckfestigkeiten sowie verschiedenen Größen und Schlankheiten, stand die Untersuchung des Ermüdungsprozesses mit Hilfe zerstörungsfreier Prüfverfahren im Fokus des Teilvorhabens. Aufgrund des hohen Aufwandes wurden die Untersuchungen zum Ermüdungsprozess mit der erweiterten Messtechnik nur an ausgewählten Versuchen durchgeführt. Im Folgenden werden die einfacheren Versuche zur „Ermüdungsfestigkeit“ und die aufwändigeren Versuche zum „Ermüdungsprozess“ getrennt diskutiert.

5.2.1 Bestimmung der Ermüdungsfestigkeit

Die Versuche zur Bestimmung der Ermüdungsfestigkeit wurden an den drei in Tabelle 6 zusammengestellten Betonmischungen NFB, HFB-1 und HFB-2 durchgeführt. Basierend auf der Referenzgeometrie der Proben im Ringversuch wurden die Schlankheiten und die Größen der Probekörper, wie in Bild 22 und Bild 23 dargestellt, variiert. Geprüft wurde auf den Lastniveaus S_{min}-S_{max} = 0,05-0,7 und S_{min}-S_{max} = 0,4-0,9. Aus technischen Gründen musste die Standardprüffrequenz von f_p = 5 Hz für die Proben mit Durchmessern ab $d \geq 200$ mm auf f_p = 1 Hz gesenkt werden. In Tabelle 7 ist die Anzahl der geprüften Proben für diese Versuchsmatrix zusammengestellt.

Die Anzahl der geprüften Probekörper pro Kombination an Versuchsparametern ist mit fünf bzw. sechs in einem für Druckschwellversuche üblichen Bereich /24, 72, 91, 135/. Die in verschiedenen Betonagen (Chargen) hergestellten Probekörper wurden nach Möglichkeit gleichmäßig auf die verschiedenen Lastniveaus verteilt (siehe Anhang, Abschnitt 9.3).

Tabelle 7: Versuchsmatrix zur Untersuchung der Ermüdungsfestigkeit von Probekörpern unterschiedlicher Größe, Schlankheit und Mischung auf verschiedenen Lastniveaus

Untersuchter Einfluss	Geometrie h/d	f_p	Lastniveau S_{min}-S_{max}	NFB (40 MPa)	HFB-1 (118 MPa)	HFB-2 (130 MPa)
-	mm/mm	Hz	-	-	-	-
Maßstab	180/60	5	0,05-0,70	-	5	5
			0,40-0,90	-	5	5
Schlankheit	100/100	5	0,05-0,70	-	5	5
			0,40-0,90	-	5	5
Schlankheit	200/100	5	0,05-0,70	-	5	5
			0,40-0,90	-	5	5
Maßstab, Schlankheit	300/100	5	0,05-0,70	6	6	6
			0,40-0,90	6	6	6
Schlankheit	400/100	5	0,05-0,70	-	5	5
			0,40-0,90	-	5	5
Maßstab	600/200	1	0,05-0,70	-	5	5
			0,40-0,90	-	5	5
Maßstab	900/300	1	0,05-0,70	-	5	-
			0,40-0,90	-	5	-
						Σ = 146

Um den Einfluss der Nacherhärtung auf die Prüfergebnisse zu minimieren, wurden die mittleren Druckfestigkeiten f_{cm} der Probekörper frühesten 56 Tage nach der Herstellung bestimmt. Die Bestimmung der Druckfestigkeit erfolgte nach DIN EN 12390-3:2019 /64/ für jede Charge und für jede Probengeometrie. Die Ermüdungsversuche wurden dann in einem möglichst kurzen Zeitraum nach der Bestimmung der Druckfestigkeit durchgeführt.

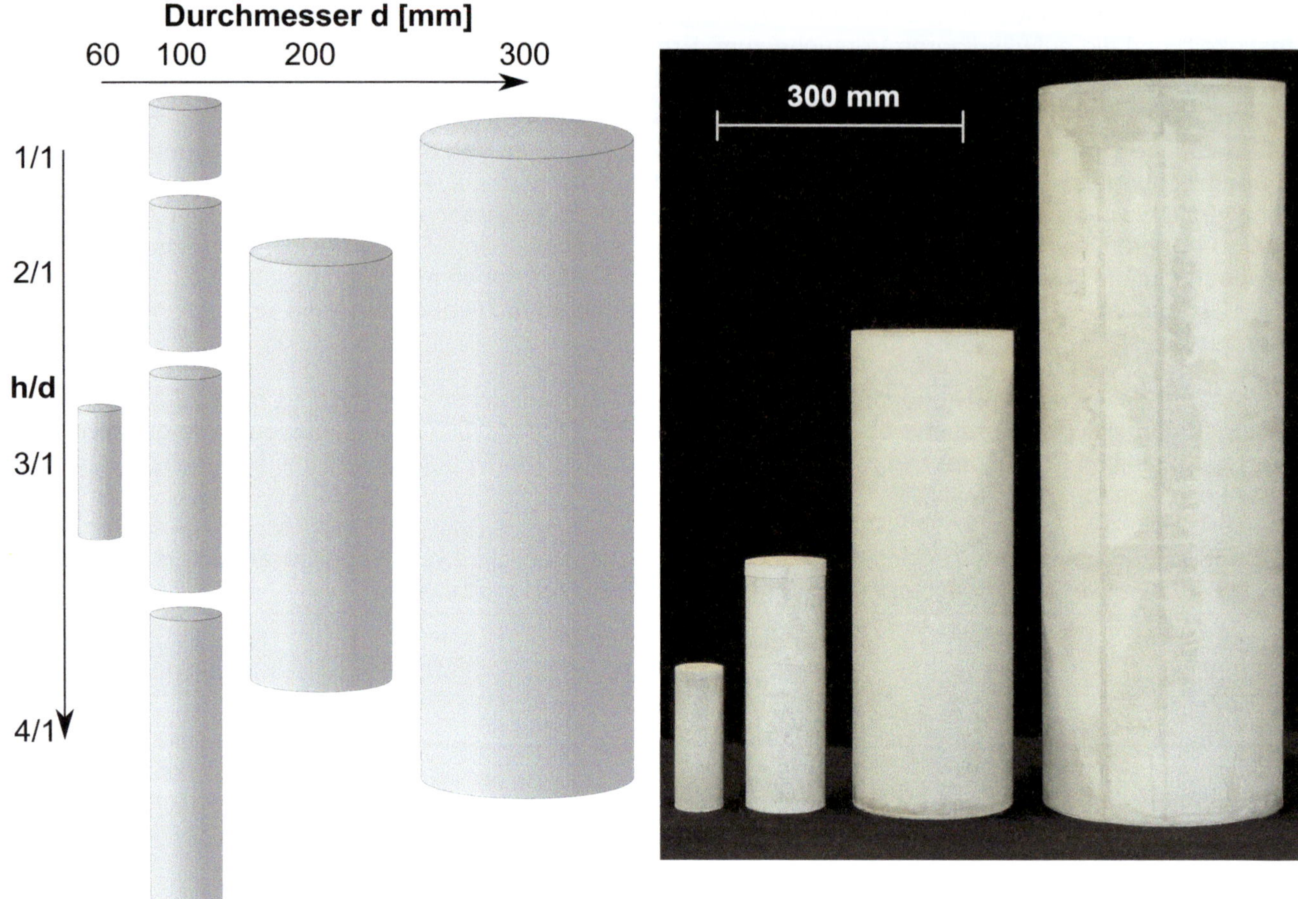

Bild 22: Unterschiedliche Schlankheit und Größe der Probekörper

Bild 23: Fotografie der unterschiedlichen Probekörpergrößen

5.2.2 Erweiterte Untersuchung des Ermüdungsprozesses

Die erweiterte Untersuchung des Ermüdungsprozesses wurde durchgeführt, um die Anwendbarkeit von Messmethoden für das Strukturmonitoring an praxisrelevanten Betonmischungen und deren Übertragbarkeit auf praxisrelevante Abmessungen zu überprüfen. Geprüft wurde auf dem Lastniveau S_{min}-S_{max} = 0,05-0,7. Aus technischen Gründen musste die Standardprüffrequenz von f_p = 5 Hz für die Proben mit Durchmessern ab $d \geq 200$ mm auf f_p = 1 Hz gesenkt werden. Die Versuchsmatrix zur erweiterten Untersuchung des Ermüdungsprozesses ist in Tabelle 8 zusammengestellt.

Tabelle 8: Versuchsmatrix für die erweiterte Untersuchung des Ermüdungsprozesses an unterschiedlichen Probengrößen und Mischungen auf dem Lastniveaus S_{min}-S_{max} = 0,05-0,7

Geometrie h/d	f_p	Lastniveau S_{min}-S_{max}	NFB (40 MPa)	HFB-1 (118 MPa)	HFB-2 (130 MPa)
mm/mm	Hz		-	-	-
180/60	5	0,05-0,70	-	3	3
300/100	5	0,05-0,70	3	3	3
600/200	1	0,05-0,70	-	3	3
					Σ = 21

5.3 Lastprogramm

5.3.1 Bestimmung der Ermüdungsfestigkeit

Die Bestimmung der Bruchlastwechselzahlen der verschiedenen Proben erfolgte in kraftgeregelten Druckschwellversuchen mit sinusförmigen Belastungsfunktionen. Vor den Ermüdungsbelastungen wurden die Probekörper in Anlehnung an DIN EN 12390-13:2021 /67/ mit einer linearen Rampe bis zu einem Drittel der vorher für die Charge an drei Probekörpern ermittelten Druckfestigkeit belastet. Das zugehörige Lastprogramm ist inklusive der Anfangsphase schematisch in Bild 24 skizziert. Probekörper mit Durchmessern bis $d \leq 100$ mm wurden mit einer Belastungsfrequenz von $f_p = 5$ Hz geprüft. Die Versuche wurden mit dem Versagen der Probekörper bzw. nach 3 Millionen Lastwechseln beendet. Aus technischen Gründen wurden die Probekörper mit Durchmessern ab $d \geq 200$ mm mit einer Belastungsfrequenz von $f_p = 1$ Hz geprüft. Diese Versuche wurden nach spätestens 1 Million Lastwechseln abgebrochen. Versuche, in denen die Probekörper nicht versagten, werden als „Durchläufer" (DL) gekennzeichnet.

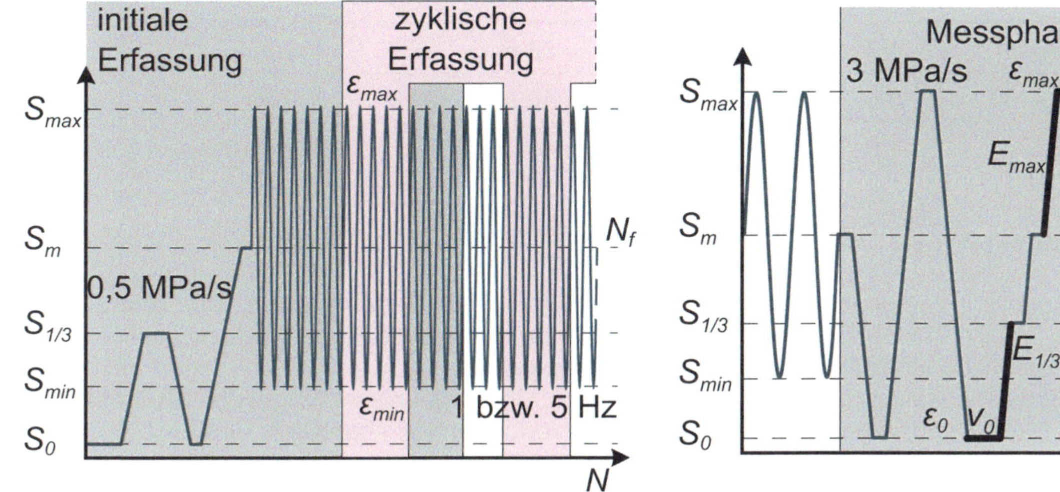

Bild 24: Lastprogramm zur Untersuchung der Ermüdungsfestigkeit

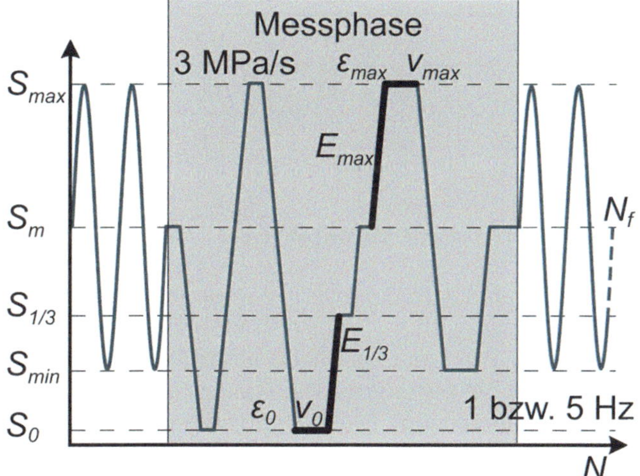

Bild 25: Lastprogramm der erweiterten Untersuchung des Ermüdungsprozesses mit monotonen Lastrampen in der Messphase

Während der ersten 5000 Belastungszyklen wurden die Daten aller Sensoren mit einer Datenerfassungsrate von 256 Hz aufgezeichnet. Im weiteren Versuchsverlauf wurden die Daten in Abhängigkeit von der zu erwartenden Bruchlastwechselzahl alle 50 bis 10.000 Lastwechsel für jeweils 5 Lastwechsel mit einer Datenerfassungsrate von 512 Hz aufgezeichnet.

5.3.2 Erweiterte Untersuchung des Ermüdungsprozesses

Zur Untersuchung des Ermüdungsprozesses mit zerstörungsfreien Prüfmethoden wurden in die Belastungsfunktion Messphasen eingefügt. Der Ablauf einer solchen Messphase ist in Bild 25 skizziert. Die Abfolge der linearen Lastrampen mit Haltephasen ermöglichte die genaue Bestimmung der Dehnungen auf verschiedenen Lastniveaus und die Messung von Ultraschallgeschwindigkeiten bei konstanten Spannungszuständen. Innerhalb der Messphasen wurden die Schallemissionsmessungen aktiviert. Die aufgebrachten Lastniveaus (S) mit den zugehörigen Spannungen sind in Tabelle 9 zusammengestellt. Die Belastungsrate aller monotonen Rampen betrug 3 MPa/s.

Tabelle 9: Spannungsniveaus der erweiterten Untersuchung des Ermüdungsprozesses (Lastniveau S_{min}-S_{max} = 0,05-0,7) für verschiedene Mischungen und Probekörpergrößen

Relative Last S		S_0	S_{min}	$S_{1/3}$	S_m	S_{max}	f_{cm}
σ/f_{cm}		< 0,02	0,05	0,33	0,375	0,70	1,00
Zusammen-setzung	h/d mm/mm	Druckspannung σ MPa					
NFB	300/100	0,6	2,0	13,3	15,0	27,9	39,9
HFB-1	180/60	1,8	5,1	34,3	38,6	72,0	102,8
HFB-1	300/100	0,6	5,9	39,4	44,3	82,7	118,1
HFB-1	600/200	1,6	5,0	33,1	37,2	69,4	99,2
HFB-2	180/60	1,7	7,0	46,6	52,5	97,9	139,9
HFB-2	300/100	0,6	6,5	43,5	48,9	91,4	130,5
HFB-2	600/200	1,6	6,0	40,3	45,3	84,6	120,9

5.4 Prüf- und Messtechnik

Im Folgenden wird die in den Versuchen verwendete Prüf- und Messtechnik beschrieben. Eine zentrale Rolle bei der Untersuchung der Ermüdungsprozesse spielen die Verformungen der Proben. Erfasst die Messlänge nur einen Teil der Oberfläche einer Probe, werden die Messergebnisse nur als Verformungen bezeichnet. Entspricht die Messlänge die Gesamthöhe der Probe, wird das Messergebnis im Folgenden als Gesamtverformung bezeichnet. Diese Konvention wird auch für aus den Verformungen abgeleitete Größen beibehalten.

5.4.1 Bestimmung der Ermüdungsfestigkeit

Die Ermüdungsversuche wurden in servohydraulischen Prüfmaschinen mit maximalen Druckkräften zwischen 1 MN und 10 MN durchgeführt. Die Prüfmaschinen entsprachen bei regelmäßig durchgeführten Kalibrierungen der Klasse 1 nach DIN EN ISO 7500-1:2018 /69/. Die digitalen Regler der Maschinen erlaubten eine freie Programmierung der Belastungsfunktionen, die synchronisierte Aufzeichnung der Messdaten sowie die Ansteuerung und Synchronisierung externer Messgeräte.

Die Messung der Kräfte, die in allen Versuchen als Regelgröße verwendet wurde, erfolgte über die in den Prüfmaschinen fest installierten Kraftmesseinrichtungen. Zur Bestimmung der Gesamtverformung der Proben wurden induktive Wegaufnehmer verwendet, mit denen die Änderung des Druckplattenabstandes gemessen wurde. Bei ca. einem Drittel der Proben wurden zusätzlich lokale Verformungen gemessen. Die Messung der lokalen Verformungen der Proben erfolgte über Dehnungsmessstreifen. Bei den Probekörpern mit $d \geq 200$ mm wurden die lokalen Verformungen nicht nur in Längsrichtung, sondern auch in Umfangsrichtung gemessen. Die Temperaturen der Probekörper wurden in Anlehnung an DIN EN 1363-1:2012 /54/ mit Scheiben-Thermoelementen gemessen. Zusätzlich wurden die Temperaturen an den Druckplatten und an einem Referenzprobekörper (h/d = 300/100 mm/mm) gemessen. Die Anordnung der Sensoren ist in Bild 26 skizziert bzw. in Bild 27 dargestellt.

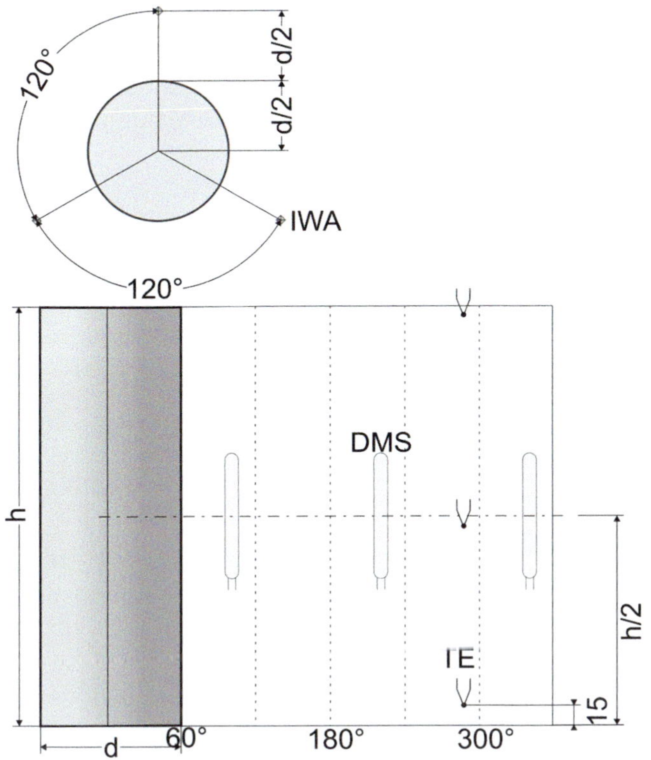

Bild 26: Sensoranordnung für die Untersuchung der Ermüdungsfestigkeit mit induktiven Wegaufnehmern (IWA) zur Messung der Änderung des Druckplattenabstands (Δh), der Messung der lokalen Dehnung mit Dehnungsmessstreifen (DMS) und Thermoelementen (TE)

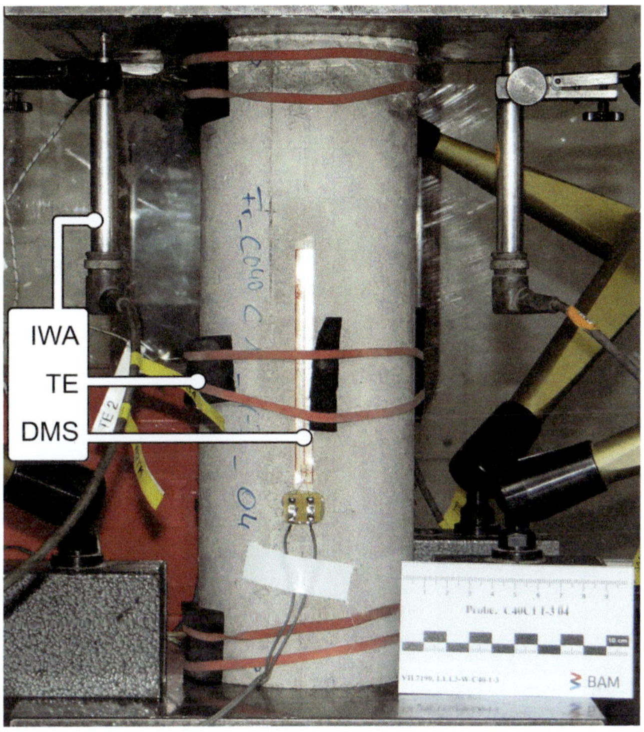

Bild 27: Fotografie eines Probekörpers mit der Messtechnik zur Bestimmung der Ermüdungsfestigkeit

5.4.2 Erweiterte Untersuchung des Ermüdungsprozesses

In den Versuchen zur Untersuchung der Ermüdungsprozesse wurde die in Abschnitt 5.4.1 beschriebene Messtechnik durch akustische Messverfahren ergänzt. Die Entstehung und das Wachstum von Mikrorissen sowie Reibungsvorgänge an Rissufern lösen dynamische, lokale elastische Verschiebungen aus, die zur Emission von Ultraschallwellen führen. Die Ultraschallwellen breiten sich im Material aus und können an der Oberfläche mit piezoelektrischen Sensoren detektiert werden. Die Intensität solcher Schallemissionen bzw. die Schallemissionsaktivität können mit den Rissbildungs- und Risswachstumsprozessen korreliert werden. Die Rissbildung führt neben der Verringerung des E-Moduls zu einer Verringerung der Schallgeschwindigkeit. Die Kombination von Schallemissions-, Ultraschall- und Verformungsmessungen ermöglicht eine detaillierte Untersuchung der Schädigungsprozesse.

Zur Detektion der Schallemissionen wurden pro Versuch mindestens zwei und maximal sechs Schallemissionssensoren VS150-MS (Vallen Systeme GmbH) paarweise gegenüberliegend mit einer plastischen Knetmasse Patafix (UHU) akustisch an die Zylindermantelfläche der Probekörper gekoppelt. Zwei weitere Sensoren wurden in spezielle Druckplatten integriert und an den Stirnflächen der Proben angekoppelt. Die Ankopplung wurde mit künstlich erzeugten Schallemissionen (Brüche von Bleistiftminen, Hsu-Nielsen-Source nach ASTM E976-15 /8/) überprüft. Die Aufzeichnung und Signalverarbeitung erfolgte über ein Schallemissionssystem AMSY-6 der Firma Vallen GmbH. Vor Versuchsbeginn wurde die Detektionsschwelle so angepasst, dass auch über einen längeren Zeitraum bei der Grundlast keine Hintergrundgeräusche registriert wurden.

Neben der Aufzeichnung der Schallemissionen ist es mit diesem Gerät möglich, elektrische Pulse bis 450 V_{PP} an die Sensoren zu senden, sie somit als Ultraschallgeber zu betreiben und mit Hilfe der jeweils gegenüberliegenden Sensoren die Schallgeschwindigkeit in dem Probekörper zu messen. Mit den verwendeten Sensoren werden dabei Longitudinalwellen mit einer Frequenz von ca. 150 kHz in der Probe angeregt. Die Aktivierung des Schallemissionssystems in den Messphasen und das Auslösen der Ultraschallpulse während der Lasthaltezeiten erfolgte durch programmierbare Steuerausgänge des Reglers der Prüfmaschine. Die

Anordnung der Sensoren in den Versuchen zur Untersuchung der Ermüdungsprozesse ist in Bild 28 skizziert bzw. in Bild 29 dargestellt. Bild 30 zeigt die Verknüpfung der Mess- und Regelungstechnik. Neben den Sensoren auf halber Höhe der Zylindermantelfläche wurden zwei weitere Sensoren in den beiden Druckplatten angebracht. Auf diese Weise waren Ultraschallmessungen senkrecht und parallel zur Belastungsrichtung möglich.

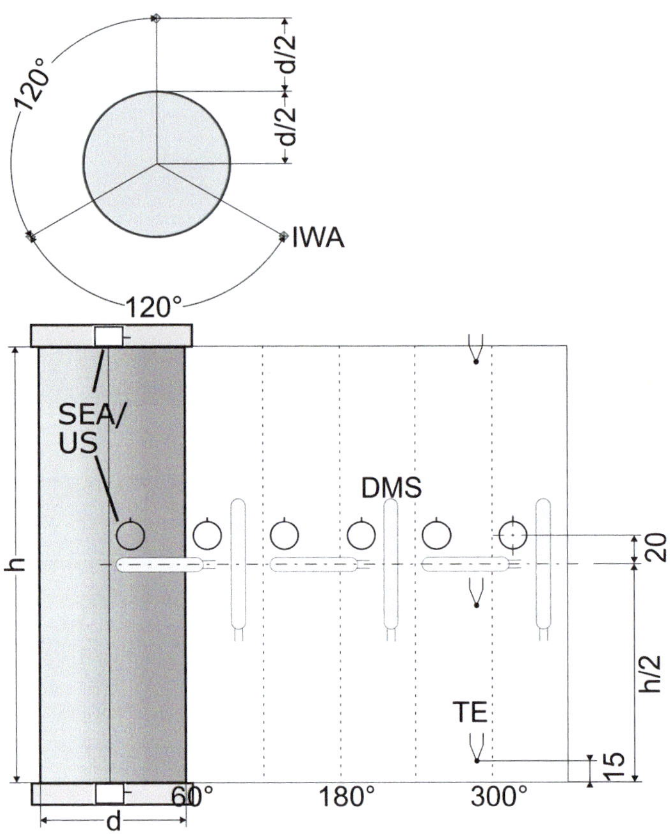

Bild 28: Sensoranordnung auf der Zylindermantelfläche bei der erweiterten Untersuchung des Ermüdungsprozesses mit Schallemissionssensoren (SEA/US), Dehnungsmessstreifen (DMS), induktiven Wegaufnehmern (IWA) und Thermoelementen (TE)

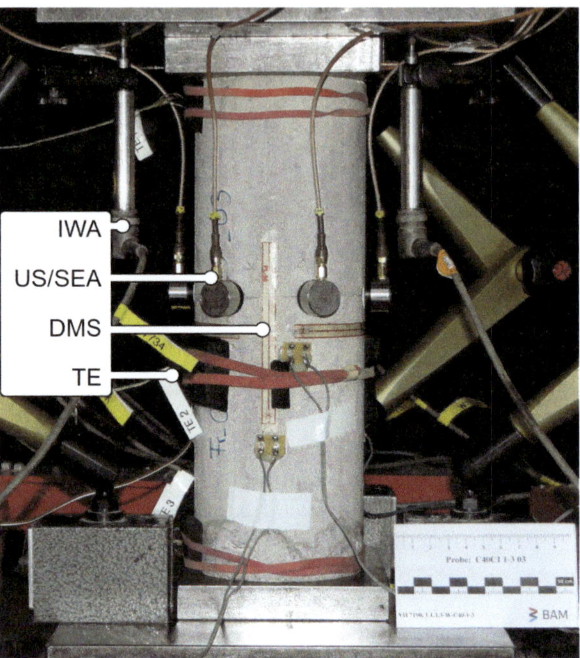

Bild 29: Fotografie eines Probekörpers der Größe *h*/*d* = 300/100 mm/mm mit den Sensoren zur erweiterten Untersuchung des Ermüdungsprozesses

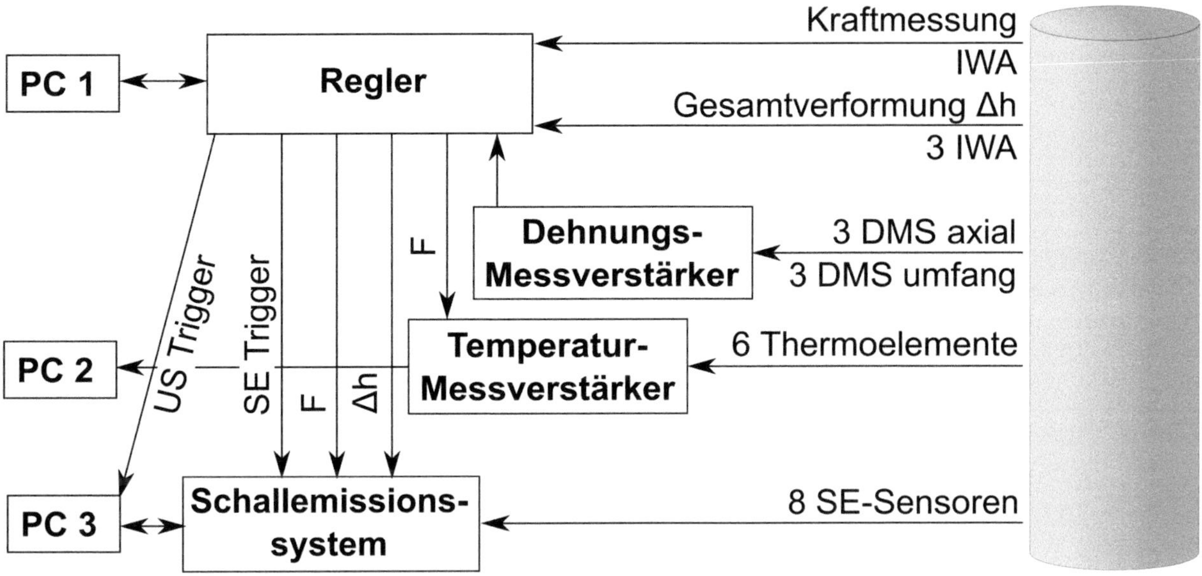

Bild 30: Verknüpfung der Mess- und Regelungstechnik

5.5 Auswertung der Messdaten

5.5.1 Bestimmung der Ermüdungsfestigkeit

In den Versuchen zur Bestimmung der Ermüdungsfestigkeit wurden die in Tabelle 10 aufgelisteten Versuchsergebnisse anhand der Gesamtdehnung bestimmt und mit der Software Origin 2020 der OriginLab Co. ausgewertet. Die Ergebnisse finden sich im Anhang in Abschnitt 9.4.

Tabelle 10: Auswertung der Versuche zur Ermüdungsfestigkeit

Zeichen	Einheit	Bedeutung	Formel
N_f	-	Bruchlastwechselzahl	
ε_{min}	10^{-3}	Gesamtdehnung bei S_{min}	
ε_{max}	10^{-3}	Gesamtdehnung bei S_{max}	
$\varepsilon^{II}_{max,N}$	10^{-9}	Dehnungssteigung (ε_{DP}) pro Lastwechsel bei S_{max} in der zweiten Ermüdungsphase	$\varepsilon^{II}_{max,\,N} = \frac{\varepsilon_{max,\,0,7\cdot N_f} - \varepsilon_{max,\,0,3\cdot N_f}}{0,7\cdot N_f - 0,3\cdot N_f}$
$\log(\varepsilon^{II}_{max,N})$	-	Dekadischer Logarithmus der Dehnungssteigung (ε_{DP}) pro Lastwechsel bei S_{max} in der zweiten Ermüdungsphase	
T^{0-i}	K	Temperaturdifferenz zwischen dem Anfang (i=1) und einem Zeitpunkt i während des Versuchs in der Mitte des Probekörpers	$T^{0-i} = T_{h/2,i} - T_{h/2,i=1}$

5.5.2 Erweiterte Untersuchung des Ermüdungsprozesses

Die Datenauswertung zur erweiterten Untersuchung des Ermüdungsprozesses baut auf der Auswertung zur Ermüdungsfestigkeit auf. Zusätzlich erlaubten die eingefügten Messphasen mit linear monotonen Rampen eine Auswertung der (Gesamt-)Sekantenmoduln, wie in Tabelle 11 zusammengefasst, zwischen der Grund- (S_0) und der Drittelslast ($S_{1/3}$) sowie zwischen der Mittel- (S_m) und der Maximallast (S_{max}) bei einer konstanten Belastungsgeschwindigkeit von 3 MPa/s.

Tabelle 11: Auswertung des Ermüdungsprozesses

Zeichen	Einheit	Bedeutung	Formel
ε_0	10^{-3}	Lokale Dehnung bei S_0 (plastisch)	
ε_{min}	10^{-3}	Lokale Dehnung bei S_{min}	
$\varepsilon_{1/3}$	10^{-3}	Lokale Dehnung bei $S_{1/3}$	
ε_m	10^{-3}	Lokale Dehnung bei S_m	
ε_{max}	10^{-3}	Lokale Dehnung bei S_{max}	
ε_{ax}	10^{-3}	Lokale axiale Dehnung des zylindrischen Probekörpers	
ε_{um}	10^{-3}	Lokale Umfangsdehnung des zylindrischen Probekörpers	
ε_{vol}	10^{-3}	Lokale Volumendehnung	$\varepsilon_{vol} = \varepsilon_{ax} - 2\varepsilon_{um}$
$E_{1/3}$	GPa	Drittels-Sekantenmodul (lokale (DMS) bzw. Gesamtdehnung (DP))	$E_{1/3} = \frac{\sigma_{1/3}-\sigma_0}{\varepsilon_{1/3}-\varepsilon_0}$
E_{max}	GPa	Maximal-Sekantenmodul (lokale (DMS) bzw. Gesamtdehnung (DP))	$E_{max} = \frac{\sigma_{max}-\sigma_m}{\varepsilon_{max}-\varepsilon_m}$

Die Bestimmung der Ankunftszeiten von Ultraschallpulsen an einem Sensor mit der zum Schallemissionssystem gehörenden Software VisualAE (Vallen Systeme GmbH) erfolgte anhand einer Schwellwertüberschreitung des Signals. Diese Ankunftszeitbestimmung ist von der Signalamplitude und somit von der in Ermüdungsversuchen zunehmenden Dämpfung der Ultraschallwellen abhängig. Die Bestimmung der Ankunftszeit wurde deshalb, wie in Bild 31 dargestellt, mittels der aufgezeichneten Wellenformen auf das erste Maximum des Signals korrigiert:

$$t_{max} = t_{SW}+\Delta t \tag{7}$$

$$TOF_{max} = t_{max,Signal}-t_{max,Puls} \tag{8}$$

$$TOF_{max} = (t_{SW,\,Signal}+\Delta t_{Signal})-(t_{SW,\,Puls}+\Delta t_{Puls})=TOF_{SW}+(\Delta t_{Signal}-\Delta t_{Puls}) \tag{9}$$

Infolge der Korrektur enthält die so bestimmte Signallaufzeit zusätzlich eine von der tatsächlichen Laufzeit unabhängige und im Wesentlichen konstante Totzeit, welche in die mit dem Sensorabstand berechnete Ultraschallgeschwindigkeit eingeht. Beim Vergleich von Ultraschallgeschwindigkeiten muss das insbesondere dann berücksichtigt werden, wenn die Sensorabstände unterschiedlich sind.

Die gleichzeitig bestimmte Signalamplitude (*A*) des ersten Maximums zeigt eine stabilere Entwicklung über die Lebensdauer als die Amplitude des absoluten Maximums des vollständigen Signals, welche automatisch vom Schallemissionssystem bestimmt wird. Es konnte also sowohl eine schwellwertunabhängige Bestimmung der Ultraschalllaufzeit als auch eine stabilere Bestimmung der Signalamplitude erreicht werden.

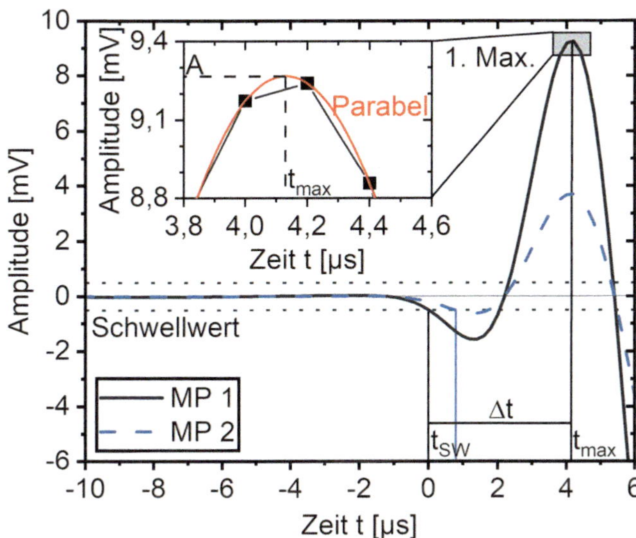

Bild 31: Berechnung des Korrekturwertes Δt der Laufzeit und der Signalamplitude *A* des Ultraschallsignals in der Messphase 1 (MP 1) und der darauffolgenden Messphase 2 (MP 2)

Der Nachweis einer Schallemission an einem Schallemissionskanal wird nach DIN EN 1330-9:2017 /53/ als „Hit“ bezeichnet. Die Schallemissionsaktivität kann als Hitrate, also als Anzahl detektierter Schallemissionen pro Zeit, dargestellt werden und als Indikator für einen Schädigungsfortschritt dienen. Eine quantitative Auswertung bzw. ein quantitativer Vergleich der Schallemissionsaktivitäten in verschiedenen Versuchen ist prinzipiell nicht möglich. Der Verlauf der Schallemissionsaktivitäten in verschiedenen Versuchen lässt aber vergleichende Rückschlüsse auf den Schädigungsprozess zu. Im Folgenden wird die Schallemissionsaktivität als Anzahl der Hits pro Messphase und Mittelwert über die Sensoren ausgewertet. Die Auswerteschwelle A_{AS} wurde je nach Größe der Probekörper und Schallschwächung im Material angepasst.

5.6 Fehlerabschätzung

Auf Grundlage von Kalibrieprotokollen für die verwendeten Kraft- und Längenmesseinrichtungen wurde in Anlehnung an JCGM 100:2008 GUM /100/ und DIN 1319:1999 /49/ eine Abschätzung der einfachen Standardmessunsicherheit (Standardabweichung, k=1) *u* für die Spannungen, Dehnungen und Sekantenmoduln vorgenommen. Die Ergebnisse sind in Tabelle 12 bis Tabelle 14 zusammengestellt.

Tabelle 12: Ergebnisse der Standardmessunsicherheit der Spannung für verschiedene Durchmesser, Lastniveaus und Mischungen

			u_σ		
d	S	u_d	NFB	HFB-1	HFB-2
mm	-	mm	MPa	MPa	MPa
60	0,7	0,06	-	0,4	0,6
	0,9	0,06	-	0,6	0,8
	1	0,06	-	0,6	0,9
100	0,7	0,06	0,1	0,5	0,5
	0,9	0,06	0,2	0,6	0,7
	1	0,06	0,2	0,7	0,8
200	0,7	0,12	-	0,5	0,6
	0,9	0,12	-	0,6	0,8
	1	0,12	-	0,7	0,9
300	0,7	0,12	0,2	0,5	-
	0,9	0,12	0,2	0,6	-
	1	0,12	0,2	0,7	-

Tabelle 13: Ergebnisse der Standardmessunsicherheit der Gesamtverformung

				u_ε		
h	S	u_h	$u_{\Delta h}$	NFB	HFB-1	HFB-2
mm		mm	mm	10^{-3}	10^{-3}	10^{-3}
180	0,7	0,06	0,005	-	0,03	0,03
	0,9	0,06	0,005	-	0,03	0,03
	1	0,06	0,005	-	0,03	0,03
100	0,7	0,06	0,005	-	0,05	0,05
	0,9	0,06	0,005	-	0,05	0,05
	1	0,06	0,005	-	0,05	0,05
200	0,7	0,06	0,005	-	0,03	0,03
	0,9	0,06	0,005	-	0,03	0,03
	1	0,06	0,005	-	0,03	0,03
300	0,7	0,06	0,005	0,02	0,02	0,02
	0,9	0,06	0,005	0,02	0,02	0,02
	1	0,06	0,005	0,02	0,02	0,02
400	0,7	0,12	0,005	-	0,01	0,01
	0,9	0,12	0,005	-	0,01	0,01
	1	0,12	0,005	-	0,01	0,01
600	0,7	0,12	0,010	-	0,02	0,02
	0,9	0,12	0,010	-	0,02	0,02
	1	0,12	0,010	-	0,02	0,02
900	0,7	0,18	0,010	0,01	0,01	-
	0,9	0,18	0,010	0,01	0,01	-
	1	0,18	0,010	0,01	0,01	-

Tabelle 14: Ergebnisse der Standardmessunsicherheit der Sekantenmodule aus der Gesamtverformung

			u_E		
h	d	S_1-S_2	NFB	HFB-1	HFB-2
mm	mm		GPa	GPa	GPa
100	100	0,05-0,7	-	0,7	0,8
		0,4-0,9	-	0,6	1,3
300	100	0,005-0,33	0,2	0,9	1,3
		0,375-0,7	0,5	1,5	1,4
		0,05-0,7	0,3	0,5	0,6
		0,4-0,9	0,8	1,1	1,1
900	300	0,05-0,7	0,9	0,5	-
		0,4-0,9	0,5	1,5	-

Bei der Dehnungsmessung mit Dehnungsmessstreifen hängt der Dehnungswert von verschiedenen messtechnischen und klimatischen Randbedingungen in der Messkette ab. Diese Einflüsse können über die Streuung der Dehnungswert innerhalb einer Zeit, die vergleichbar mit der Versuchsdauer ist, abgeschätzt werden. Innerhalb eines Tages streuten die Dehnungswerte, aufgezeichnet mit zwei verschiedenen Messsystemen ohne Belastung der Probekörper, um $\Delta\varepsilon = \pm 0{,}05 \cdot 10^{-3}$ bzw. $\Delta\varepsilon = \pm 0{,}01 \cdot 10^{-3}$. Die Abschätzung einer Messunsicherheit war hier nicht möglich.

Die Standardabweichung der Streuung der Ultraschallgeschwindigkeit in Tabelle 15 wurde aus der Standardabweichung der Streuung der Ultraschalllaufzeit aus mehr als sechs Pulsen auf demselben Lastniveau abgeschätzt.

Tabelle 15: Ergebnisse der Streuung der radialen und axialen Ultraschallgeschwindigkeit für verschiedene Durchmesser, Höhen und Mischungen

			$Streuung_{v,rad}$			$Streuung_{v,ax}$		
h	d	$Streuung_{TOF}$	NFB	HFB-1	HFB-2	NFB	HFB-1	HFB-2
mm	mm	µs	m/s	m/s	m/s	m/s	m/s	m/s
180	60	0,05	-	20	21	-	7	7
300	100	0,05	10	12	13	3	4	4
600	200	0,05	-	7	7	-	2	2

6 Geometrieabhängigkeit der Druck- und Ermüdungsfestigkeit

Die Abhängigkeit der Druckfestigkeit und der Ermüdungsfestigkeit von der Schlankheit und Größe der Probekörper wird im Folgenden anhand der hochfesten Betonmischungen HFB-1 und HFB-2 analysiert. Als Grundlage für die Ermüdungsversuche wird zunächst der Einfluss der Größe und Schlankheit der Probekörper auf die in kraftgeregelten Versuchen ermittelten Druckfestigkeiten und Spannungs-Dehnungs-Linien für die Betonmischungen HFB-1 und HFB-2 diskutiert. Im Anschluss liegt der Fokus auf der Analyse des Einflusses der Größe und Schlankheit der Probekörper auf die Ermüdungsfestigkeit der hochfesten Mischungen. Die normalfeste Mischung NFB war nicht Bestandteil dieser Versuchsreihe und wird in diesem Beitrag nur anhand der Probekörpergröße h/d = 300/100 mm/mm analysiert.

6.1 Druckfestigkeit und Spannungs-Dehnungs-Linie

6.1.1 Einfluss der Mischungszusammensetzung der Probekörper

Als Voraussetzung für die Ermüdungsversuche wurden für alle Geometrien aller an die BAM gelieferten Probekörperchargen an mindestens drei Probekörpern die Druckfestigkeiten nach DIN EN 12390-3:2019 /64/ bestimmt. Bei diesen Versuchen wurden neben der Kraft die Gesamtverformungen der Probekörper aufgezeichnet. Die daraus berechneten Spannungs-Dehnungs-Linien sind als Mittelwerte für die Referenzgeometrie (h/d = 300/100 mm/mm) für die drei Betonrezepturen in Bild 32 dargestellt. Die zugehörigen mechanischen Kennwerte sind in Tabelle 16 zusammengefasst.

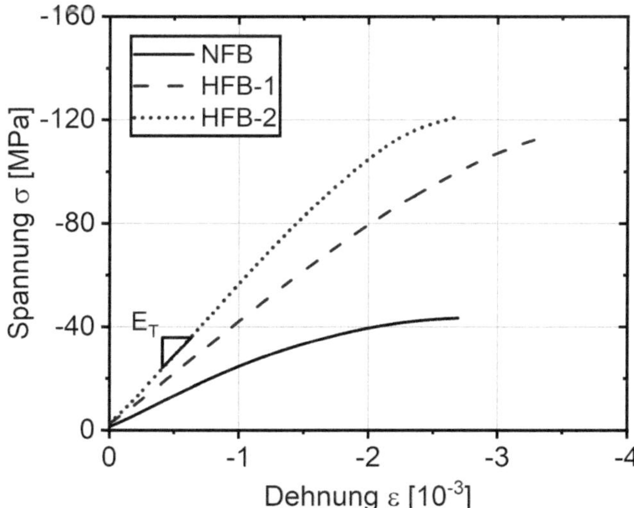

Bild 32: Gemittelte Spannungs-Dehnungs-Linie (Druckplattenabstand) für die Mischungen NFB, HFB-1 und HFB-2 der Größe h/d = 300/100 mm/mm

Da von den Rezepturen nur die in der Tabelle 6 zusammengefassten Eckdaten bekannt sind, sind Rückschlüsse aus den Mischungen auf die mechanischen Eigenschaften nur bedingt möglich. Die gegenüber der Mischung NFB deutlich höhere Festigkeit der Mischung HFB-1 wurde wahrscheinlich durch die Verwendung eines höherfesten Zementes und den Austausch der kleineren Fraktion der Gesteinskörnung erreicht. Die weitere Erhöhung der Druckfestigkeit der Mischung HFB-2 ist vermutlich hauptsächlich auf die deutliche Reduktion des w/z-Wertes zurückzuführen. Die maximalen Tangentenmoduln steigen mit den Druckfestigkeiten, allerdings zeigt die Mischung HFB-1 den im Verhältnis zur Druckfestigkeit kleinsten Anstieg der Spannungs-Dehnungs-Linie.

Tabelle 16: Mechanische Kennwerte der hergestellten Betonzylinder *h*/*d* = 300/100 mm/mm

	NFB	HFB-1	HFB-2
Dichte ρ [kg/m³]	2.304	2.418	2.470
Druckfestigkeit f_{cm} [MPa]	43,6	112,6	120,7
Bruchdehnung ε^B [10^{-3}]	2,64	3,30	2,65
Max. Tangentenmodul E_T [GPa]	24,5	39,9	54,7

6.1.2 Einfluss der Schlankheit der Probekörper

Die Bezugsdruckfestigkeit ist für verschiedene Chargen der Mischung HFB-1 und HFB-2 sind in Bild 33 bzw. Bild 34 in Abhängigkeit von der Schlankheit der Probekörper dargestellt. Da die Bestimmung der Druckfestigkeiten jeweils möglichst kurz vor den zugehörigen Ermüdungsversuchen erfolgte, waren die Probekörper zur Zeit der Prüfung unterschiedlich alt (siehe Anhang, Abschnitt 9.2, Tabelle 36 bis Tabelle 40). Aufgrund der verschiedenen Prüfalter und den Streuungen der Druckfestigkeiten der verschiedenen Chargen ist für die Mischungen HFB-1 und HFB-2 in Bild 33 bzw. Bild 34 keine klare Korrelation von Druckfestigkeit und Schlankheit erkennbar.

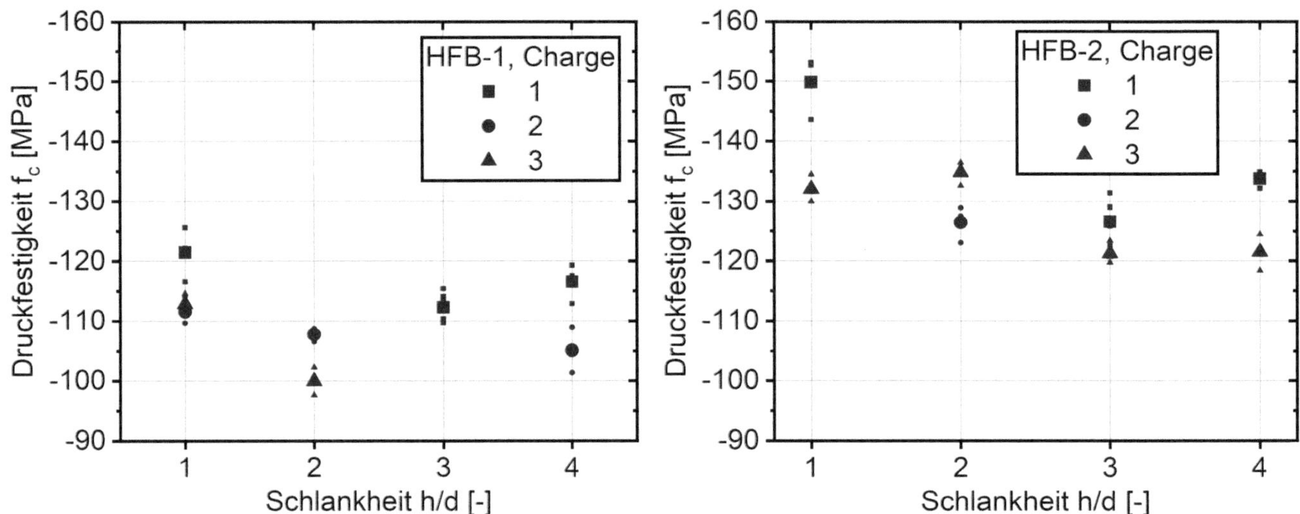

Bild 33: Druckfestigkeit in Abhängigkeit der Schlankheit (*d* = 100 mm) der Probekörper unterschiedlicher Chargen und Prüfalter für die Mischung HFB-1

Bild 34: Druckfestigkeit in Abhängigkeit der Schlankheit (*d* = 100 mm) der Probekörper unterschiedlicher Chargen und Prüfalter für die Mischung HFB-2

Nach Abschnitt 5.1.9.1 in /76/ kann die Nacherhärtung der Probekörper in Abhängigkeit vom Alter abgeschätzt werden. Für den Vergleich mit Daten von /32/ in Bild 35 wurden die Druckfestigkeiten nach *fib* Model Code für ein Alter von 96 Tagen abgeschätzt und auf die mittleren Druckfestigkeiten bei einer Schlankheit *h*/*d* = 2 (oder *h*/*d* = 3) normiert. Unter der Berücksichtigung der Nacherhärtung ist eine Abnahme der Druckfestigkeit mit zunehmender Schlankheit für beide Mischungen erkennbar.

Wie Bild 36 zeigt, nimmt die auf eine Schlankheit von *h*/*d* = 2 normierte Bruchdehnung mit zunehmender Schlankheit der Probekörper ab. Der Trend entspricht den in der Literatur /99, 119, 165, 184/ publizierten und in Bild 12 in Abschnitt 4.4.1.2 dargestellten Ergebnissen. Insbesondere ab einer Schlankheit von *h*/*d* ≤ 2 beeinflusst die durch den Kontakt mit den steiferen Druckplatten verursachte Querdehnungsbehinderung einen signifikanten Teil des Probekörpervolumens. Die Querdehnungsbehinderung erzeugt einen mehraxialen Spannungszustand, was in einer höheren Druckfestigkeit und Verformbarkeit des Probekörpers resultiert. Die auf *h*/*d* = 2 normierte Bruchdehnung der Schlankheit *h*/*d* = 1 ist bei den hier geprüften hochfesten Betonmischungen mit etwa $\varepsilon^{B,h/d=1}/\varepsilon^{B,h/d=2}$ = 1,3 kleiner als jene von /165, 184/ publizierten mit etwa $\varepsilon_{B,h/d=1}/\varepsilon_{B,h/d=2}$ = 2 (Bild 12 aus Abschnitt 4.4.1.2). Diese im Vergleich zum normalfesten Beton geringere Verformbarkeit der hochfesten Betonmischung im mehraxialen Spannungszustand könnte ein Hinweis auf die größere Sprödigkeit des hochfesten Betons sein.

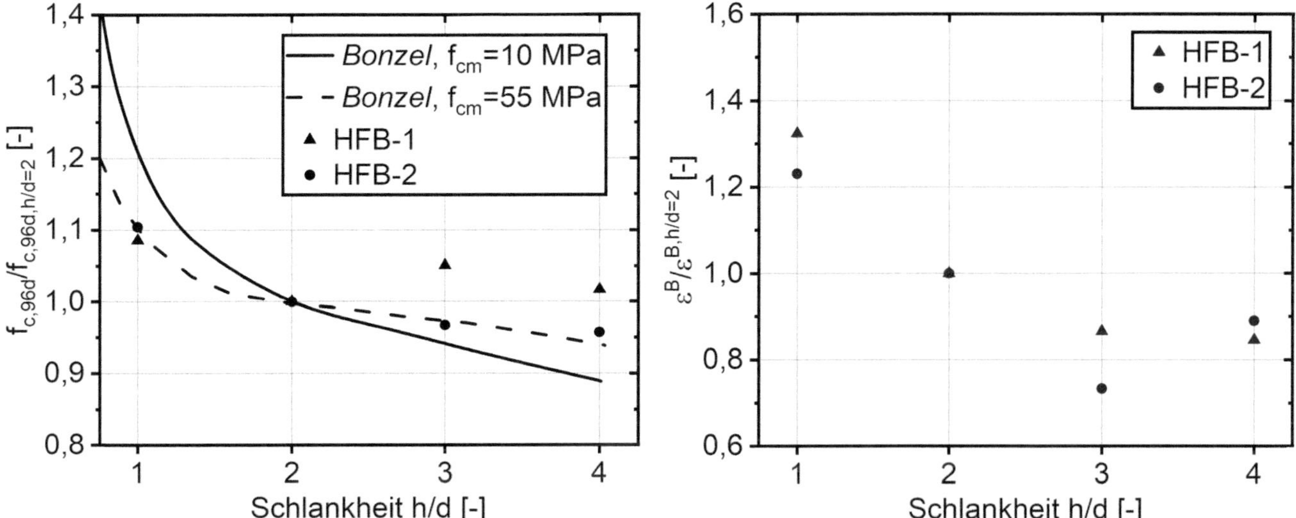

Bild 35: Mittelwert der normierten Druckfestigkeit korrigiert auf die 96 Tage Druckfestigkeit nach /76/ in Abhängigkeit der Schlankheit (d = 100 mm) der Mischungen HFB-1 und HFB-2 im Vergleich mit *Bonzel* /32/

Bild 36: Mittelwert der normierten Bruchdehnung in Abhängigkeit der Schlankheit (d = 100 mm) der Probekörper unterschiedlicher Prüfalter für die Mischungen HFB-1 und HFB-2

Um den Einfluss der Schlankheit der Probekörper frei vom Einfluss verschiedener Chargen und eines unterschiedlichen Alters zu untersuchen, wurden Probekörper derselben Charge und im selben Alter geprüft. Dafür wurden die Probekörper der Schlankheit h/d = 1 und h/d = 2 durch das Teilen von Probekörpern der Schlankheit h/d = 3 hergestellt. Ein Vergleich der mittleren Spannungs-Dehnungs-Linien ist für die Mischungen HFB-1 in Bild 37 und HFB-2 in Bild 38 dargestellt. Mit abnehmender Schlankheit ist eine Zunahme der Bruchdehnung und der Druckfestigkeit sowie eine Abnahme der Steigung der Spannungs-Dehnungs-Linie zu erkennen, wie sie unter anderem schon von /32, 42, 82, 99, 117, 119, 153, 155, 165, 184/ beobachtet wurde.

Bisher wurde dieser Zusammenhang im Wesentlichen an normalfestem Beton untersucht. Die hier durchgeführten Untersuchungen zeigen den Zusammenhang für zwei hochfeste Betone bis zu einer Druckfestigkeit von 130 MPa. Die hier gefundenen Unterschiede der Druckfestigkeit, Bruchdehnung und Steifigkeit zwischen den unterschiedlich schlanken Probekörpern sind jedoch kleiner, was auf eine größere Sprödigkeit dieser Betone hinweist.

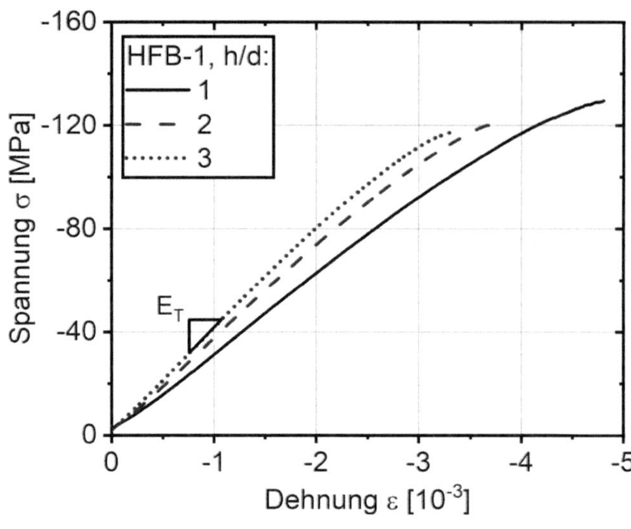

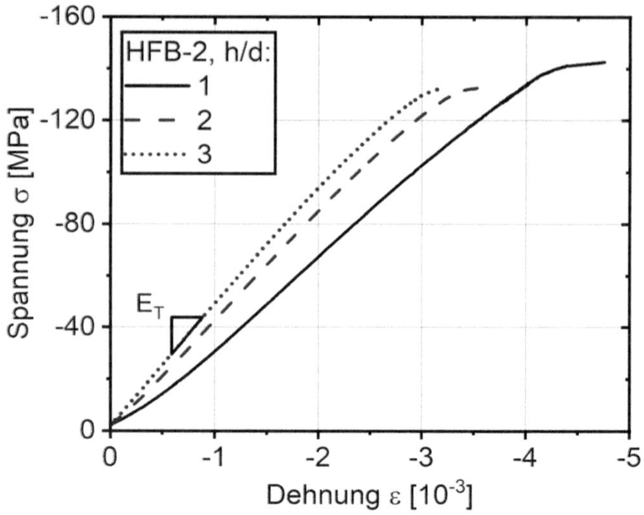

Bild 37: Spannungs-Dehnungs-Linie (Druckplattenabstand) in Abhängigkeit der Schlankheit (d = 100 mm) derselben Charge und im selben Prüfalter für die Mischung HFB-1

Bild 38: Spannungs-Dehnungs-Linie (Druckplattenabstand) in Abhängigkeit der Schlankheit (d = 100 mm) derselben Charge und im selben Prüfalter für die Mischung HFB-2

6.1.3 Einfluss der Größe der Probekörper

Die Druckfestigkeiten der Druckversuche an verschieden großen Probekörpern sind in dem Bild 39 für die Mischung HFB-1 und in dem Bild 40 für die Mischung HFB-2 dargestellt. Ein systematischer Zusammenhang zwischen den abgebildeten bzw. den auf ein Alter von 96 Tage korrigierten Druckfestigkeiten und den Probekörpergrößen kann nicht festgestellt werden. Die gemittelten Spanungsdehnungslinien der Druckversuche an verschieden großen Probekörpern sind in dem Bild 41 für die Mischung HFB-1 und in dem Bild 42 für die Mischung HFB-2 dargestellt. Ein systematischer Zusammenhang zwischen den mechanischen Kennwerten und den Probekörpergrößen kann aus den Ergebnissen ebenfalls nicht abgeleitet werden. Mögliche Auswirkungen eines Größeneffekts werden hier vermutlich von den Einflüssen aus den verschiedenen Chargen, Lagerungsbedingungen und Prüfaltern der Probekörper überlagert.

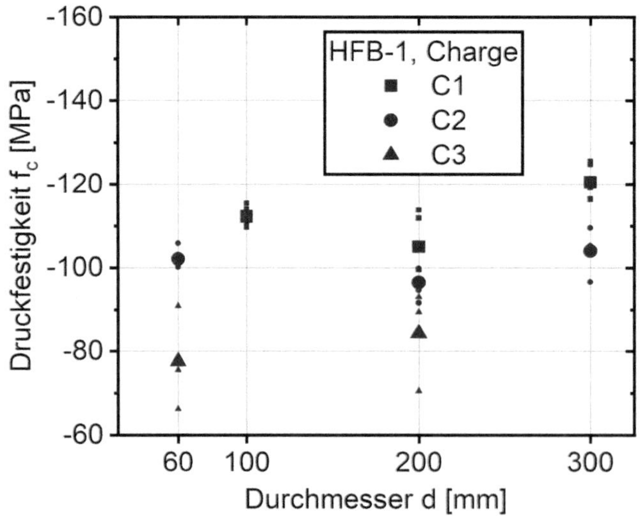

Bild 39: Druckfestigkeit in Abhängigkeit der Größe (h/d = 3) unterschiedlicher Chargen und Prüfalter für die Mischung HFB-1

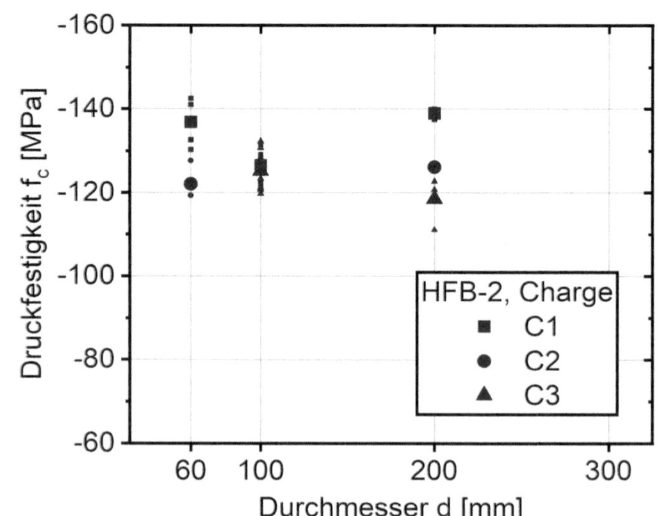

Bild 40: Druckfestigkeit in Abhängigkeit der Größe (h/d = 3) unterschiedlicher Chargen und Prüfalter für die Mischung HFB-2

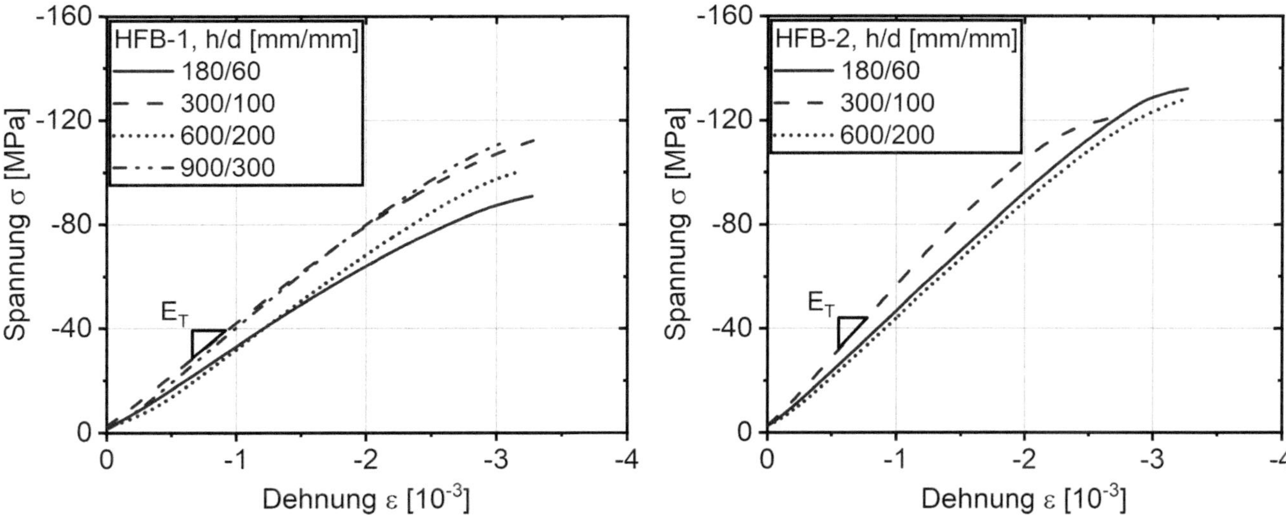

Bild 41: Spannungs-Dehnungs-Linie (Druckplattenabstand) für unterschiedliche Probekörpergrößen, Chargen und Prüfalter für die Mischung HFB-1

Bild 42: Spannungs-Dehnungs-Linie (Druckplattenabstand) für unterschiedliche Probekörpergrößen, Chargen und Prüfalter für die Mischung HFB-2

6.2 Ermüdungsfestigkeit

6.2.1 Einfluss der Mischungszusammensetzung der Probekörper

Ein Vergleich der Bruchlastwechselzahlen der Probekörper der Größe *h*/*d* = 300/100 mm/mm auf zwei Lastniveaus mit den nach *fib* Model Code 2010 /76/ zu erwartenden Wöhlerlinien ist für die Mischung NFB in Bild 43, HFB-1 in Bild 44 und HFB-2 in Bild 45 dargestellt. Die mittleren Bruchlastwechselzahlen liegen nah am Erwartungswert nach dem *fib* Model Code 2010. Eine Abhängigkeit der Bruchlastwechselzahl von der Druckfestigkeit kann anhand dieser Ergebnisse nicht festgestellt werden (Bild 46). Zu ähnlichen Einschätzungen kamen /23, 72, 80, 90, 111, 141/, während /105, 107, 130, 177, 180, 191, 201/ einen Einfluss der Druckfestigkeit beobachtet haben. Möglicherweise ist der Zusammenhang zwischen der Druckfestigkeit und der Ermüdungsfestigkeit jedoch komplexer und stärker von der Mischung und den mechanischen Eigenschaften der einzelnen Komponenten abhängig.

Auf dem Lastniveau S_{min}-S_{max} = 0,05-0,7 sind die Streuungen der Bruchlastwechselzahlen mit $\Delta\log(N_f)$ = 0,5 deutlich kleiner als auf dem höheren Lastniveau mit bis zu $\Delta\log(N_f)$ = 2. Dieser Trend ist nach *fib* Model Code 2010 zu erwarten, wenn bei der Prognose der Bruchlastwechselzahlen die Streuung der zugrunde gelegten Druckfestigkeiten berücksichtigt werden.

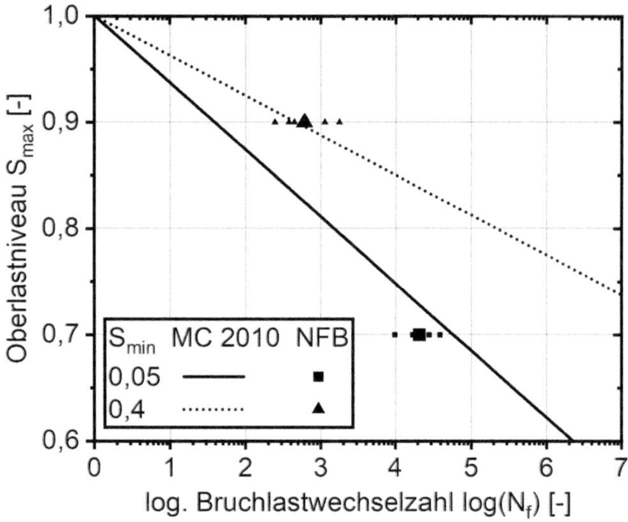

Bild 43: Bruchlastwechselzahlen der Probengröße *h*/*d* = 300/100 mm/mm für die Mischung NFB im Vergleich mit dem *fib* Model Code 2010 /76/

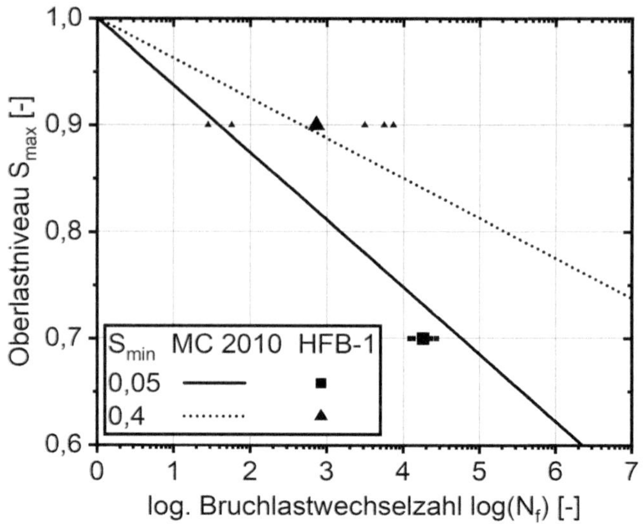

Bild 44: Bruchlastwechselzahlen der Probengröße *h*/*d* = 300/100 mm/mm für die Mischung HFB-1 im Vergleich mit dem *fib* Model Code 2010 /76/

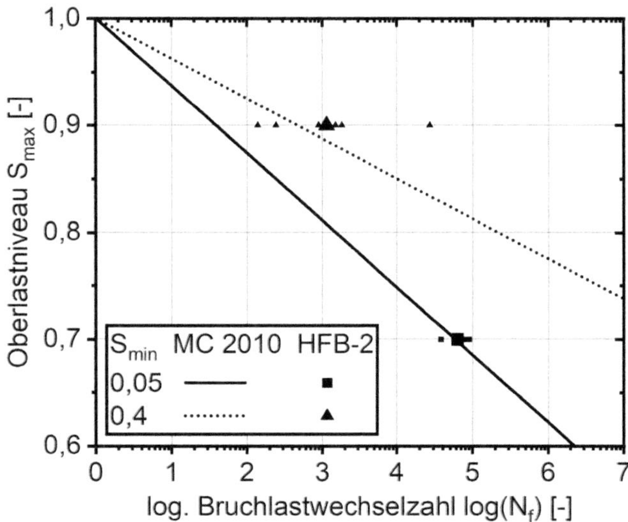

Bild 45: Bruchlastwechselzahlen der Probengröße *h*/*d* = 300/100 mm/mm für die Mischung HFB-2 im Vergleich mit dem *fib* Model Code 2010 /76/

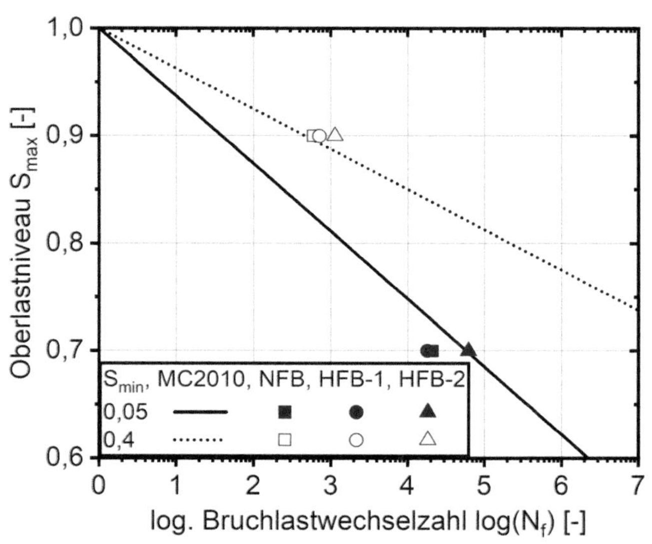

Bild 46: Mittlere Bruchlastwechselzahlen der Probengröße *h*/*d* = 300/100 mm/mm der Mischungen NFB, HFB-1 und HFB-2 im Vergleich mit dem *fib* Model Code 2010 /76/

6.2.2 Einfluss der Schlankheit der Probekörper

Die Abhängigkeit der Bruchlastwechselzahl von der Schlankheit der Probekörper auf dem Lastniveau S_{min}-S_{max} = 0,05-0,7 ist in Bild 47 für HFB-1 und in Bild 48 für HFB-2 dargestellt. Bei beiden Betonen sind die Bruchlastwechselzahlen für die Schlankheit *h*/*d* = 1 signifikant größer als für die Schlankheiten *h*/*d* ≥ 2. Die Probekörper der Schlankheit *h*/*d* = 1 der Mischung HFB-2 erreichten in zwei von fünf Versuchen den Grenzwert für Durchläufer. Ab einer Schlankheit *h*/*d* ≥ 2 ist in den vorliegenden Ergebnissen keine systematische Abhängigkeit der Bruchlastwechselzahlen von der Schlankheit erkennbar. Es ist festzustellen, dass die Bruchlastwechselzahlen für *h*/*d* ≥ 2 der Mischung HFB-1 kleiner bzw. für HFB-2 gleich groß sind wie die Werte nach *fib* Model Code 2010 /76/. Die mittleren Bruchlastwechselzahlen und deren Verhältnis bezogen auf die Bruchlastwechselzahlen der Probekörper der Referenzgeometrie (*h*/*d* = 300/100 mm/mm) sind in Tabelle 17 zusammengefasst.

Tabelle 17: Abhängigkeit der mittleren Bruchlastwechselzahl von der Schlankheit bezogen auf die Probekörper der Größe *h*/*d* = 300/100 mm/mm für die Mischungen HFB-1 und HFB-2 auf dem Lastniveau S_{min}-S_{max} = 0,05-0,7

h/d	f_p	HFB-1		HFB-2	
mm/mm	Hz	$\log(N_f)$	$\log(N_f)/\log(N_{f,h/d=3/1})$	$\log(N_f)$	$\log(N_f)/\log(N_{f,h/d=3/1})$
100/100	5	5,09	1,19	> 5,82	> 1,22
200/100	5	4,31	1,01	4,68	0,98
300/100	5	4,26	1,00	4,78	1,00
400/100	5	4,40	1,03	4,55	0,95

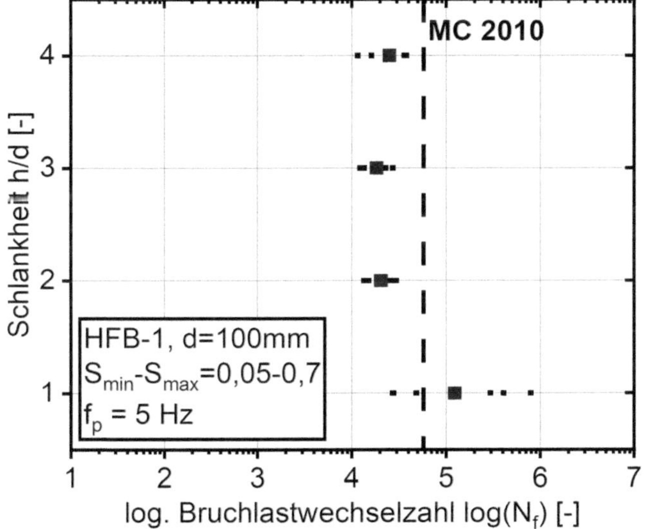

Bild 47: Bruchlastwechselzahlen für Probekörper unterschiedlicher Schlankheit (*d* = 100 mm) für die Mischung HFB-1 auf dem Lastniveau S_{min}-S_{max} = 0,05-0,7 im Vergleich mit dem *fib* Model Code 2010 /76/

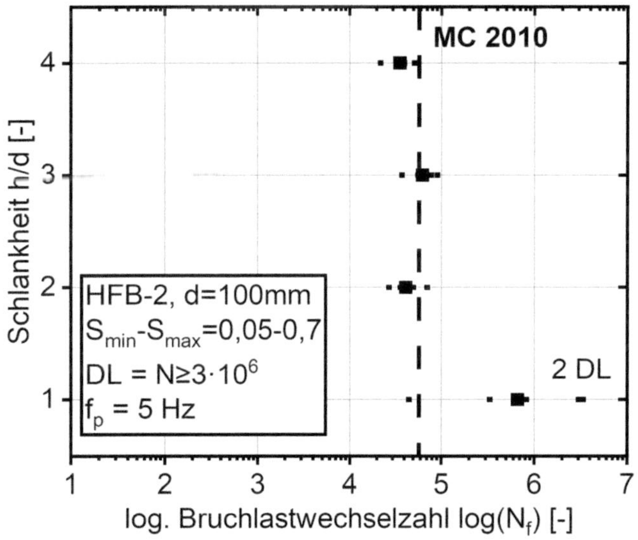

Bild 48: Bruchlastwechselzahlen für Probekörper unterschiedlicher Schlankheit (*d* = 100 mm) für die Mischung HFB-2 auf dem Lastniveau S_{min}-S_{max} = 0,05-0,7 im Vergleich mit dem *fib* Model Code 2010 /76/. Bei der Schlankheit *h*/*d* = 1 erreichten zwei von fünf Probekörper den Grenzwert für Durchläufer (DL)

Für das Lastniveau S_{min}-S_{max} = 0,4-0,9 ist die Abhängigkeit der Bruchlastwechselzahl von der Schlankheit für den HFB-1 in Bild 49, und für HFB-2 in Bild 50 dargestellt. Auf diesem hohen Lastniveau ist bei beiden Betonen keine Abhängigkeiten der Bruchlastwechselzahl von der Schlankheit der Probekörper erkennbar.

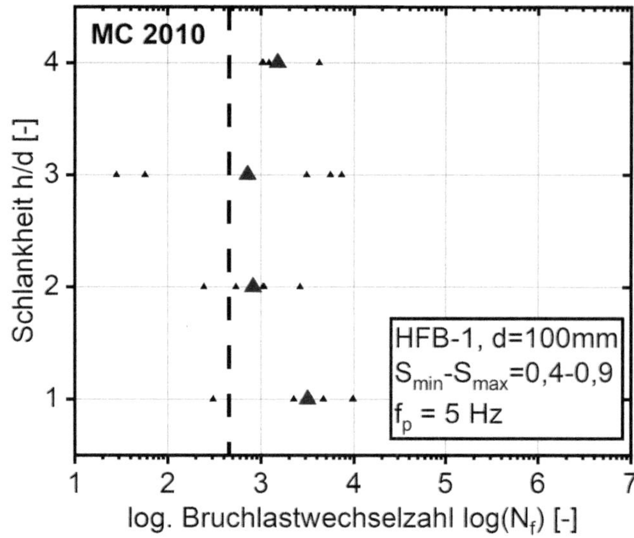

Bild 49: Bruchlastwechselzahlen für Probekörper unterschiedlicher Schlankheit (*d* = 100 mm) für die Mischung HFB-1 auf dem Lastniveau S_{min}-S_{max} = 0,4-0,9 im Vergleich mit dem *fib* Model Code 2010 /76/

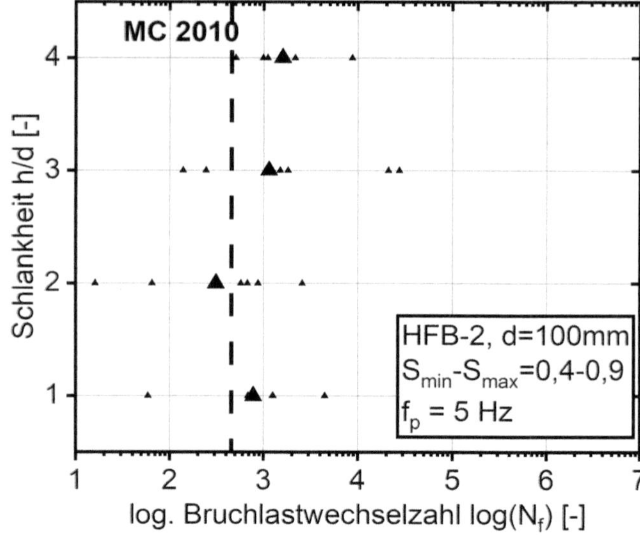

Bild 50: Bruchlastwechselzahlen für Probekörper unterschiedlicher Schlankheit (*d* = 100 mm) für die Mischung HFB-2 auf dem Lastniveau S_{min}-S_{max} = 0,4-0,9 im Vergleich mit dem *fib* Model Code 2010 /76/

6.2.3 Einfluss der Größe der Probekörper

Die Bruchlastwechselzahlen für verschieden große Probekörper sind in Bild 51 für die Mischung HFB-1 und in Bild 52 für die Mischung HFB-2 für das Lastniveau S_{min}-S_{max} = 0,05-0,7 dargestellt. Aus technischen Gründen musste die Prüffrequenz für Probekörper mit Durchmessern $d \geq 200$ mm von f_p = 5 Hz auf f_p = 1 Hz reduziert werden. Nach /159/ hat die Prüffrequenz bei hochfesten Betonen auf Lastniveaus unter $S_{max} < 0{,}75$ einen signifikanten Einfluss auf die Bruchlastwechselzahlen. Eine Erhöhung der Prüffrequenz führt demnach zu kleineren Bruchlastwechselzahlen. Die Ergebnisse aus den hier durchgeführten Versuchen sind deshalb nur bedingt vergleichbar. Bei allen Größenpaarungen, die bei den gleichen Frequenzen geprüft wurden, ist erkennbar, dass die Bruchlastwechselzahlen mit steigender Größe der Probekörper kleiner werden. Die mittleren Bruchlastwechselzahlen und deren Verhältnis, bezogen auf die Bruchlastwechselzahlen der jeweils bei gleicher Frequenz geprüften größeren Probekörper, sind in Tabelle 18 zusammengefasst.

Tabelle 18: Abhängigkeit der mittleren Bruchlastwechselzahl von der Probekörpergröße für die Mischungen HFB-1 und HFB-2 auf dem Lastniveau S_{min}-S_{max} = 0,05-0,7

h/d	f_p	HFB-1		HFB-2	
mm/mm	Hz	$\log(N_f)$	$\log(N_f)/\log(N_{f,h/d=3/1})$	$\log(N_f)$	$\log(N_f)/\log(N_{f,h/d=3/1})$
180/60	5	> 4,53	> 1,06	> 6,30	> 1,32
300/100	5	4,26	1,00	4,78	1,00
		$\log(N_f)$	$\log(N_f)/\log(N_{f,h/d=9/3})$	$\log(N_f)$	$\log(N_f)/\log(N_{f,h/d=9/3})$
600/200	1	4,91	1,10	> 5,59	
900/300	1	4,48	1,00		

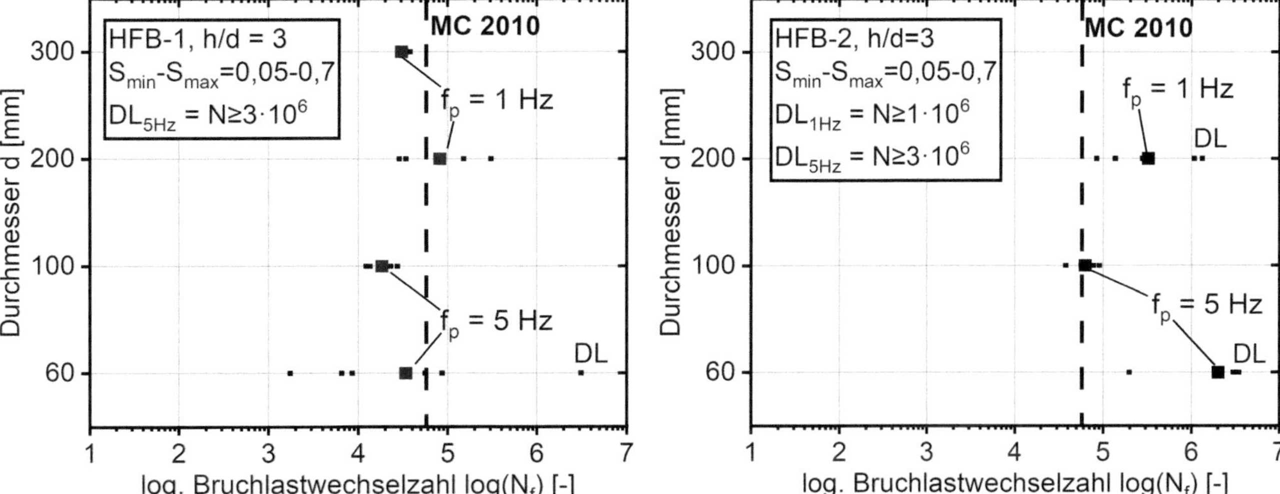

Bild 51: Bruchlastwechselzahlen für Probekörper unterschiedlicher Größe (*h*/*d* = 3) für die Mischung HFB-1 auf dem Lastniveau S_{min}-S_{max} = 0,05-0,7 im Vergleich mit dem *fib* Model Code 2010 /76/. Einer von sechs Probekörpern der Größe *d* = 60 mm erreichte den Grenzwert für Durchläufer (DL)

Bild 52: Bruchlastwechselzahlen für Probekörper unterschiedlicher Größe (*h*/*d* = 3) für die Mischung HFB-2 auf dem Lastniveau S_{min}-S_{max} = 0,05-0,7 im Vergleich mit dem *fib* Model Code 2010 /76/. Fünf von sechs Probekörpern der Größe *d* = 60 mm und einer von vier Probekörpern der Größe *d* = 200 mm erreichte den Grenzwert für Durchläufer (DL)

Die Bruchlastwechselzahlen für verschieden große Probekörper und das Lastniveau S_{min}-S_{max} = 0,4-0,9 sind für die Mischung HFB-1 in Bild 53 und für die Mischung HFB-2 in Bild 54 dargestellt. Auf diesem hohen Lastniveau ist bei beiden Betonen keine systematische Abhängigkeit der Bruchlastwechselzahl von der Probekörpergröße erkennbar. Wie bei der Untersuchung des Einflusses der Schlankheit in Abschnitt 6.2.2 scheint also der Einfluss der Größe bei Oberlasten nahe der Druckfestigkeit (S_{max} = 0,9) kleiner zu sein als bei niedrigeren Lasten (S_{max} = 0,7). Demnach kann vermutet werden, dass bei noch geringeren Oberlasten (S_{max} < 0,7) der Einfluss der Probekörpergröße sich noch stärker ausprägen könnte.

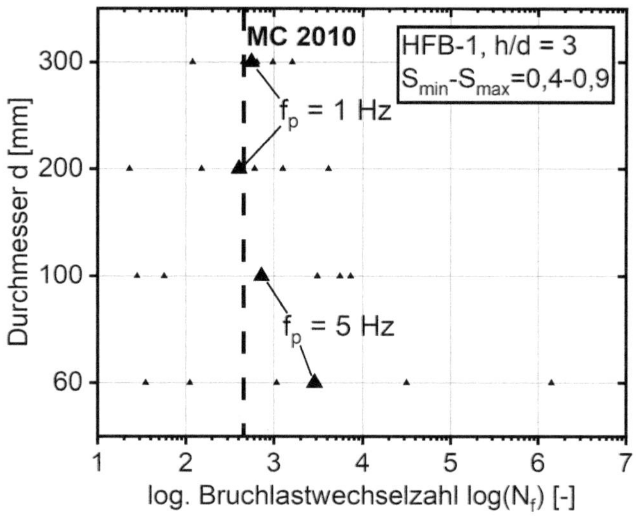

Bild 53: Bruchlastwechselzahlen für Probekörper unterschiedlicher Größe (h/d = 3) für die Mischung HFB-1 auf dem Lastniveau S_{min}-S_{max} = 0,05-0,7 im Vergleich mit dem *fib* Model Code 2010 /76/

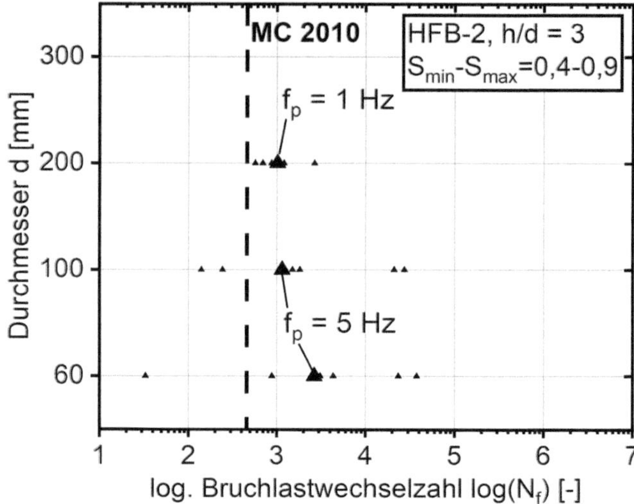

Bild 54: Bruchlastwechselzahlen für Probekörper unterschiedlicher Größe (h/d = 3) für die Mischung HFB-2 auf dem Lastniveau S_{min}-S_{max} = 0,4-0,9 im Vergleich mit dem *fib* Model Code 2010 /76/

6.3 Zusammenfassung

Ausgehend von einer Referenzgeometrie, Zylinder mit einer Höhe von h = 300 mm und einem Durchmesser von d = 100 mm (h/d = 300/100 mm/mm), wurde der Einfluss der Schlankheit und der Größe der Probekörper auf die Bruchlastwechselzahlen in Druckschwellversuchen auf zwei unterschiedlichen Lastniveaus für zwei hochfeste Betone untersucht. Als Grundlage für die Ermüdungsversuche erfolgte zunächst die Bestimmung der statischen Druckfestigkeiten. Obwohl die Probekörper aus unterschiedlichen Chargen stammen und die Festigkeiten relativ weit streuen, lässt sich aus diesen Versuchen ein Einfluss der Schlankheit ableiten. So wurde an Probekörpern mit einer Schlankheit von h/d = 1 eine größere mittlere Druckfestigkeit ermittelt als an Probekörpern mit h/d = 2. Die Festigkeiten der Probekörper mit $h/d \geq 3$ unterschieden sich dagegen nicht wesentlich von denen mit h/d = 2. Ein systematischer Einfluss der Probekörpergröße auf die Druckfestigkeit konnte in diesen Versuchen nicht festgestellt werden.

Die Ermüdungsversuche wurden auf den Lastniveaus S_{min}-S_{max} = 0,05-0,7 und S_{min}-S_{max} = 0,4-0,9 durchgeführt. Auf dem sehr hohen Lastniveau S_{min}-S_{max} = 0,4-0,9 konnte weder ein Einfluss der Zusammensetzung noch der Schlankheit oder der Probekörpergröße festgestellt werden. Dagegen sind aus den Ergebnissen der Ermüdungsversuche auf dem niedrigeren Lastniveau S_{min}-S_{max} = 0,05-0,7 einige Einflüsse ableitbar. Es ist zu vermuten, dass die resultierenden Effekte aus derartigen Einflussgrößen bei sehr hohen Ermüdungslasten, also nahe der statischen Druckfestigkeit, und damit sehr geringen Bruchlastwechselzahlen in den Hintergrund treten. Es ist anzunehmen, dass diese Effekte erst bei geringeren Ermüdungslasten und damit höheren Bruchlastwechselzahlen zum Tragen kommen, und sich damit deutlich sichtbarer auf die Ermüdungsfestigkeit auswirken. Zum Beispiel wurde von /84/ in seinen Untersuchungen ab einem Oberlastniveau $S_{max} \geq 0,8$ kein Einfluss des mehraxialen Spannungszustandes auf die Bruchlastwechselzahl festgestellt, während auf dem geringeren Oberlastniveau S_{max} = 0,7 die mittleren Bruchlastwechselzahlen von Probekörpern im mehraxialen Spannungszustand größer waren als jene im einaxialen Spannungszustand. Daher könnten weitere Versuche auf niedrigeren Lastniveaus unter vergleichbaren Bedingungen den Effekt einer zunehmenden Ausprägung sowie die hier bereits beobachteten Phänomene bestätigen.

Auf beiden untersuchten Lastniveaus konnten keine Einflüsse der Mischungszusammensetzung und der daraus resultierenden statischen Druckfestigkeit auf die Ermüdungsfestigkeit (Bruchlastwechselzahlen) abgeleitet werden. Somit konnte hier keine Reduzierung der Ermüdungsfestigkeit mit zunehmender statischer Druckfestigkeit festgestellt werden. Eine festigkeitsbedingte Abminderung der Ermüdungsfestigkeit, wie in aktuellen Regelwerken teilweise angesetzt, konnte in den Untersuchungen nicht bestätigt werden. Unter der Berücksichtigung der absolut höheren Druckfestigkeiten der höherfesten Betone, können somit bei vergleichbarer Ermüdungsfestigkeit höhere Lasten ertragen bzw. kleinere Bauteilquerschnitte angeordnet werden. Dadurch wird eine Reduzierung von Tragwerksmassen möglich und damit verbunden eine Reduzierung beim Einsatz von Ressourcen und Energie.

Aus den Ergebnissen der Ermüdungsversuche auf dem Lastniveau S_{min}-S_{max} = 0,05-0,7 lassen sich sowohl Einflüsse aus der Schlankheit als auch aus der Probekörpergröße auf die Bruchlastwechselzahlen ableiten. Somit ergaben die Versuche ab einer Schlankheit $h/d \geq 2$ der Probekörper keinen erkennbaren Einfluss mehr auf die Ermüdungsfestigkeit. Hingegen zeigte sich darunter, also bei einer Schlankheit von $h/d = 1$, eine Zunahme der Ermüdungsfestigkeit, was mit den Beobachtungen bei den statischen Druckfestigkeiten korreliert. Wie aus der Literatur bereits bekannt, zeigten sich in den Laborversuchen außerdem Einflüsse unterschiedlicher Prüffrequenzen auf die Ergebnisse. Trotzdem konnte weiterhin festgestellt werden, dass die Bruchlastwechselzahlen mit steigender Probekörpergröße kleiner werden, auch wenn der direkte Vergleich aller Versuche aufgrund der technisch bedingt unterschiedlichen Prüffrequenzen nur eingeschränkt möglich ist. Eine allgemeingültige quantitative Beschreibung dieses Effektes bzw. eine Anpassungsfunktion konnte durch diese Abhängigkeit anhand der durchgeführten Versuche nicht abgeleitet werden, da die Datenlage dies nicht erlaubte. Hierzu wären weiterführende Versuche, z. B. auf geringeren Lastniveaus notwendig, wobei außerdem Frequenzeinflüsse möglichst weitgehend ausgeschlossen werden sollten.

Für Ermüdungsversuche an Beton sind in der Regel möglichst kleine Probekörper anzustreben, da die Versuche technisch und energetisch sehr aufwendig sind. Anhand der vorgestellten Ergebnisse zum Einfluss der Schlankheit lässt sich feststellen, dass ab einer Schlankheit $h/d \geq 2$ keine signifikanten Einflüsse zu beobachten sind. Allerdings werden mit zunehmender Schlankheit Schwierigkeiten aus der Herstellung, der Präparation sowie der Versuchsdurchführung größer. Aus den Ergebnissen zum Einfluss der Probengröße lässt sich hingegen keine Empfehlung für eine optimale Probengeometrie ableiten. Vielmehr bestimmen die Mischungszusammensetzung (Größtkorn) sowie etwaige Messapplikationen an den Probekörpern die Probengröße. Der Probendurchmesser sollte prinzipiell abhängig vom verwendeten Größtkorn den Empfehlungen von DIN EN 12390-1:2021 /61/ folgend, festgelegt werden. Unter Berücksichtigung aller genannten Einflüsse, sind für die Probekörper von Ermüdungsversuchen Schlankheiten im Bereich von h/d = 2 bis 3 (vorzugsweise 3) sowie ein Probendurchmesser von d = 100 mm zu empfehlen, sofern das Größtkorn im Bereich zwischen 8 mm und 22 mm liegt. Auf diese Weise wird eine weitgehende Vergleichbarkeit von Versuchsergebnissen verschiedener Versuchsreihen und Projekte ermöglicht.

7 Geometrieabhängigkeit des Ermüdungsprozesses

Im Kapitel 6 wurde der Einfluss der Probengeometrie auf die Ermüdungsfestigkeit anhand der Bruchlastwechselzahlen analysiert. Rückschlüsse auf die Prozesse, die während der Ermüdungsversuche im Beton ablaufen und letztlich zum Versagen der Proben führen, sind auf Basis dieser Versuche nur sehr eingeschränkt möglich. Daher wurden diese Versuchsreihen durch zusätzliche technisch aufwändigere Versuche ergänzt, in denen mit Hilfe eingefügter Messphasen die Entwicklung der Verformungen, der Steifigkeiten, der Temperaturen sowie der Ultraschallgeschwindigkeiten und Schallemissionsaktivitäten gemessen wurden. Anhand der gewonnenen Ergebnisse ist eine Analyse des Ermüdungsprozesses und eine Diskussion verschiedener Modellvorstellungen zu den Ursachen der Schädigungsentwicklung möglich. Die Ergebnisse werden schließlich herangezogen, um die Eignung der eingesetzten zerstörungsfreien Prüfverfahren für ein Monitoring ermüdungsbedingter Schädigungen von Betonstrukturen, wie z. B. Türmen von Windkraftanlagen aus Beton, zu beurteilen.

7.1 Ermüdungsprozess an der Referenz-Probekörpergeometrie

7.1.1 Dehnungsentwicklung

Die Belastung in zyklischen Druckschwellversuchen führt zu einer monoton wachsenden Verformung der Proben. Durch das Einfügen der Messphasen kann die Verformungsentwicklung auf verschiedenen Lastniveaus sehr präzise analysiert werden. In Bild 55 und in Bild 56 sind die Entwicklungen der mittleren Gesamtverformungen der Referenzproben (*h*/*d* = 300/100 mm/mm) der Betonmischungen NFB, HFB-1 und HFB-2 auf dem Lastniveau S_0, also nahezu entlastet, und auf dem Oberlastniveau S_{max} dargestellt. Die Verformungsmessungen sind auf die Ausgangslängen der unbelasteten Proben bezogen. Die erste Verformungsmessung bei N/N_f = 0 wurde jeweils nach einer einmaligen Belastung der Proben auf S_{max} = 0,7 durchgeführt. Es handelt sich dabei also um eine im Sinne der DIN EN 12390-13:2021 /67/ „stabilisierte“ Verformung.

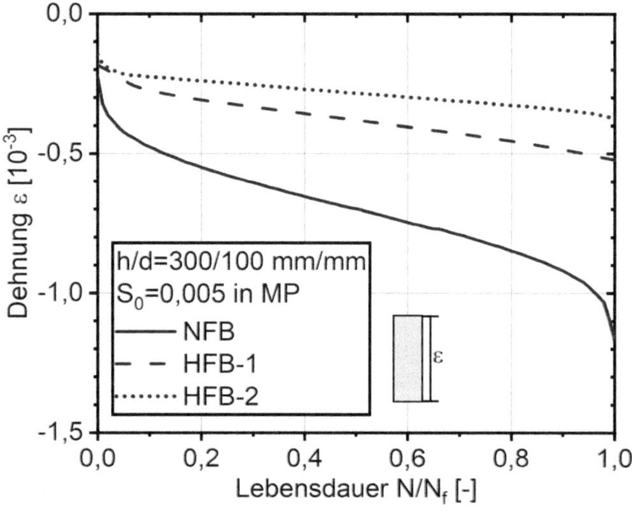

Bild 55: Entwicklung der Gesamtverformung bei S_0 über die Lebensdauer auf dem Lastniveau S_{min}-S_{max} = 0,05-0,7 der Mischungen NFB, HFB-1 und HFB-2 der Größe *h*/*d* = 300/100 mm/mm in der Messphase (MP)

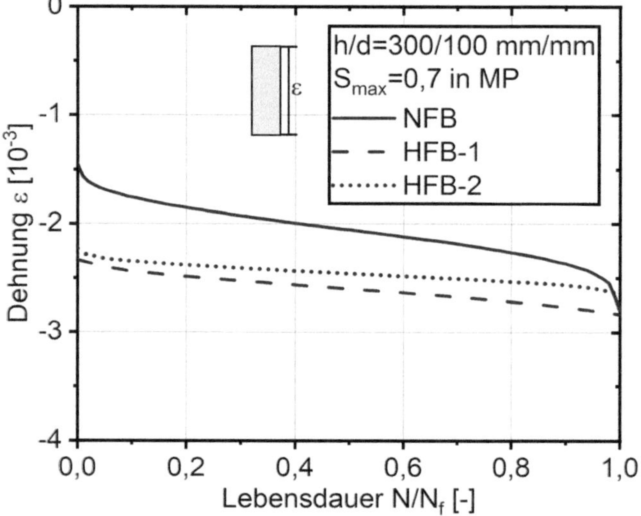

Bild 56: Entwicklung der Gesamtverformung bei S_{max} über die Lebensdauer auf dem Lastniveau S_{min}-S_{max} = 0,05-0,7 der Mischungen NFB, HFB-1 und HFB-2 der Größe *h*/*d* = 300/100 mm/mm in der Messphase (MP)

Der Einfluss dieser ersten, statischen Belastung ist groß. Sie resultiert beim NFB auf dem Lastniveau S_0 in einer bleibenden Gesamtverformung, die etwa 20 % der Gesamtverformung beim Ermüdungsversagen der Proben entspricht. Im weiteren Verlauf der Ermüdungsbeanspruchung lässt sich die Gesamtverformungsentwicklung der NFB-Proben in drei Phasen einteilen. In der ersten Phase, bis etwa 20 % der Lebensdauer, steigt die Gesamtverformung überproportional aber abklingend, um dann in der zweiten Phase in einen zur relativen Lebensdauer proportionalen Verlauf überzugehen. Ab ca. 80 % der Lebensdauer steigt die Gesamtverformung bis zum Bruch wieder überproportional zunehmend an. Vergleichbar verläuft die Entwicklung der Gesamtverformung der NFB-Proben auf dem Oberlastniveau S_{max}, auf dem der Anteil der elastischen Verformung dominiert.

Bei den hochfesten Mischungen HFB-1 und HFB-2 ist der Anteil der bleibenden Gesamtverformung, bezogen auf die Gesamtverformung beim Bruch, nach der ersten statischen Belastung größer als beim normalfesten Beton NFB. Auf dem Lastniveau S_0 liegt ihr Anteil über 30 % der Gesamtverformung beim Versagen der Proben. Der Anstieg der Gesamtverformung über die Lebensdauer ist auf den Lastniveaus S_0 und S_{max} nahezu linear und insgesamt deutlich kleiner als bei den NFB-Proben. Anhand der Entwicklung der Gesamtverformungen in Lastrichtung über die gesamte Lebensdauer sind für diese Betone keine deutlich unterschiedlichen Schädigungsphasen identifizierbar.

Die lokalen, mit DMS über das mittlere Drittel der Proben gemessenen Verformungen (Bild 57 und Bild 58) sind deutlich kleiner als die entsprechenden Gesamtverformungen. Hier spielen möglicherweise mehrere Effekte eine Rolle. Ein möglicher Einflussfaktor kann in den, über die Höhe der Probekörper veränderlichen, Spannungszuständen gesucht werden. Im Bereich der Druckplatten wird die Querdehnung der Proben durch den Kontakt mit den Druckplatten behindert und es stellt sich ein dreidimensionaler Spannungszustand ein. Bei einer Probenschlankheit von $h/d = 3$ bleibt das mittlere Drittel der Probe frei vom Einfluss der Querdehnungsbehinderung und es stellt sich hier ein quasi einaxialer Spannungszustand ein. Des Weiteren ist davon auszugehen, dass sich an der Probenoberfläche andere Spannungs- und Verformungszustände einstellen, als es im Probeninneren der Fall ist, wie beispielsweise bereits von *Schickert /155/* und *Newman* /129/ beschrieben wurde. Qualitativ entspricht der Verlauf der lokalen Verformung aber dem der Gesamtverformung. Auch hier können bei den hochfesten Betonen keine unterschiedlichen Phasen der Verformungsentwicklung identifiziert werden.

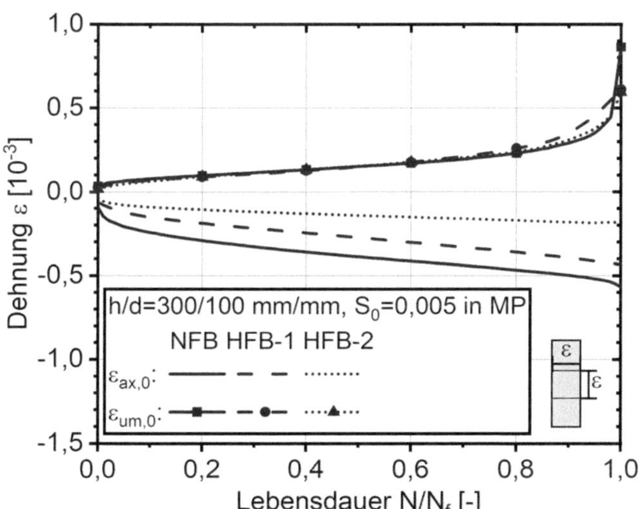

Bild 57: Entwicklung der lokalen axialen Dehnung und Umfangsdehnung bei S_0 über die Lebensdauer auf dem Lastniveau S_{min}-S_{max} = 0,05-0,7 der Mischungen NFB, HFB-1 und HFB-2 der Größe h/d = 300/100 mm/mm in der Messphase (MP)

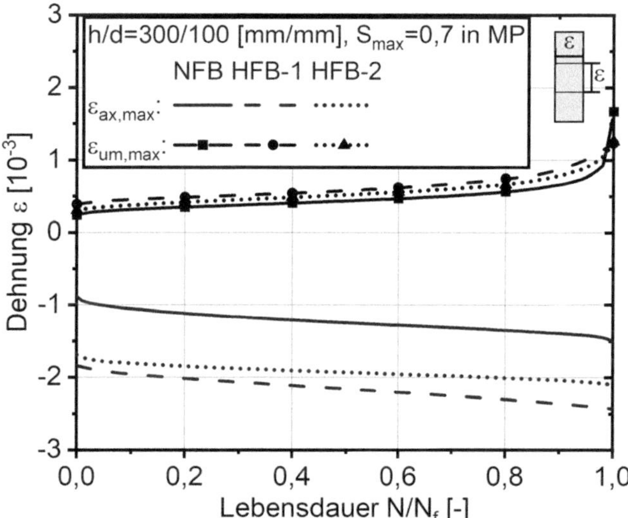

Bild 58: Entwicklung der lokalen axialen Dehnung und Umfangsdehnung bei S_{max} über die Lebensdauer auf dem Lastniveau S_{min}-S_{max} = 0,05-0,7 der Mischungen NFB, HFB-1 und HFB-2 der Größe h/d = 300/100 mm/mm in der Messphase (MP)

Im Gegensatz dazu ist bei allen drei Betonen ab ca. 80 % der Lebensdauer ein progressiver Anstieg der Umfangsdehnungen (Querdehnungen) festzustellen (Bild 57 und Bild 58). Die Unterschiede zwischen den Entwicklungen der Querdehnungen der drei Betone über die Lebensdauer sind im Vergleich zu den Längsdehnungen sehr klein, sowohl im nahezu entlasteten als auch im belasteten Zustand. Unabhängig von der Festigkeit der hier getesteten Betone eignen sich die Umfangsdehnungen, gemessen senkrecht zur Lastrichtung im einaxialen Spannungsbereich, daher gut als Indikatoren für ein beginnendes Materialversagen.

Aus der axialen Dehnung und der Umfangsdehnung kann die Volumendehnung der Probekörper im mittleren Drittel berechnet werden. Die Entwicklung der lokalen Volumendehnung über die Lebensdauer auf dem Lastniveau S_{min}-S_{max} = 0,05-0,7 ist für die Mischungen NFB, HFB-1 und HFB-2 bei S_0 in Bild 59 und bei S_{max} in Bild 60 dargestellt.

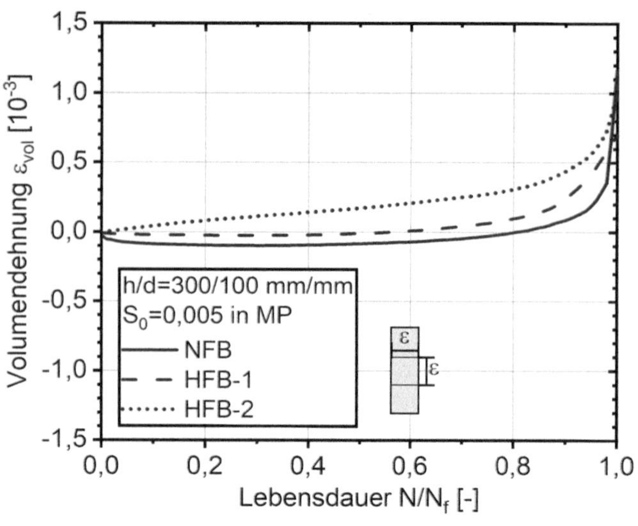

Bild 59: Entwicklung der lokalen Volumendehnung bei S_0 über die Lebensdauer auf dem Lastniveau S_{min}-S_{max} = 0,05-0,7 der Mischungen NFB, HFB-1 und HFB-2 der Größe *h*/*d* = 300/100 mm/mm in der Messphase (MP)

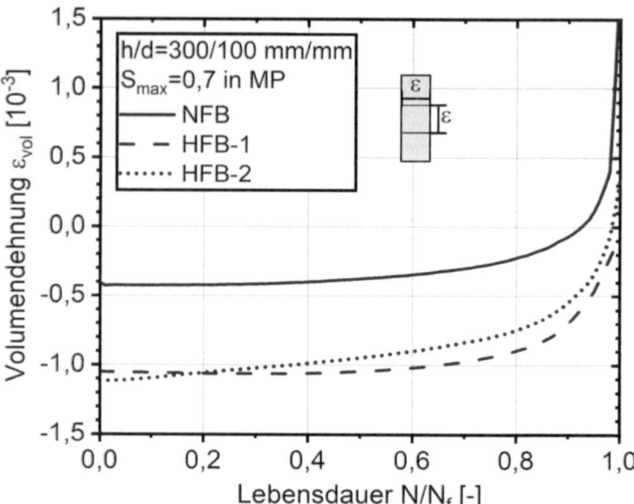

Bild 60: Entwicklung der lokalen Volumendehnung bei S_{max} über die Lebensdauer auf dem Lastniveau S_{min}-S_{max} = 0,05-0,7 der Mischungen NFB, HFB-1 und HFB-2 der Größe *h*/*d* = 300/100 mm/mm in der Messphase (MP)

Die im entlasteten Zustand S_0 bleibenden lokalen Verformungen resultieren bei dem normalfesten Beton NFB während der ersten 80 % der Lebensdauer offenbar vorrangig aus einer Verdichtung des Gefüges. Das Volumen der Proben der Mischung HFB-1 bleibt in dieser Lebensspanne nahezu konstant, während das Volumen der Proben der Mischung HFB-2 mit Beginn der Ermüdungsbelastung größer wird. Die Entwicklung der Volumendehnung resultiert im Wesentlichen aus zwei im Ergebnis gegenläufigen Prozessen. Zum einen folgt aus der zunehmenden Querdehnung eine Vergrößerung des makroskopischen Volumens, welche vermutlich vorrangig aus Rissbildungsprozessen resultiert. Dies zeigt sich in den bleibenden Umfangsdehnungen, die sich für alle drei hier untersuchten Betone nahezu gleich entwickeln (Bild 57). Zum anderen führt die Ermüdungsbelastung zu einer zunehmenden Stauchung der Proben in Belastungsrichtung, was gut in den bleibenden axialen Dehnungen zu sehen ist (Bild 57). Sie ist vermutlich das Resultat von viskosen Verformungen und damit der Reduzierung des Porenvolumens sowie des Schließens vorhandener Risse. Hierbei unterscheiden sich die drei Betone deutlich. Am größten sind die Stauchungen beim normalfesten Beton. Der w/z-Wert dieser Mischung ist am größten und die Rohdichte der gelieferten Proben ist am kleinsten (Tabelle 6 und Tabelle 16). Vermutlich sind hier der zur Verfügung stehende Porenraum bzw. aus der Hydratation stammende Rissstrukturen am größten. Die Mischung HFB-1 hat zwar einen der Mischung NFB sehr ähnlichen w/z-Wert, die Dichte ist aber größer. Neben dem Austausch eines Teils der Gesteinskörnung ist die höhere Dichte wahrscheinlich auf eine, bei hochfesten Betonen übliche, Optimierung der Packungsdichte durch den Einsatz von Zusatzstoffen zurückzuführen. Infolgedessen steht vermutlich ein kleinerer Porenraum sowie weniger Rissstrukturen aus der Hydratation zur Verfügung, wodurch weniger Potenzial für die Verdichtung des Gefüges vorliegt und das makroskopische Probenvolumen in den ersten beiden Phasen der Lebensdauer nahezu konstant bleibt. Bei der Mischung HFB-2 lässt schon die deutliche Reduktion des w/z-Wertes auf eine sehr dichte Zementsteinmatrix schließen (Tabelle 6). Infolgedessen treten Verdichtungseffekte in den Hintergrund und es dominiert die Rissbildung die Entwicklung der Volumendehnung und führt zu einer monotonen Zunahme des makroskopischen Probenvolumens.

In der letzten Phase, ab ca. 80 % der Lebensdauer, wird die Volumendehnung bei allen drei Betonen von der Entwicklung der Querdehnung dominiert. Die jetzt schnell fortschreitende Gefügeauflockerung resultiert offensichtlich aus Rissen, deren Rissflächen hauptsächlich parallel zur Lastrichtung orientiert sind.

7.1.2 Steifigkeitsentwicklung

Die Tabelle 19 zeigt die in der ersten Messphase bestimmten E-Moduln. Da den hierfür verwendeten Lastrampen eine erste Belastung auf 70 % der Druckfestigkeit vorrausging, handelt es sich bei diesen Werten um „stabilisierte" E-Moduln. Die auf Basis der lokalen Verformungen ermittelten Moduln $E_{1/3,DMS}$ und $E_{max,DMS}$ unterscheiden sich nicht signifikant. Daraus kann bereits abgeleitet werden, dass die Spannungs-Dehnungs-Linie zu Versuchsbeginn offensichtlich keine ausgeprägte Krümmung aufweist. Wie Bild 61 zeigt, fallen im

Verlauf der Ermüdungsbelastung die auf dem niedrigen Belastungsniveaus gemessenen E-Moduln $E_{1/3,DMS}$ insbesondere in den ersten 20 % der Lebensdauer deutlich schneller als die auf dem hohen Belastungsniveaus gesessenen E-Moduln $E_{max,DMS}$. Bei der Mischung NFB zeigt sich sogar eine anfängliche Erhöhung der Steifigkeit der Proben auf dem hohen Lastniveau ($E_{max,DMS}$), die vermutlich auf die in Abschnitt 7.1.1 schon diskutierte Überdrückung des Porenraumes auf diesem hohen Lastniveau zurückgeführt werden kann. Aus diesen Beobachtungen kann bereits auf eine, im Verlauf der Ermüdungsbeanspruchung zunehmende, konvexe Krümmung der Spannungs-Dehnungs-Linien geschlossen werden.

Tabelle 19: In der ersten Messphase bestimmte E-Moduln und Schallgeschwindigkeiten der drei Betonmischungen. Die Schallgeschwindigkeit $v_{calc1/3DMS}$ wurde unter der Annahme einer Querdehnzahl von μ = 0,2 auf Basis des E-Moduls $E_{1/3,DMS}$ nach Gleichung (10) berechnet

Probe	Dichte	N_f	N_z	$E_{1/3,DMS}$	$E_{max,DMS}$	$E_{1/3,DP}$	$E_{max,DP}$	v_{rad}	v_{ax}	$v_{calc1/3DMS}$
	kg/m³	-	-	GPa	GPa	GPa	GPa	m/s	m/s	m/s
NFB-A	2.270	56.398	500	30,4	26,9	20,4	24,0	4.192	4.222	3.857
NFB-B	2.304	76.504	1.000	39,1	44,6	20,5	24,6	4.145	4.242	4.342
NFB-C	2.297	56.659	1.000	36,5	36,4	20,0	23,6	4.251	4.201	4.202
NFB	**2.290**	**63.187**		**35,3**	**36,0**	**20,3**	**24,1**	**4.196**	**4.222**	**4.134**
HFB-1-A	2.417	10.725	1.000	46,9	44,6	35,4	40,1	5.000	5.009	4.643
HFB-1-B	2.428	40.407	1.000	47,3	45,0	34,8	40,2	4.985	4.992	4.652
HFB-1-C	2.430	15.054	1.000	48,0	46,2	36,1	41,3	5.027	5.047	4.685
HFB-1	**2.425**	**22.062**		**47,4**	**45,3**	**35,4**	**40,5**	**5.004**	**5.016**	**4.660**
HFB-2-A	2.453	122.098	1.000	54,2	54,2	39,6	47,4	5.163	5.207	4.955
HFB-2-B	2.458	121.195	500	57,7	57,8	39,4	49,2	5.229	5.208	5.107
HFB-2-C	2.461	76.349	4.000	53,8	53,6	39,9	47,0	5.145	5.200	4.928
HFB-2	**2.457**	**106.547**		**55,2**	**53,6**	**39,6**	**47,9**	**5.179**	**5.205**	**4.996**

Die aus den Gesamtverformungen ermittelten E-Moduln $E_{1/3,DP}$ und $E_{max,DP}$ sind insgesamt deutlich kleiner als die aus den lokal, im Bereich eindimensionaler Spannungszustände gemessenen E-Moduln. Dies resultiert aus den bereits in Abschnitt 7.1.1 beschriebenen größeren Verformungen bei der Messung des Druckplattenabstandes im Vergleich zu den lokalen Messungen. Ursachen können hierfür in den verschiedenen Spannungszuständen über die Höhe der Probekörper sowie in den Einflüssen der Messungen von Verformungen auf der Probenoberfläche und dem Probeninneren gesucht werden. Neben den im Vergleich geringeren Werten sind die initialen E-Moduln auf dem niedrigen Lastniveau $E_{1/3,DP}$ kleiner als die E-Moduln $E_{max,DP}$ auf dem hohen Lastniveau. Die aus den Gesamtverformungen abgeleiteten Spannungs-Dehnungs-Linien weisen offensichtlich bereits nach der ersten, stabilisierenden Belastung (Bild 63 und Bild 65) eine konvexe Krümmung auf. Während der Ermüdungsbelastung entwickeln sich die auf den unterschiedlichen Lastniveaus gemessenen E-Moduln (Bild 62) der hochfesten Betone aber nahezu parallel. Die Unterschiede zwischen den beiden Lastniveaus der hochfesten Betone sind bei den aus der Gesamtverformung bestimmten E-Moduln (Bild 62) kleiner als die der lokal gemessenen E-Moduln (Bild 61). Daher zeigt sich in den Spannungs-Dehnungs-Linien der hochfesten Betone eine geringer ausgeprägte Zunahme der Krümmung. Wie der Vergleich der in den letzten Messphasen vor dem Bruch gemessenen Spannungs-Dehnungs-Linien (Bild 64 und Bild 66) zeigt, ist diese stärkere Krümmung der Gesamtverformung im unteren Lastbereich besonders ausgeprägt.

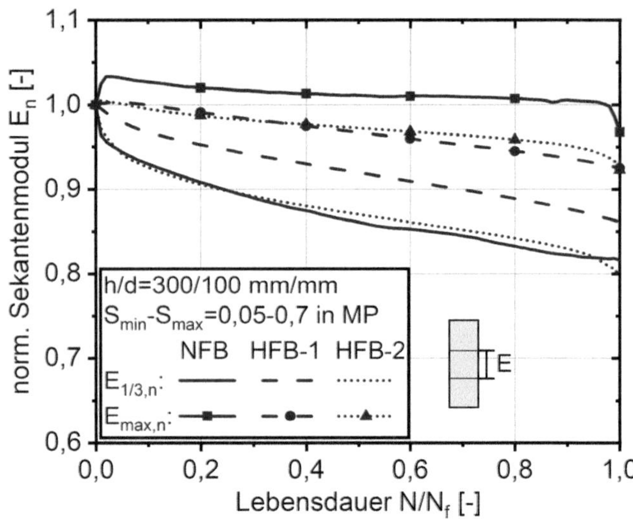

Bild 61: Entwicklung der mittleren normierten lokalen Drittels- $E_{1/3,n}$ und Maximal-Sekantenmoduln $E_{max,n}$ der Mischungen NFB, HFB-1 und HFB-2 der Größe *h*/*d* = 300/100 mm/mm in der Messphase (MP)

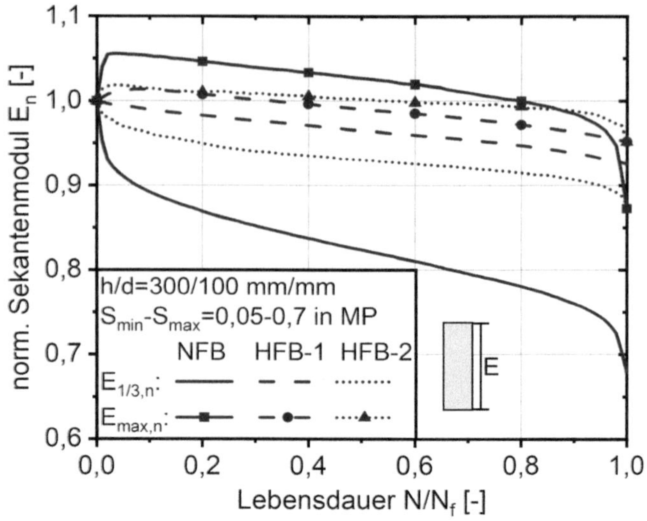

Bild 62: Entwicklung der mittleren normierten Drittels- $E_{1/3,n}$ und Maximal-Sekantenmoduln $E_{max,n}$ (Gesamtverformung) der Mischungen NFB, HFB-1 und HFB-2 der Größe *h*/*d* = 300/100 mm/mm in der Messphase (MP)

Im Vergleich ist bei dem NFB eine stärkere Zunahme der Steifigkeit in der Spannungs-Dehnungs-Linie mit steigendem Spannungsniveau zu beobachten. Diese relative Zunahme prägt sich im Verlauf der Lebensdauer vor allem beim NFB zunehmend stärker aus. Ursachen hierfür können vermutlich in der lastabhängigen Überdrückung von vorhandenen Riss- und Porenstrukturen gesucht werden. Wie bereits in Abschnitt 7.1.1 diskutiert, sind diese im NFB stärker ausgeprägt als bei den hochfesten Betonen und können dort zusammen mit der etwas „weicheren“ Zementsteinmatrix zu signifikanteren Versteifungseffekten bei steigendem Spannungsniveau führen.

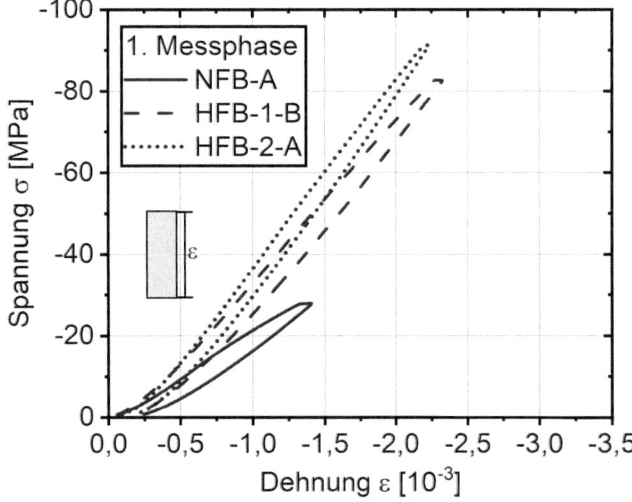

Bild 63: Spannungs-Dehnungs-Linie bis S_{max} = 0,7 der Gesamtverformung in der ersten Messphase der Mischungen NFB, HFB-1 und HFB-2 der Größe *h*/*d* = 300/100 mm/mm

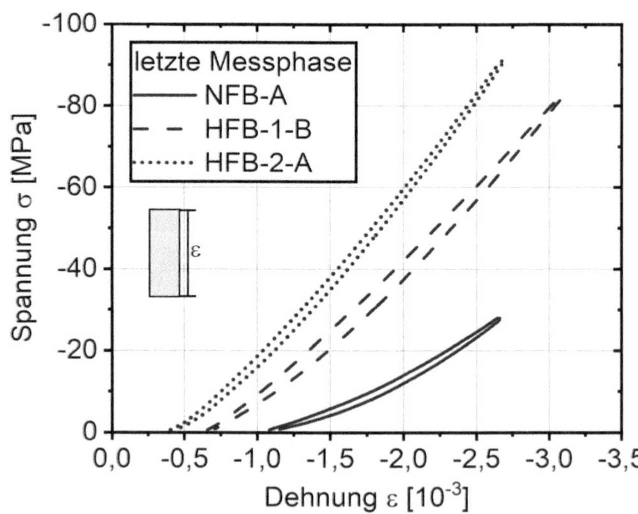

Bild 64: Spannungs-Dehnungs-Linie bis S_{max} = 0,7 der Gesamtverformung in der letzten Messphase der Mischungen NFB, HFB-1 und HFB-2 der Größe *h*/*d* = 300/100 mm/mm

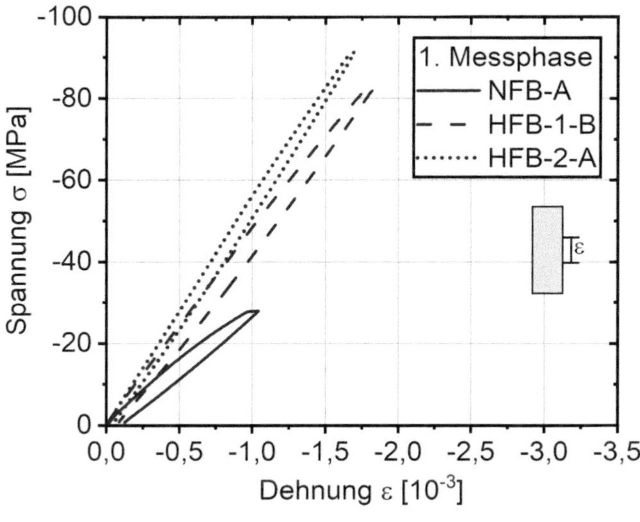

Bild 65: Spannungs-Dehnungs-Linie bis S_{max} = 0,7 der lokalen Dehnung in der ersten Messphase der Mischungen NFB, HFB-1 und HFB-2 der Größe *h*/*d* = 300/100 mm/mm

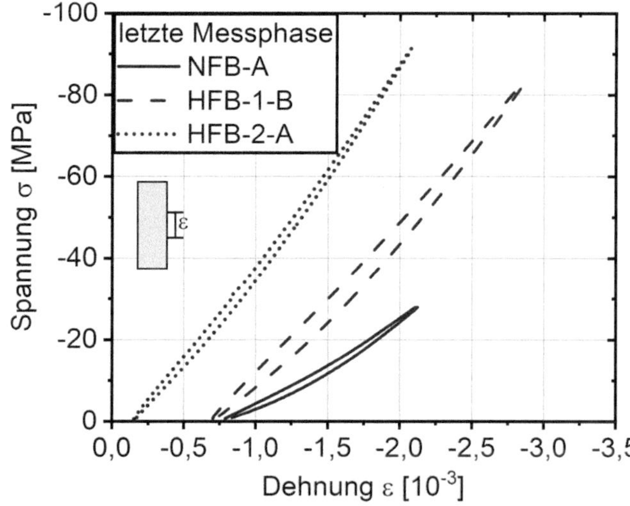

Bild 66: Spannungs-Dehnungs-Linie bis S_{max} = 0,7 der lokalen Dehnung in der letzten Messphase der Mischungen NFB, HFB-1 und HFB-2 der Größe *h*/*d* = 300/100 mm/mm

7.1.3 Ultraschallgeschwindigkeit

Die Ausbreitung von Ultraschallwellen wird von den elastischen Konstanten des Materials bestimmt. In homogenen, linear elastischen Materialien kann die Ausbreitungsgeschwindigkeit von Longitudinalwellen anhand des E-Moduls und der Querdehnzahl berechnet werden /110/:

$$v_L = \sqrt{\frac{E\,(1-\mu)}{\rho\,(1+\mu)\,(1-2\mu)}} \qquad (10)$$

Aus Sicht der Ultraschallprüfung kann ein Material als homogen betrachtet werden, wenn die Gefügestrukturen deutlich kleiner als die Wellenlänge der Ultraschallwellen sind. Bei der Prüfung von Beton ist das im Allgemeinen nicht der Fall, so dass die Ultraschallgeschwindigkeit nicht direkt aus den in statischen Versuchen bestimmten E-Moduln und Querdehnzahlen berechnet werden kann. Mit der hier verwendeten Messtechnik liegt die Wellenlänge ungefähr bei $\lambda = f/v \approx 25$ mm, ist also nicht viel größer als das Größtkorn mit 16 mm. Trotzdem korrelieren die initialen Schallgeschwindigkeiten gut mit den initialen E-Moduln (Tabelle 19) und auch die Entwicklung der Schallgeschwindigkeiten während der Ermüdungsbeanspruchung lässt sich prinzipiell auf die Veränderung der elastischen Konstanten zurückführen.

Bild 67 zeigt die Entwicklung der radial gemessenen Ultraschallgeschwindigkeiten. Gemessen wurden diese Geschwindigkeiten jeweils auf den Lastniveaus S_0 und S_{max}, mit jeweils drei Sensorpaaren in der Mitte der Probenhöhe an jeweils drei Proben für jede Betonmischung. Dargestellt sind die Mittelwerte aller Messungen für die drei Betonmischungen. Die Mittelung der Messwerte über die beiden Lastniveaus ist möglich, da sich die Schallgeschwindigkeiten auf den unterschiedlichen Niveaus kaum unterscheiden. Für die initialen Werte trifft das für die lokal ermittelten E-Moduln zu. Insbesondere zu Beginn der Ermüdungsbelastung sind die Krümmungen der Spannungs-Dehnungs-Linien und damit die Lastabhängigkeit der E-Moduln zu klein, um sie über die Änderung der Schallgeschwindigkeit detektieren zu können.

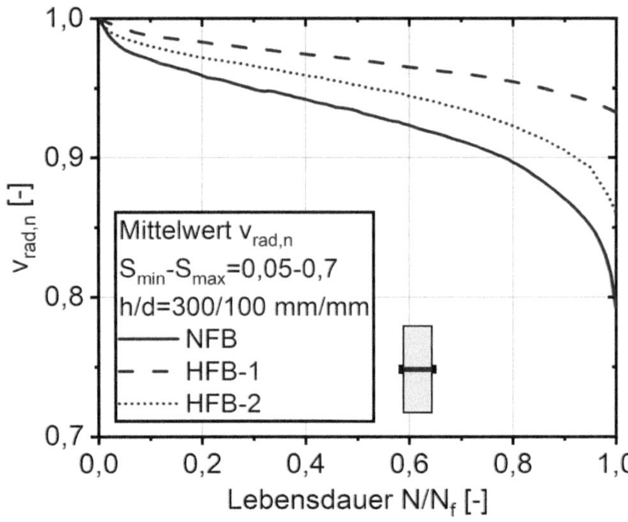

Bild 67: Entwicklung der mittleren, normierten, radialen Ultraschallgeschwindigkeit der Mischungen NFB, HFB-1 und HFB-2 der Größe *h/d* = 300/100 mm/mm

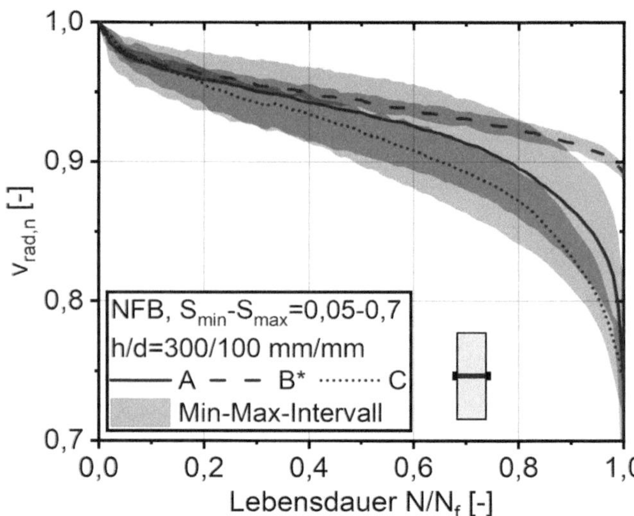

Bild 68: Entwicklung des Mittelwerts, des Maximums und Minimums der normierten, radialen Ultraschallgeschwindigkeit der drei Sensorpaare für die drei Probekörper der Mischung NFB *h/d* = 300/100 mm/mm (*ein Sensorpaar)

Die Schädigungsentwicklung ist bei der normalsten Mischung NFB stärker ausgeprägt als bei den beiden hochfesten Mischungen (HFB-1 und HFB-2). Außerdem bildet sie sich in den radial gemessenen Ultraschallgeschwindigkeiten deutlicher ab als in den lokal gemessenen Längsverformungen bzw. E-Moduln. Grund dafür sind vor allem die in der letzten Ermüdungsphase progressiv wachsenden Querdehnungen, welche die Entwicklung der Schallgeschwindigkeiten in dieser Phase dominieren. Die Ursache für die in dieser Phase im entlasteten Zustand bleibende Querdehnung (Bild 57) sind offensichtlich (Mikro-)Risse mit Rissflächen, die hauptsächlich parallel zur Lastrichtung orientiert sind. Im belasteten Zustand sind diese Risse weiter geöffnet und die Querdehnung ist größer, was aber keinen zusätzlichen signifikanten Einfluss auf die Schallgeschwindigkeit hat.

Während die einaxiale Belastung in der Mitte der Proben zu einer Vorzugsausrichtung der Rissflächen parallel zur Lastrichtung führt, bleibt die radiale Ausrichtung dieser Rissflächen unbestimmt. Senkrecht zur Ausbreitungsrichtung von Ultraschallwellen orientierte Rissflächen verringern die Ausbreitungsgeschwindigkeit stärker als parallel orientierte Rissflächen (z. B. /148/). Die mit jeweils drei gegeneinander um 120° versetzten Sensorpaaren gemessenen Schallgeschwindigkeiten dürfen also nur wenig voneinander abweichen, wenn die Rissflächen radial ausgerichtet oder regellos orientiert sind. Die in Bild 68, Bild 69 und Bild 70 dargestellten zeigen jedoch teils signifikante Unterschiede der in unterschiedlichen Richtungen gemessenen Schallgeschwindigkeiten in halber Probenhöhe. Sie sind möglicherweise das Resultat von inhomogen über den Probenquerschnitt verteilten, verschieden starken Schädigungsgraden sowie ein mögliches Indiz für eine von Versuchsbeginn an wachsende Ausprägung einer Vorzugsorientierung der Risse im Betongefüge.

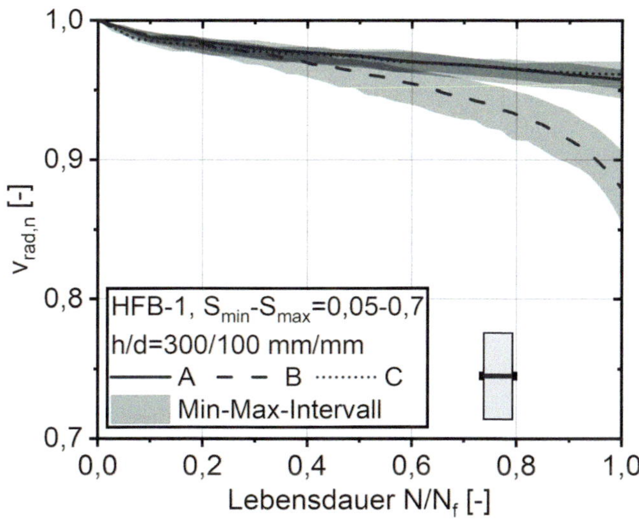

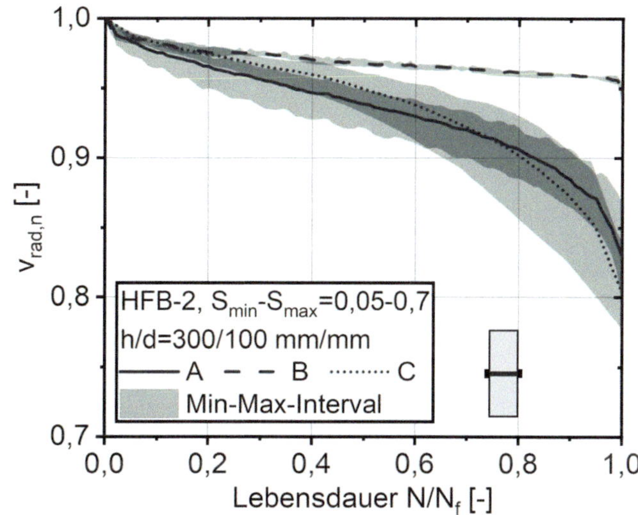

Bild 69: Entwicklung des Mittelwerts, des Maximums und Minimums der normierten, radialen Ultraschallgeschwindigkeit der drei Sensorpaare für die drei Probekörper der Mischung HFB-1 *h*/*d* = 300/100 mm/mm

Bild 70: Entwicklung des Mittelwerts, des Maximums und Minimums der normierten, radialen Ultraschallgeschwindigkeit der drei Sensorpaare für die drei Probekörper der Mischung HFB-2 *h*/*d* = 300/100 mm/mm

Die Entwicklung der Ultraschallgeschwindigkeiten ist innerhalb der jeweils drei Proben einer Betonmischung unterschiedlich. So kündigt sich bei den Proben HFB-1-A, HFB-1-C und HFB-2-B das Ende der Lebensdauer nicht durch eine schnelle Änderung der Schallgeschwindigkeit an und die richtungsabhängige Streuung der Schallgeschwindigkeiten ist kleiner als bei den anderen Proben. Wahrscheinlich kumulierte die Rissentwicklung in einer Zone außerhalb des Bereichs der Ultraschallmessung. Bild 71, Bild 72 und Bild 73 zeigen die Bruchbilder der drei je Betonmischung geprüften Proben. Eine Zuordnung der finalen Bruchflächen zu den Ergebnissen der Ultraschallmessungen während der Ermüdungsbelastung anhand der Fotografien ist allerdings nicht möglich.

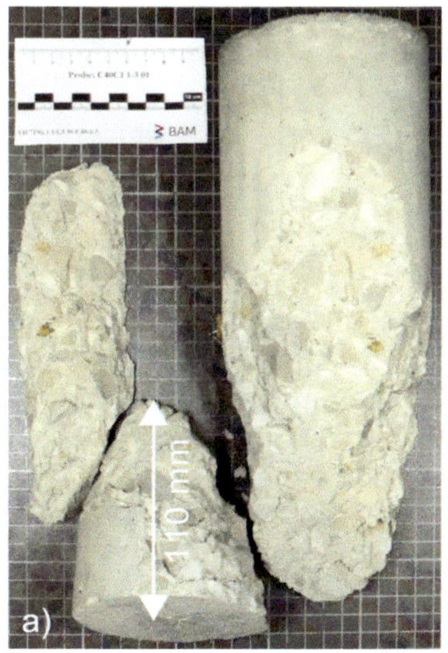

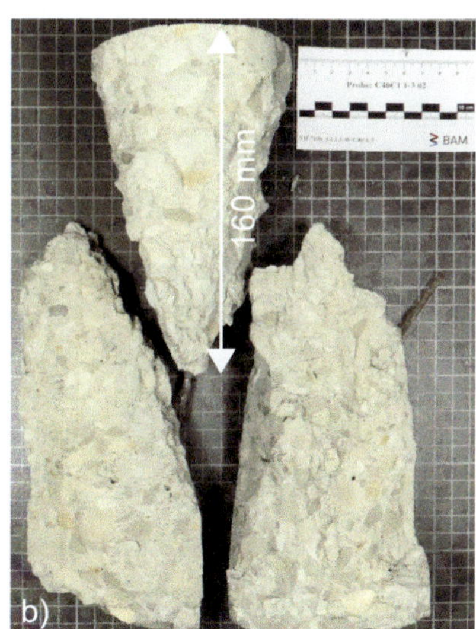

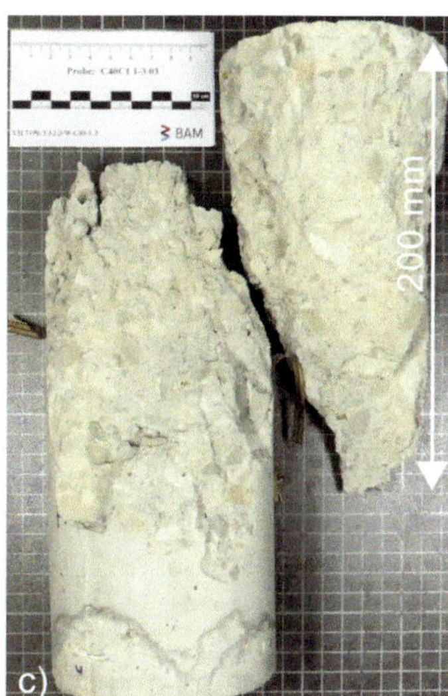

Bild 71: Bruchstücke der Probekörper a) NFB-A, b) NFB-B und c) NFB-C der Größe *h*/*d* = 300/100 mm/mm

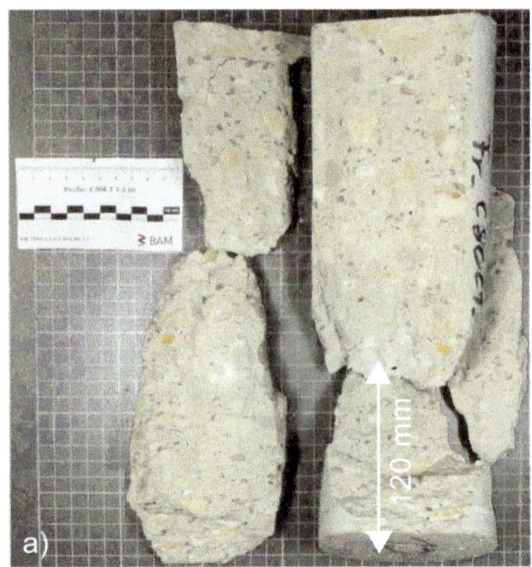

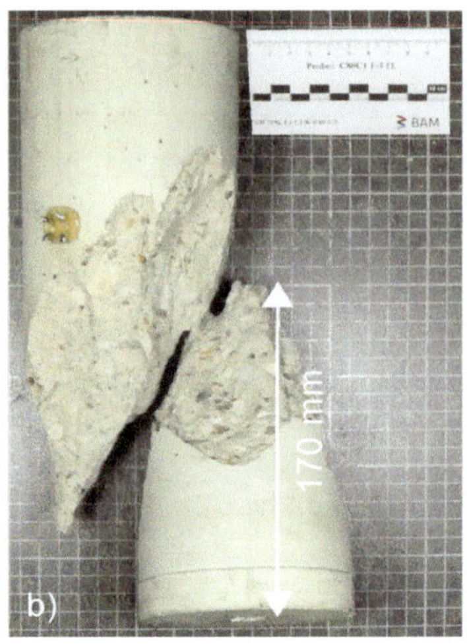

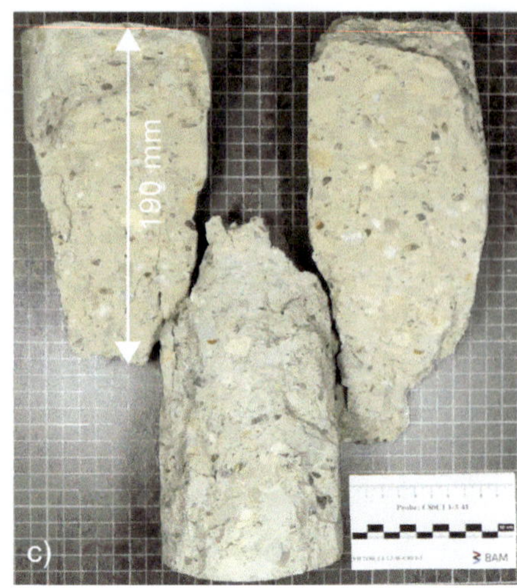

Bild 72: Bruchstücke der Probekörper a) HFB-1-A, b) HFB-1-B und c) HFB-1-C der Größe h/d = 300/100 mm/mm

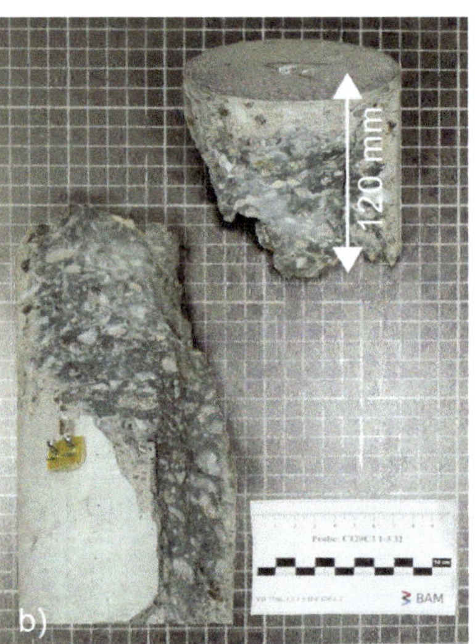

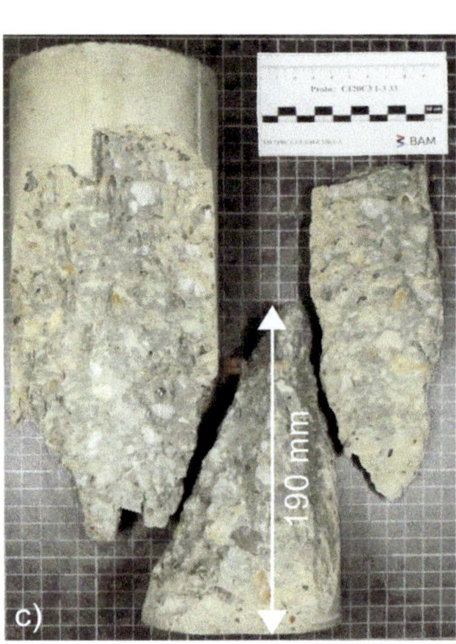

Bild 73: Bruchstücke der Probekörper a) HFB-2-A, b) HFB-2-B und c) HFB-2-C der Größe h/d = 300/100 mm/mm

Die in axialer Richtung (lastparallel) im nahezu entlasteten Zustand und auf dem Lastniveau S_{max} = 0,7 gemessenen und auf die initialen Werte normierten Ultraschallgeschwindigkeiten sind in Bild 74 dargestellt. Auf dem hohen Lastniveau ändern sich die Schallgeschwindigkeiten im Verlauf der Lebensdauer nur marginal. Es ist anzunehmen, dass Gefügeschädigungen bzw. Rissflächen senkrecht zur Lastrichtung liegender Risse zusammengedrückt werden, die somit eine gute Impulsübertragung ermöglichen und daher die Schallgeschwindigkeit kaum beeinflussen. Die in diesem Zustand geöffneten Querzugrisse haben ebenfalls einen nur geringen Einfluss auf die Ausbreitung der Schallwellen parallel zur Belastungsrichtung.

Im entlasteten Zustand hingegen sind horizontale (senkrecht zur Last) Gefügeschädigungen bzw. Risse vermutlich wieder weitgehend geöffnet, was zu einer deutlichen Verringerung der Schallgeschwindigkeit in Lastrichtung mit zunehmendem Schädigungszustand während der Lebensdauer führt. Die Entwicklung der Ultraschallgeschwindigkeit der drei Betone in dieser Richtung ist der Entwicklung der Gesamtsekantenmoduln $E_{1/3,DP}$ (Bild 62) in den ersten 80 % der Lebensdauer sehr ähnlich. Auch bei diesen tragen die horizontal orientierten Gefügeschädigungen bzw. Rissflächen wesentlich zur Steifigkeitsentwicklung bei. Da der Einfluss der Querzugrisse auf die Schallgeschwindigkeit in Lastrichtung gering ist, bleibt eine progressive Verringerung der Schallgeschwindigkeit vor dem Versagen wohl aus.

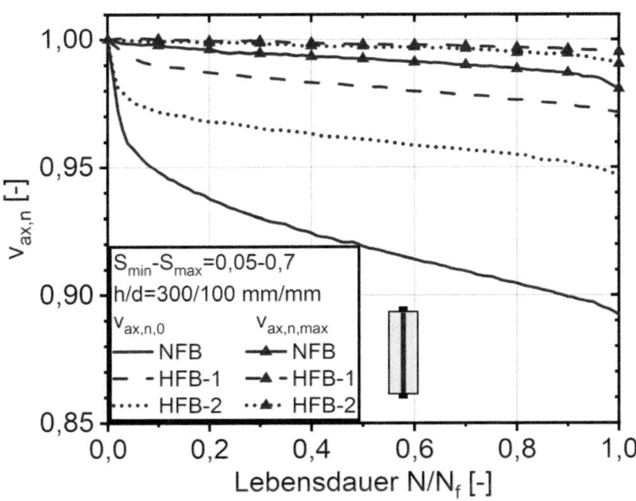

Bild 74: Entwicklung der mittleren, normierten, axialen Ultraschallgeschwindigkeit der Mischungen NFB, HFB-1 und HFB-2 der Größe *h*/*d* = 300/100 mm/mm

Die bei allen Betonen im Vergleich zu den radialen Schallgeschwindigkeiten kleineren Änderungen der axialen Schallgeschwindigkeiten im entlasteten Zustand weisen darauf hin, dass die Ermüdungsbelastung zu einer anisotropen Materialschädigung führt. Die Summe der effektiv zur Verringerung der Schallgeschwindigkeit beitragenden Rissflächen mit horizontaler Ausrichtung ist geringer als die der Rissflächen mit vertikaler Ausrichtung in der Ebene der radialen Ultraschallmessungen. Das korreliert mit den Bruchbildern der Proben, die auf ein Querzugversagen schließen lassen, wie es bei statisch monotonen Druckversuchen auftritt. Anhand von petrografischen Analysen von zyklisch /173/ und monoton /160, 188/ vorbelasteten Probekörpern konnten solche Verteilungen der Orientierungen von Mikrorissen auch vor dem finalen Versagen der Proben nachgewiesen werden.

7.1.4 Schallemissionsaktivität

Schallemissionsereignisse können auf die Entstehung und das Wachstum von (Mikro-)Rissen und auf Reibung der Rissufer infolge von Belastungsänderungen zurückgeführt werden. Die pro Messphase summierten detektierten Schallemissionsereignisse (Hits) sind für die jeweils drei Versuche pro Betonmischung in Bild 75 zusammengestellt. Da die Anzahl der Messphasen pro Versuch in Abhängigkeit von der Lebensdauer und damit der zeitliche Anteil der Messphasen an der Lebensdauer unterschiedlich ist, unterscheiden sich die Balkenbreiten in der Darstellung über die normierte Lebensdauer.

In der ersten Messphase wurde bei allen Versuchen eine sehr hohe Schallemissionsaktivität registriert. Offensichtlich entstehen und wachsen während der ersten Belastungen bis 70 % der Druckfestigkeit (S_{max} = 0,7) der Proben viele Mikrorisse. Durch die Rissentwicklung werden Spannungen umgelagert und Spannungskonzentrationen abgebaut. In den folgenden Messphasen ist die Schallemissionsaktivität in allen Versuchen sehr viel geringer und bleibt bis kurz vor dem Ende der Lebensdauer auf einem relativ niedrigen und nahezu konstanten Niveau. In den letzten Messphasen steigt die Schallemissionsaktivität wieder an. Die Schallemissionsaktivität in den Messphasen korreliert mit den Änderungsraten der bleibenden Verformungen auf dem Lastniveau S_0 und mit denen der radial gemessenen Ultraschallgeschwindigkeiten.

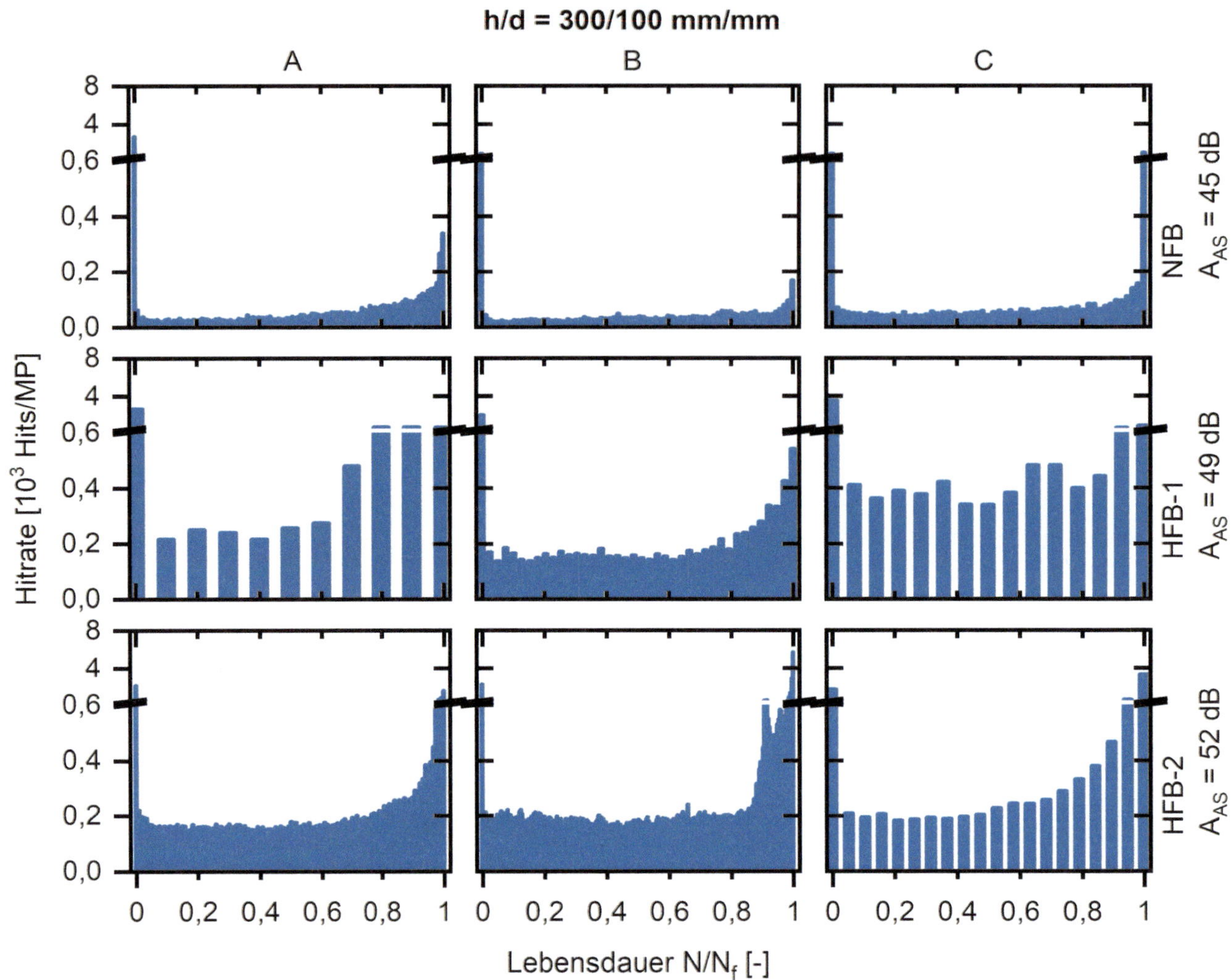

Bild 75: Vergleich der Schallemissionsaktivitäten in den Messphasen der jeweils drei Versuche für die Betonmischungen NFB, HFB-1 und HFB-2 der Größe *h*/*d* = 300/100 mm/mm

7.1.5 Temperaturentwicklung

Ein Teil der durch die zyklische mechanische Belastung in die Proben eingetragenen Energie wird in Wärme umgewandelt. Zu Beginn der Ermüdungsversuche ist die Wärmefreisetzungsrate in der Probe höher als die an die Umgebung abgegebene Wärme und die Temperatur steigt. Mit der steigenden Temperatur steigt die Wärmeabgabe an die Umgebung, bis sie mit der Wärmefreisetzung im Gleichgewicht ist. Die Versuche wurden nicht gezielt auf die Untersuchung der Wärmefreisetzung und Temperaturerhöhung optimiert. So wurden Umgebungsbedingungen wie die Temperatur der Druckplatten, die Lufttemperatur und die Luftbewegung, welche die Wärmeabgabe an die Umgebung beeinflussen, nicht aktiv kontrolliert.

Die dissipierte Energie entspricht der von den Be- und Entlastungspfaden der Spannungs-Dehnungs-Linien (Arbeitslinien) eingeschlossenen Flächen. Für die drei Betone NFB, HFB-1 und HFB-2 sind die Spannungs-Dehnungs-Linien bei 50 % der Lebensdauer für die Gesamtverformung in Bild 76 und die lokale Dehnung in Bild 77 und die Flächeninhalte der Arbeitslinien für ausgewählte Belastungszyklen in Tabelle 20 dargestellt.

Tabelle 20: Fläche zwischen den Spannungs-Dehnungs-Linien als Maß für die dissipierte Energie

Probe	Flächen der Arbeitslinien Gesamtverformung [kJ/m³]			Flächen der Arbeitslinien lokale Dehnung [kJ/m³]		
N/N_f	0,00	0,50	0,99	0,00	0,50	0,99
NFB-A	5,3	1,4	2,4	4,0	1,2	2,0
HFB-1-B	13,1	6,1	8,0	9,8	6,4	9,1
HFB-2-A	10,9	4,2	5,4	6,9	3,6	4,4

Diese Flächeninhalte korrelieren für die Betone NFB und HFB-1 gut mit der Temperaturerhöhung in Bild 78. Beim HFB-1 ist die Fläche am größten, was zu einer hohen Wärmefreisetzungsrate und somit zu einer schnellen Temperaturerhöhung führt. Alle Proben des HFB-1 versagten, bevor sich ein thermisches Gleichgewicht mit der Umgebung einstellte. Aufgrund der vergleichsweise niedrigen Spannungen wird pro Belastungszyklus in den Proben des NFB die wenigste Energie dissipiert. Dadurch ist die Temperaturerhöhung in diesen Proben am kleinsten. Die Entwicklung der Temperaturen der Proben HFB-2 ist sehr unterschiedlich. Die einzelnen Proben sind wie in der Tabelle 19 mit A, B und C gekennzeichnet. Die Fläche der Arbeitslinien (Tabelle 20) von HFB-2 liegt zwischen denen der Betone NFB und HFB-1. Die individuellen Unterschiede der Temperaturentwicklungen können auf die unterschiedliche Anzahl der Lastwechsel zwischen den Messphasen (N_z) zurückgeführt werden. Wie der Vergleich von Belastungszustand und Temperatur in Bild 79 zeigt, kühlen die Proben in den Messphasen zwischen der zyklischen Beanspruchung leicht ab, was zu geringeren Temperaturerhöhungen bei kleinen Lastwechselzahlen zwischen den Messphasen führt. Mit 500 bzw. 1000 Lastwechseln zwischen den Messphasen bei den Proben B bzw. A von HFB-2 sind die Bedingungen gut vergleichbar mit denen der NFB-Proben. Die Temperaturerhöhung liegt zwischen denen der Betone NFB und HFB-1. Anhand des flachen Anstiegs der Temperaturdifferenz ist erkennbar, dass das thermische Gleichgewicht mit der Umgebung vor dem Bruch fast erreicht ist. Offensichtlich, auch beeinflusst durch die geringere Anzahl der Lastwechsel zwischen den Messphasen, erreicht die Probe HFB-2-B eine etwas geringere Maximaltemperatur. Hingegen ist wohl, durch die mit 4000 Lastwechseln deutlich längere zyklischen Belastungsphasen zwischen den Messphasen, der Temperaturanstieg in der Probe HFB-2-C wesentlich höher. Bis zum Bruch wird das thermische Gleichgewicht nicht erreicht.

In Bild 79 sind in der ersten Messphase sehr kleine Temperaturänderungen erkennbar, die mit der mechanischen Belastung korrelieren. Wahrscheinlich sind diese Temperaturänderungen auf den thermoelastischen Effekt zurückzuführen. Zur Erwärmung der Proben unter zyklischer Belastung trägt dieser Effekt nicht bei. Er ließe sich zur berührungslosen Messung der Spannungsverteilung /150/ mit einer Thermokamera nutzen. Dieser Ansatz ist aber nicht verfolgt worden. In den späteren Messphasen bei höheren Probentemperaturen wird der Effekt durch die Wärmeübertragung an die Umgebung und somit Abkühlung der Proben in den Messphasen überlagert.

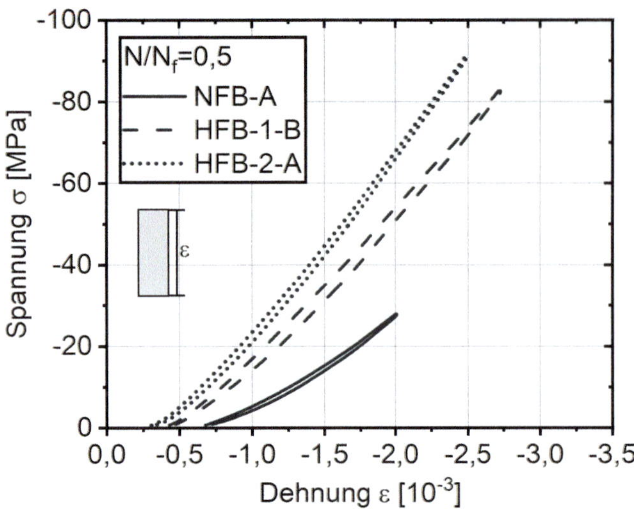

Bild 76: Spannungs-Dehnungs-Linie bis S_{max} = 0,7 der Gesamtverformung bei N/N_f = 0,5 der Mischungen NFB, HFB-1 und HFB-2 der Größe h/d = 300/100 mm/mm

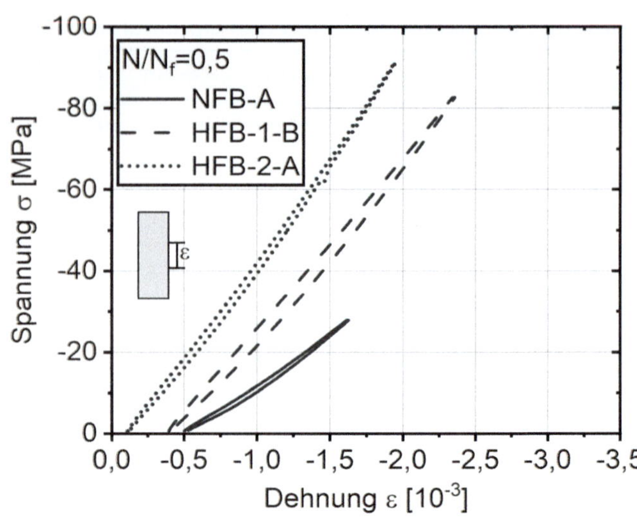

Bild 77: Spannungs-Dehnungs-Linie bis S_{max} = 0,7 der lokalen Dehnung bei N/N_f = 0,5 der Mischungen NFB, HFB-1 und HFB-2 der Größe h/d = 300/100 mm/mm

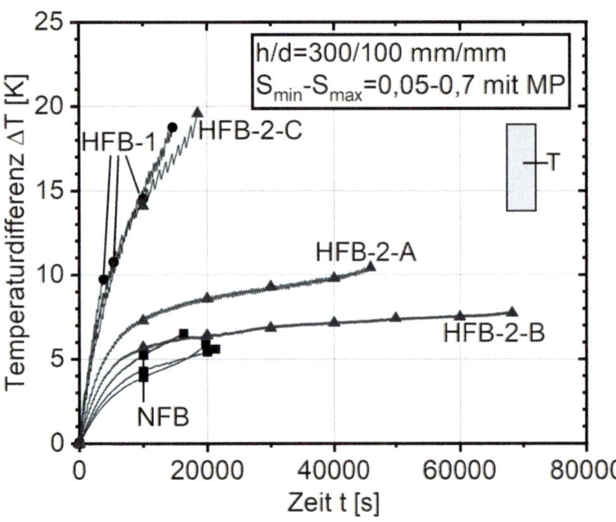

Bild 78: Entwicklung der Temperaturdifferenz an der Oberfläche im mittleren Drittel der Mischungen NFB, HFB-1 und HFB-2 der Größe h/d = 300/100 mm/mm in Versuchen mit Messphase (MP)

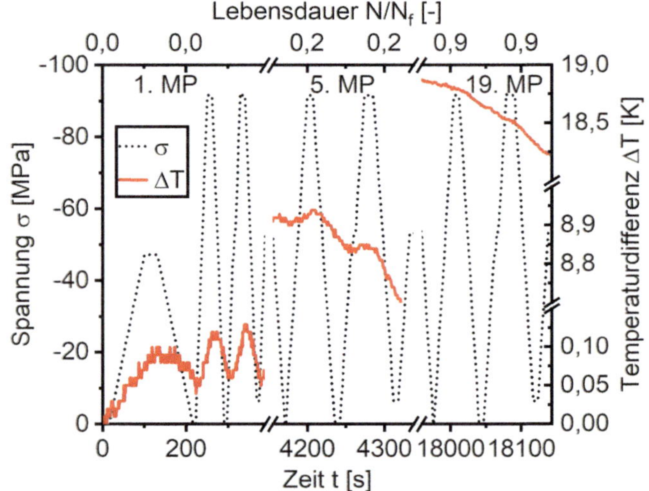

Bild 79: Temperaturänderung in der ersten, fünften und 19ten Messphase des Probekörpers HFB-2-C der Größe h/d = 300/100 mm/mm

7.2 Einfluss der Größe auf den Ermüdungsprozess

Eine kurze Übersicht über die im Rahmen der hier vorgestellten Untersuchungen zum Einfluss der Probengröße auf den Ermüdungsprozess durchgeführten Versuche ist in Tabelle 21 gegeben. Für jede Kombination von Geometrie und Betonmischung wurden jeweils drei Proben geprüft. Die Aussagefähigkeit der Ergebnisse ist aufgrund der Anzahl von jeweils nur drei Probekörpern von vornherein vorrangig auf qualitative Schlussfolgerungen beschränkt. Zusätzlich wird die Bewertung der Versuchsergebnisse durch die teils sehr unterschiedlich langen Versuchslaufzeiten aber vor allem die erreichten Durchläufer, ohne Erreichen eines Ermüdungsversagens, beeinflusst und erschwert.

Tabelle 21: Bruchlastwechselzahlen der Untersuchung des Ermüdungsprozesses an drei Probengrößen

h/d	Probe	N_f	Probe	N_f
mm/mm		-		-
180/60	HFB-1-A	18.678	HFB-2-A	>3.000.000
180/60	HFB-1-B	131.101	HFB-2-B	1.747.238
180/60	HFB-1-C	28.885	HFB-2-C	>3.000.000
300/100	HFB-1-A	10.725	HFB-2-A	122.098
300/100	HFB-1-B	40.407	HFB-2-B	121.195
300/100	HFB-1-C	15.054	HFB-2-C	76.349
600/200	HFB-1-A	>1.000.000	HFB-2-A	>1.000.000
600/200	HFB-1-B	48.444	HFB-2-B	>1.000.000
600/200	HFB-1-C	>1.000.000 [a]	HFB-2-C	>1.000.000

[a] Versuchsunterbrechung bei N = 491.113

7.2.1 Dehnungsentwicklung

Die Entwicklung der axialen Gesamtverformungen der Probekörper der hochfesten Betonmischungen HFB-1 und HFB-2 ist für die unterschiedlichen Probengrößen in Bild 80 bis Bild 83 dargestellt. Wie schon in 7.1 diskutiert, ist die Identifikation der dritten Schädigungsphase anhand der axialen Gesamtverformungen bei den hochfesten Betonen nur sehr begrenzt möglich. Zudem erreichten die Proben in sieben von insgesamt 18 Versuchen zum Größeneinfluss die zuvor definierten Grenzlastwechselzahlen, ohne zu versagen. Bei diesen, als Durchläufer (DL) bezeichneten Proben, kann nicht verifiziert werden, in welcher Lebensdauerphase die Versuche abgebrochen wurden.

Für die Betonmischung HFB-1 ist keine systematische Abhängigkeit der Entwicklung der Gesamtverformungen von der Größe der Proben erkennbar (Bild 80 und Bild 81). Zwar sind die Gesamtstauchungen der Proben mit 60 mm Durchmesser auf dem Grundlastniveau S_0 größer als die der Proben mit 100 mm Durchmesser, aber die großen Proben mit einem Durchmesser von 200 mm lassen sich in diese Reihe nicht einordnen.

Auf dem hohen Lastniveau S_{max} entwickeln sich die Gesamtstauchungen der Proben mit Durchmessern von 60 mm bzw. 100 mm zwar nahezu identisch, trotzdem ist hier insgesamt ein leichter Trend von kleiner werdenden Gesamtstauchungen mit größer werdenden Proben erkennbar.

Auch bei der Mischung HFB-2 werden die Gesamtstauchungen mit steigender Probengröße kleiner (Bild 82 und Bild 83). Hier ist der Trend eindeutiger als bei der Mischung HFB-1.

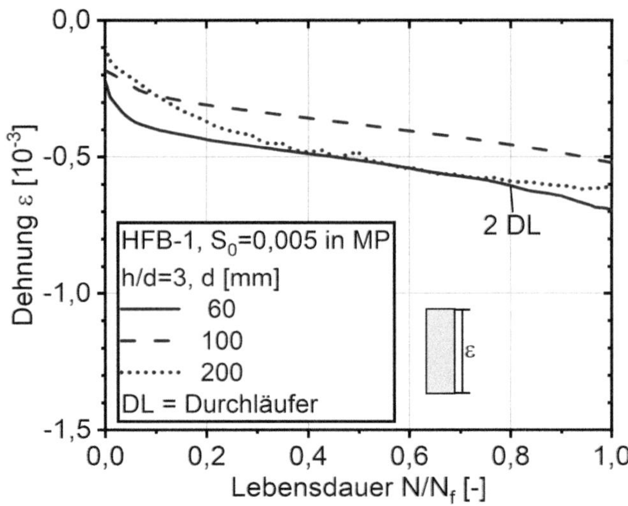

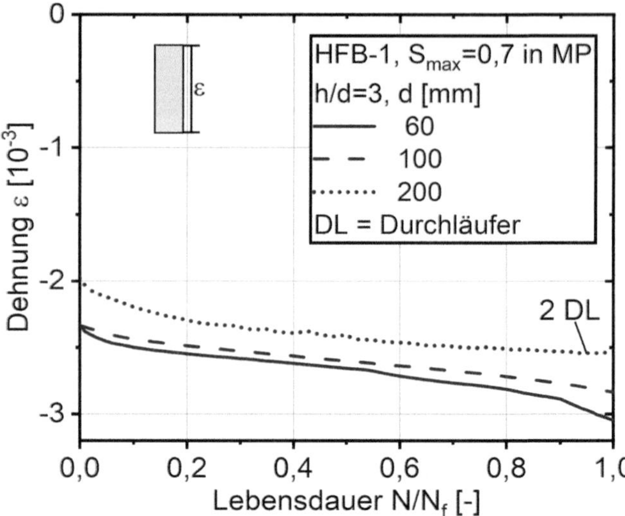

Bild 80: Entwicklung der Gesamtverformung bei S_0 für unterschiedliche Probekörpergrößen (h/d = 3) auf dem Lastniveau S_{min}-S_{max} = 0,05-0,7 der Mischung HFB-1 in der Messphase (MP)

Bild 81: Entwicklung der Gesamtverformung bei S_{max} für unterschiedliche Probekörpergrößen (h/d = 3) auf dem Lastniveau S_{min}-S_{max} = 0,05-0,7 der Mischung HFB-1 in der Messphase (MP)

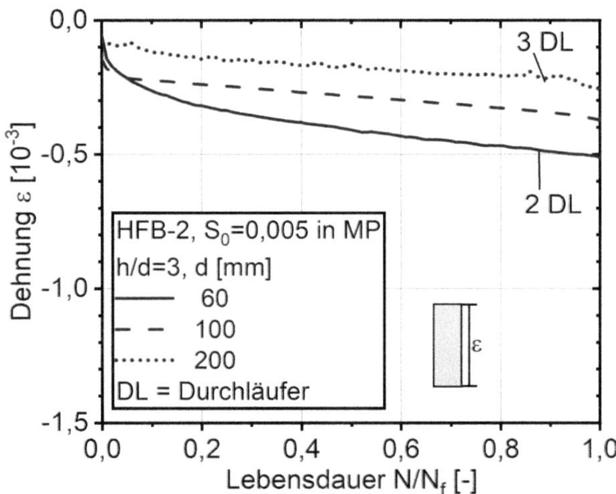

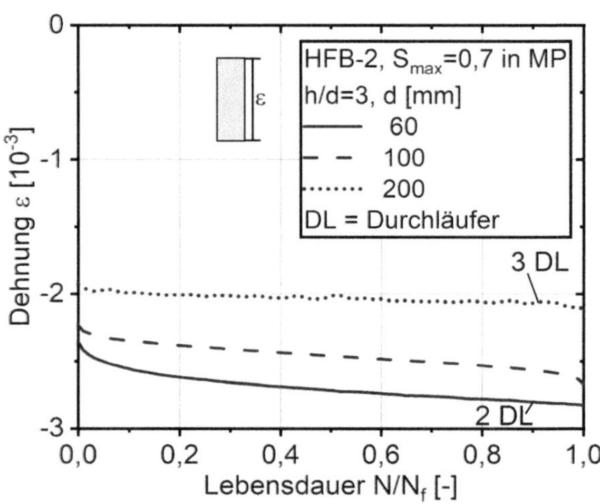

Bild 82: Entwicklung der Gesamtverformung bei S_0 für unterschiedliche Probekörpergrößen (h/d = 3) auf dem Lastniveau S_{min}-S_{max} = 0,05-0,7 der Mischung HFB-2 in der Messphase (MP)

Bild 83: Entwicklung der Gesamtverformung bei S_{max} für unterschiedliche Probekörpergrößen (h/d = 3) auf dem Lastniveau S_{min}-S_{max} = 0,05-0,7 der Mischung HFB-2 in der Messphase (MP)

Die lokalen Verformungen in Lastrichtung (Bild 84 bis Bild 87) sind deutlich kleiner als die entsprechenden Gesamtverformungen (Bild 80 bis Bild 83). Wie schon in Abschnitt 7.1.1 diskutiert, stammen Unterschiede in den gemessenen Dehnungswerten offenbar aus Unterschieden der Dehnungszustände auf der Probenoberfläche sowie dem Probeninneren. Dies spiegelt sich so auch in den Ergebnissen der unterschiedlich großen Proben wider. Beim hochfesten Beton HFB-1 ist bei den lokal gemessenen Verformungen keine systematische Abhängigkeit von der Probengröße mehr erkennbar (Bild 84 und Bild 85).

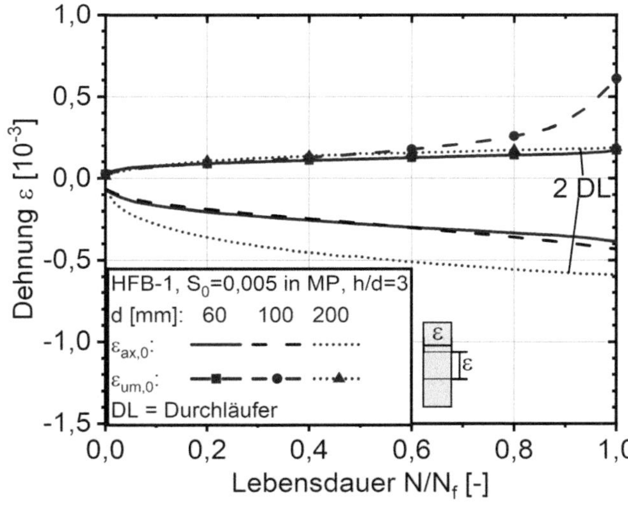

Bild 84: Entwicklung der lokalen axialen Dehnung und Umfangsdehnung bei S_0 für unterschiedliche Probekörpergrößen (h/d = 3) auf dem Lastniveau S_{min}-S_{max} = 0,05-0,7 der Mischung HFB-1 in der Messphase (MP)

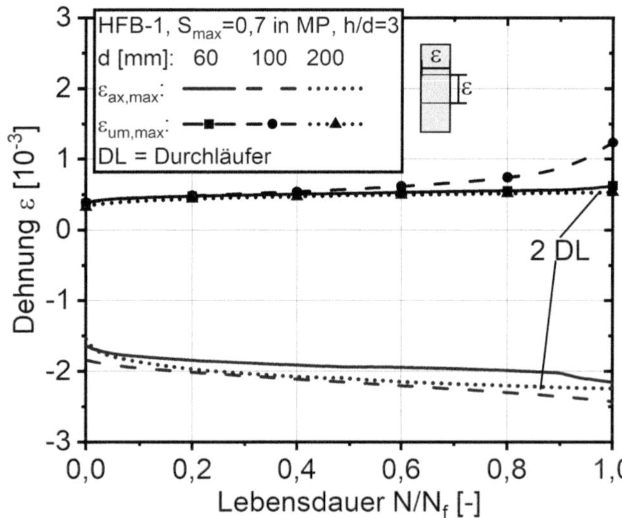

Bild 85: Entwicklung der lokalen axialen Dehnung und Umfangsdehnung bei S_{max} für unterschiedliche Probekörpergrößen (h/d = 3) auf dem Lastniveau S_{min}-S_{max} = 0,05-0,7 der Mischung HFB-1 in der Messphase (MP)

Bei den Proben der Mischung HFB-2 werden, analog zu den Gesamtstauchungen, auch die lokal gemessenen Stauchungen in Lastrichtung mit steigender Probengröße kleiner (Bild 86 und Bild 87). Eine Interpretation der Ergebnisse wird vor allem durch die relativ zahlreichen Versuche mit Durchläufern, also ohne Ermüdungsversagen, erschwert. Für den HFB-1 lässt sich keine eindeutige Tendenz ableiten. Trotzdem scheinen die Ergebnisse des HFB-2 eine von der Probengröße abhängige Tendenz der Verformungen hin zu kleineren Stauchungen bei zunehmender Probengröße aufzuzeigen.

Die Umfangsdehnungen entwickeln sich bei allen Probengrößen der beiden Mischungen sehr ähnlich. Eine systematische Größenabhängigkeit ist nicht erkennbar. Die dritte Ermüdungsphase lässt sich allerdings nur bei den Proben mit einem Durchmesser von 100 mm identifizieren.

Unabhängig von der Beeinflussung der Ergebnisse durch die Durchläufer konnte zumindest beim HFB-2 ein Effekt der Probengröße auf die gemessenen Dehnungen festgestellt werden. Eine Aufklärung der möglichen Ursachen ist jedoch anhand der durchgeführten Untersuchungen nicht möglich. Es ist jedoch anzunehmen, dass das Größenverhältnis von innerer Tragstruktur der Betone (Korngerüst der Zuschläge sowie Zementstein) zur äußeren Größe der Probekörper einen Einfluss auf das Dehnungsverhalten hat. Aber auch weitere Einflüsse, wie z. B. herstellungsbedingte Randzoneneffekte, können sich bei unterschiedlich großen Proben auswirken.

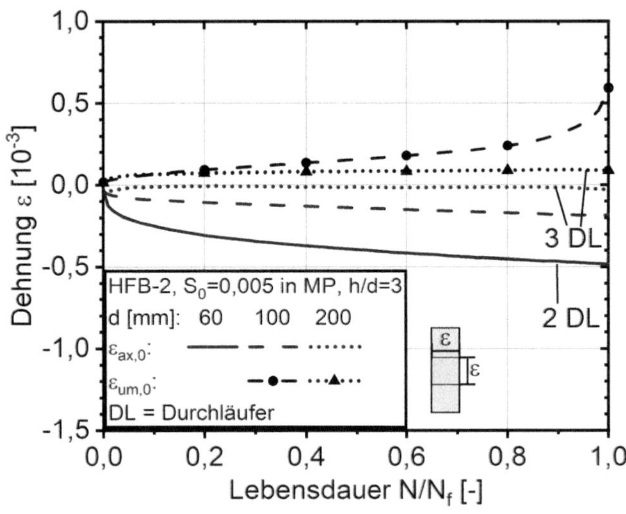

Bild 86: Entwicklung der lokalen axialen Dehnung und Umfangsdehnung bei S_0 für unterschiedliche Probekörpergrößen (*h*/*d* = 3) auf dem Lastniveau S_{min}-S_{max} = 0,05-0,7 der Mischung HFB-2 in der Messphase (MP)

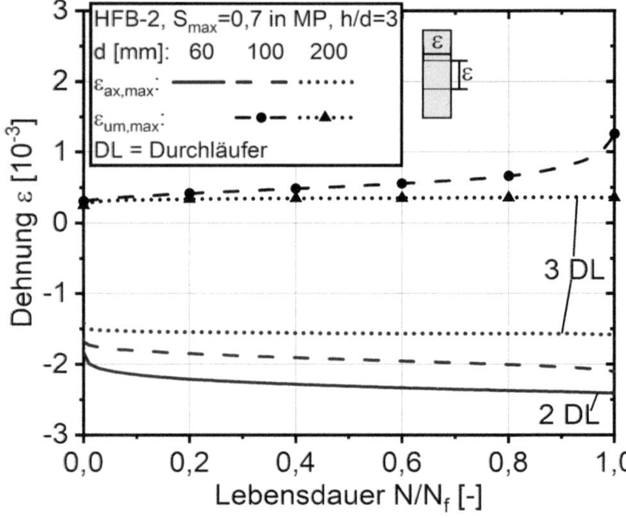

Bild 87: Entwicklung der lokalen axialen Dehnung und Umfangsdehnung bei S_{max} für unterschiedliche Probekörpergrößen (*h*/*d* = 3) auf dem Lastniveau S_{min}-S_{max} = 0,05-0,7 der Mischung HFB-2 in der Messphase (MP)

7.2.2 Steifigkeitsentwicklung

In Tabelle 22 sind die während der initialen Belastung ermittelten E-Moduln zusammengefasst. Eine systematische Abhängigkeit der anfänglichen E-Moduln von der Größe der Proben ist bei keiner der beiden hochfesten Mischungen erkennbar. Die in Abschnitt 7.1.2 für die Proben der Größe *h*/*d* = 300/100 mm/mm für die drei Betone NFB, HFB-1 und HFB-2 diskutierten Zusammenhänge gelten für die Proben der Größen *h*/*d* = 180/60 mm/mm bzw. *h*/*d* = 600/200 mm/mm der beiden Betone HFB-1 und HFB-2. So sind die aus den Gesamtverformungen ermittelten E-Moduln $E_{1/3,DP}$ und $E_{max,DP}$ insgesamt deutlich kleiner als die aus den lokal, im Bereich eindimensionaler Spannungszustände gemessenen E-Moduln. Zudem sind die initialen E-Moduln auf dem niedrigen Lastniveau $E_{1/3,DP}$ kleiner als die E-Moduln $E_{max,DP}$ auf dem hohen Lastniveau. Die aus den Gesamtverformungen abgeleiteten Spannungs-Dehnungs-Linien sind also schon nach der ersten, stabilisierenden Belastung konvex gekrümmt.

Tabelle 22: In der ersten Messphase bestimmte E-Moduln und Schallgeschwindigkeiten der drei Betonmischungen und Probekörpergrößen

Probe	h/d	Dichte	N_f	N_z	$E_{1/3,DMS}$	$E_{max,DMS}$	$E_{1/3,DP}$	$E_{max,DP}$	v_{rad}	v_{ax}
	mm/mm	kg/m³	-	-	GPa	GPa	GPa	GPa	m/s	m/s
HFB-1-A	180/60	2.406	18.678	1.000	45,3	44,1	29,6	36,3	5.056	4.819
HFB-1-B	180/60	2.409	131.101	1.000	43,6	41,8	30,2	36,3	4.966	4.805
HFB-1-C	180/60	2.408	28.885	1.000	43,9	42,4	29	35,6	4.946	4.795
HFB-1	**180/60**	**2.408**	**59.555**		**44,3**	**42,8**	**29,6**	**36,1**	**4.989**	**4.806**
HFB-1-A	300/100	2.417	10.725	1.000	46,9	44,6	35,4	40,1	5.000	5.009
HFB-1-B	300/100	2.428	40.407	1.000	47,3	45,0	34,8	40,2	4.985	4.992
HFB-1-C	300/100	2.430	15.054	1.000	48,0	46,2	36,1	41,3	5.027	5.047
HFB-1	**300/100**	**2.425**	**10.725**		**47,4**	**45,3**	**35,4**	**40,5**	**5.004**	**5.016**
HFB-1-A	600/200	2.402	>1.000.000	1.000	45,9	44,8	37,6	39,7	4.905	5.005
HFB-1-B	600/200	2.390	48.444	10.000	51,7	42,9	26,9	38,6	4.894	4.958
HFB-1-C	600/200	2.386	>1.000.000 [a]	1.000	44,5	43,7	36,9	39,5	4.914	4.980
HFB-1	**600/200**	**2.393**	**>1.000.000**		**47,4**	**43,8**	**33,8**	**39,3**	**4.904**	**4.981**
HFB-2-A	180/60	2.463	>3.000.000	5.000	51,3	52,2	38,1	46,0	5.667 [b]	5.317
HFB-2-B	180/60	2.472	1.747.238	1.000	53,4	54,1	37,0	47,5	5.057	5.037
HFB-2-C	180/60	2.468	>3.000.000	1.000	54,5	55,1	37,0	46,7	4.942	5.002
HFB-2	**180/60**	**2.468**	**>3.000.000**		**53,1**	**53,8**	**37,4**	**46,7**	**5.000**	**5.119**
HFB-2-A	300/100	2.453	122.098	1.000	54,2	54,2	39,6	47,4	5.163	5.207
HFB-2-B	300/100	2.458	121.195	500	57,7	57,8	39,4	49,2	5.229	5.208
HFB-2-C	300/100	2.461	76.349	4.000	53,8	53,6	39,9	47,0	5.145	5.200
HFB-2	**300/100**	**2.457**	**106.547**		**55,2**	**55,2**	**39,6**	**47,9**	**5.179**	**5.205**
HFB-2-A	600/200	2.463	>1.000.000	1.000	70,1	55,0	39,2	49,4	5.143	5.208
HFB-2-B	600/200	2.449	>1.000.000	1.000	62,1	55,3	44,4	49,3	5.152	5.207
HFB-2-C	600/200	2.458	>1.000.000	1.000	-	-	37,8	49,4	5.155	5.190
HFB-2	**600/200**	**2.457**	**>1.000.000**		**66,1**	**55,1**	**40,5**	**49,4**	**5.150**	**5.202**

[a] Versuchsunterbrechung bei N = 491.113

[b] Laufzeitbestimmung mittels Schwellwertüberschreitung

Die auf die initialen Werte normierten Sekantenmoduln im Verlauf der Ermüdungsbelastung sind für die Proben der Betone des HFB-1 in Bild 88 und in Bild 89 dargestellt. Ein systematischer Zusammenhang ist weder für die aus lokalen Messungen der Verformung noch für aus der Gesamtverformung bestimmte Sekantenmoduln erkennbar.

Für die Entwicklung der Sekantenmoduln der Proben der Mischung HFB-2 ist ebenfalls kein systematischer Zusammenhang mit der Probengröße zu erkennen (Bild 90, Bild 91). Eine genaue Beurteilung der dargestellten Ergebnisse für den HFB-1 und den HFB-2 wird jedoch, wie schon bei den Dehnungen, durch die relativ hohe Anzahl an Durchläufern erschwert und deren Aussagefähigkeit entsprechend begrenzt.

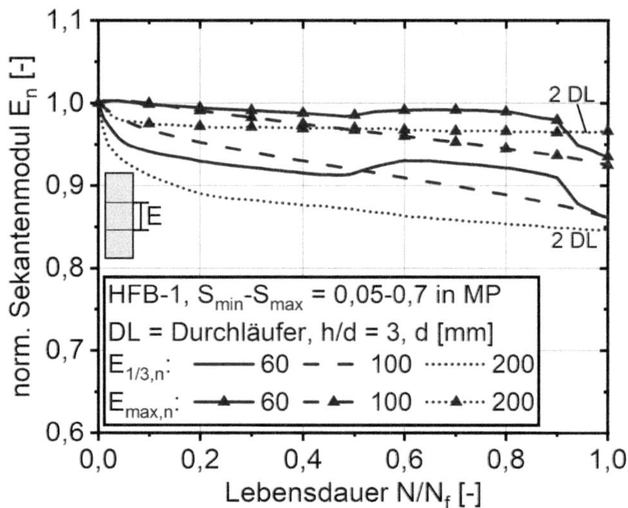

Bild 88: Entwicklung der lokalen normierten Drittels- $E_{1/3,n}$ und Maximal-Sekantenmoduln $E_{max,n}$ für unterschiedliche Probekörpergrößen (h/d = 3) und der Mischung HFB-1 in der Messphase (MP)

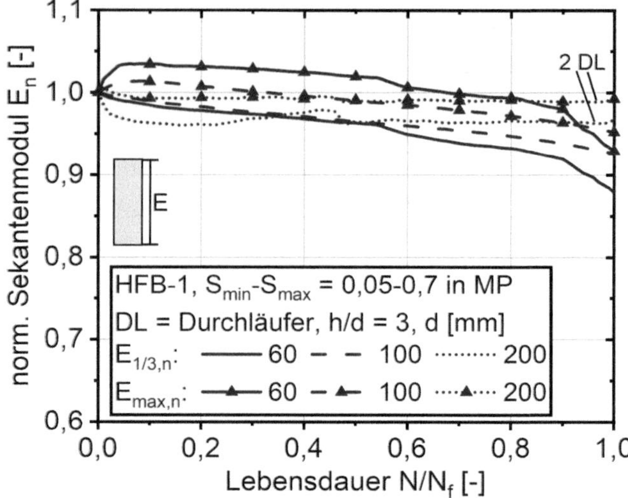

Bild 89: Entwicklung der normierten Drittels- $E_{1/3,n}$ und Maximal-Sekantenmoduln $E_{max,n}$ (Gesamtverformung) für unterschiedliche Probekörpergrößen (h/d = 3) der Mischung HFB-1 in der Messphase (MP)

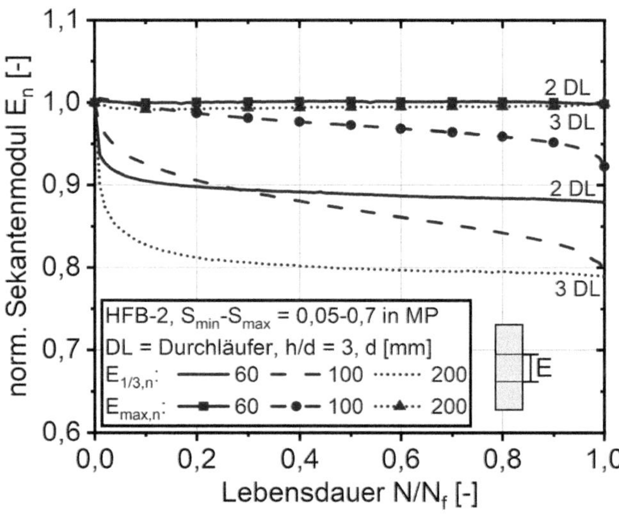

Bild 90: Entwicklung der lokalen normierten Drittels- $E_{1/3,n}$ und Maximal-Sekantenmoduln $E_{max,n}$ für unterschiedliche Probekörpergrößen (h/d = 3) der Mischung HFB-2 in der Messphase (MP)

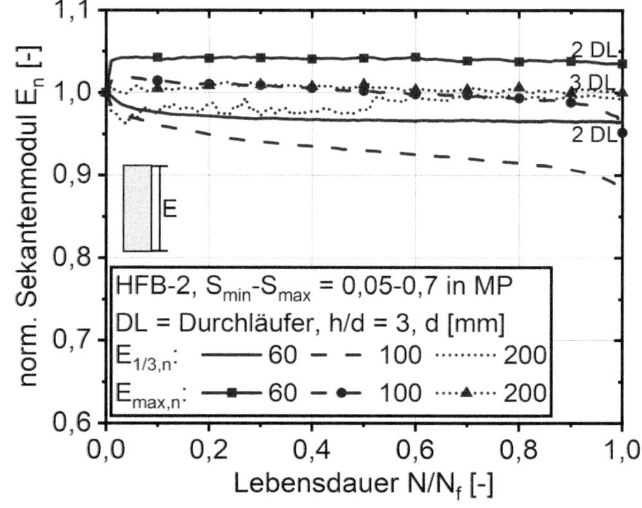

Bild 91: Entwicklung der normierten Drittels- $E_{1/3,n}$ und Maximal-Sekantenmoduln $E_{max,n}$ (Gesamtverformung) für unterschiedliche Probekörpergrößen (h/d = 3) der Mischung HFB-2 in der Messphase (MP)

7.2.3 Ultraschallgeschwindigkeit

Die Mittelwerte der auf die initialen Messungen normierten, radialen Ultraschallgeschwindigkeiten sind für die drei Probekörpergrößen der Mischung HFB-1 in Bild 92 und für die der Mischung HFB-2 in Bild 94 dargestellt. Die auf den unteren und oberen Lastniveaus S_0 und S_{max} in radialer Richtung gemessenen Schallgeschwindigkeiten (Tabelle 22) unterscheiden sich nicht signifikant. Die Mittelwertbildung erfolgte deshalb über die beiden Lastniveaus und über die Messwerte aller Sensorpaare der Proben.

Die Mittelwerte der auf die initialen Messungen normierten axialen Ultraschallgeschwindigkeiten sind für die beiden Lastniveaus getrennt in Bild 93 für die Mischung HFB-1 und in Bild 95 für die Mischung HFB-2 dargestellt.

Die an den Proben der Größe *h*/*d* = 300/100 mm/mm gewonnenen und in Abschnitt 7.1 beschriebenen Erkenntnisse lassen sich auch auf die anderen Probengrößen übertragen. Ein signifikanter Größeneffekt lässt sich aus den vorliegenden Ergebnissen nicht ableiten, wobei die erreichten Versuche mit Durchläufern die Bewertung der Ergebnisse zusätzlich erschweren. Bei der Betrachtung der Ergebnisse des HFB-2 könnte sich ein größenabhängiger Einfluss einstellen, unter der Annahme, dass die Durchläufer beim möglichen Erreichen des Ermüdungsversagens eine entsprechende weitere Entwicklung der Kurven aufzeigen würden. Die Versuche an verschiedenen Probengrößen haben aber klar gezeigt, dass es mit der verwendeten Messtechnik problemlos möglich ist, die Schallgeschwindigkeiten auch über Messstrecken mit bauteilähnlichen Dimensionen von bis zu 600 mm in geschädigten Proben zu messen.

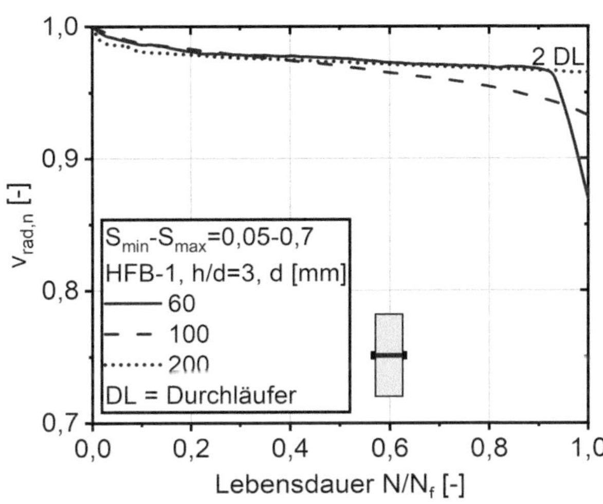

Bild 92: Entwicklung der mittleren, normierten, radialen Ultraschallgeschwindigkeit für unterschiedliche Probekörpergrößen (*h*/*d* = 3) der Mischung HFB-1 in der Messphase (MP)

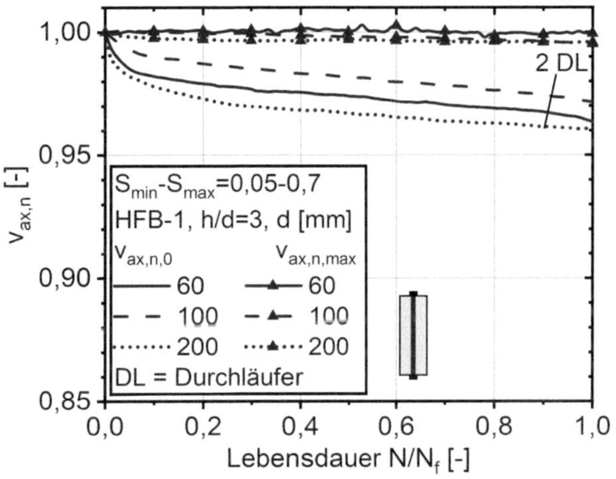

Bild 93: Entwicklung der mittleren, normierten, axialen Ultraschallgeschwindigkeit für unterschiedliche Probekörpergrößen (*h*/*d* = 3) der Mischung HFB-1 in der Messphase (MP)

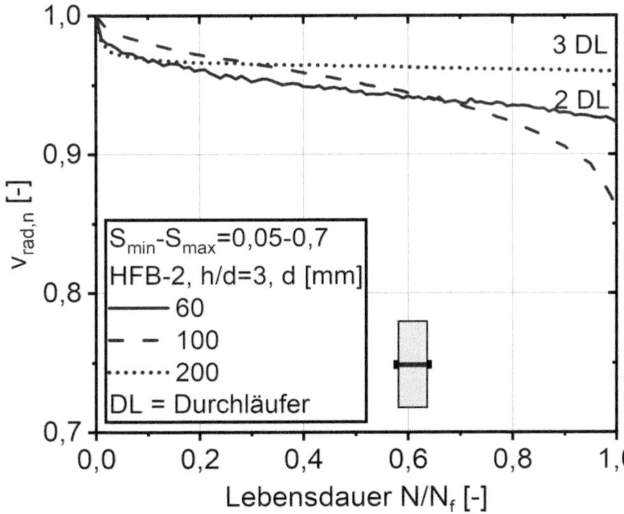

Bild 94: Entwicklung der mittleren, normierten, radialen Ultraschallgeschwindigkeit für unterschiedliche Probekörpergrößen (*h*/*d* = 3) der Mischung HFB-2 in der Messphase (MP)

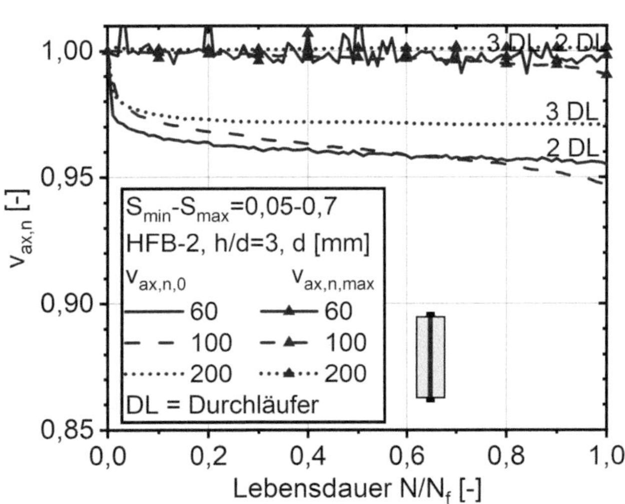

Bild 95: Entwicklung der mittleren, normierten, axialen Ultraschallgeschwindigkeit für unterschiedliche Probekörpergrößen (*h*/*d* = 3) der Mischung HFB-2 in der Messphase (MP)

7.2.4 Schallemissionsaktivität

Die Entwicklung der Schallemissionsaktivitäten in den Messphasen ist für alle Probengrößen der Mischung HFB-1 in Bild 96 und für die der Mischung HFB-2 in Bild 97 dargestellt. Bei allen Versuchen ist die Schallemissionsaktivität in der ersten Messphase im Vergleich zu denen der folgenden Messphasen hoch. In diesen folgenden Messphasen bleibt die Schallemissionsaktivität auf einem im Wesentlichen konstanten Niveau. Soweit es sich nicht um Durchläufer handelt, ist die dritte Phase der Lebensdauer durch eine wieder erhöhte Schallemissionsaktivität gekennzeichnet.

Wie die Versuche zeigen, sind die beobachteten und bereits in Abschnitt 7.1.4 diskutierten Phänomene unabhängig von der Größe der Proben, wobei quantitative Vergleiche der Messergebnisse zwischen den verschiedenen Probengrößen nicht möglich sind. Mit zunehmender Größe und Schädigung wird es allerdings wahrscheinlicher, dass die Schallemissionen nicht mehr aus dem gesamten Probenvolumen erfasst werden. Die Dämpfung der Schallemissionswellen und damit die Detektionsreichweite der Sensoren ist von der Frequenz abhängig. Für Frequenzen um 100 kHz kann die Dämpfung zwischen 45 dB_{AE}/m und 80 dB_{AE}/m eingeordnet werden /108/. Ein zur Überprüfung der Sensorankopplung in 20 mm Entfernung vom Sensor ausgelöster Bruch einer Bleistiftmine (Hsu-Nielsen-Source: 2H, ∅ = 0,5 mm, l = 3 mm) erzeugt bei den verwendeten Sensoren (VS150MS) ein Schallemissionssignal mit einer Amplitude von ca. 98 dB_{AE}. Bei einer Auswerteschwelle von 50 dB_{AE} können solche Signale also bis zu einer Entfernung von 1 m detektiert werden.

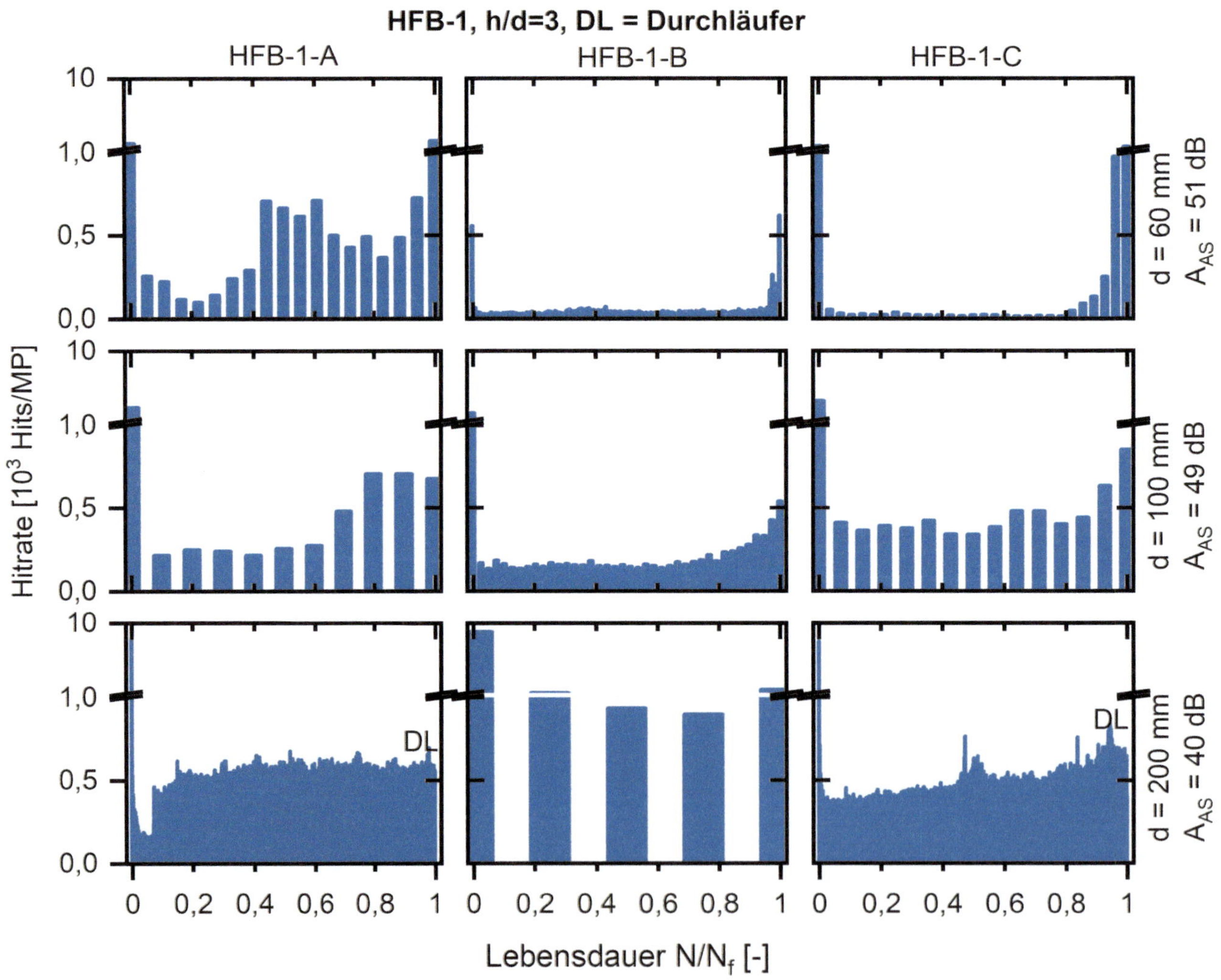

Bild 96: Vergleich der Schallemissionsaktivitäten in den Messphasen der jeweils drei Versuche zwischen den drei Probekörpergrößen (*h*/*d* = 3) für die Betonmischung HFB-1

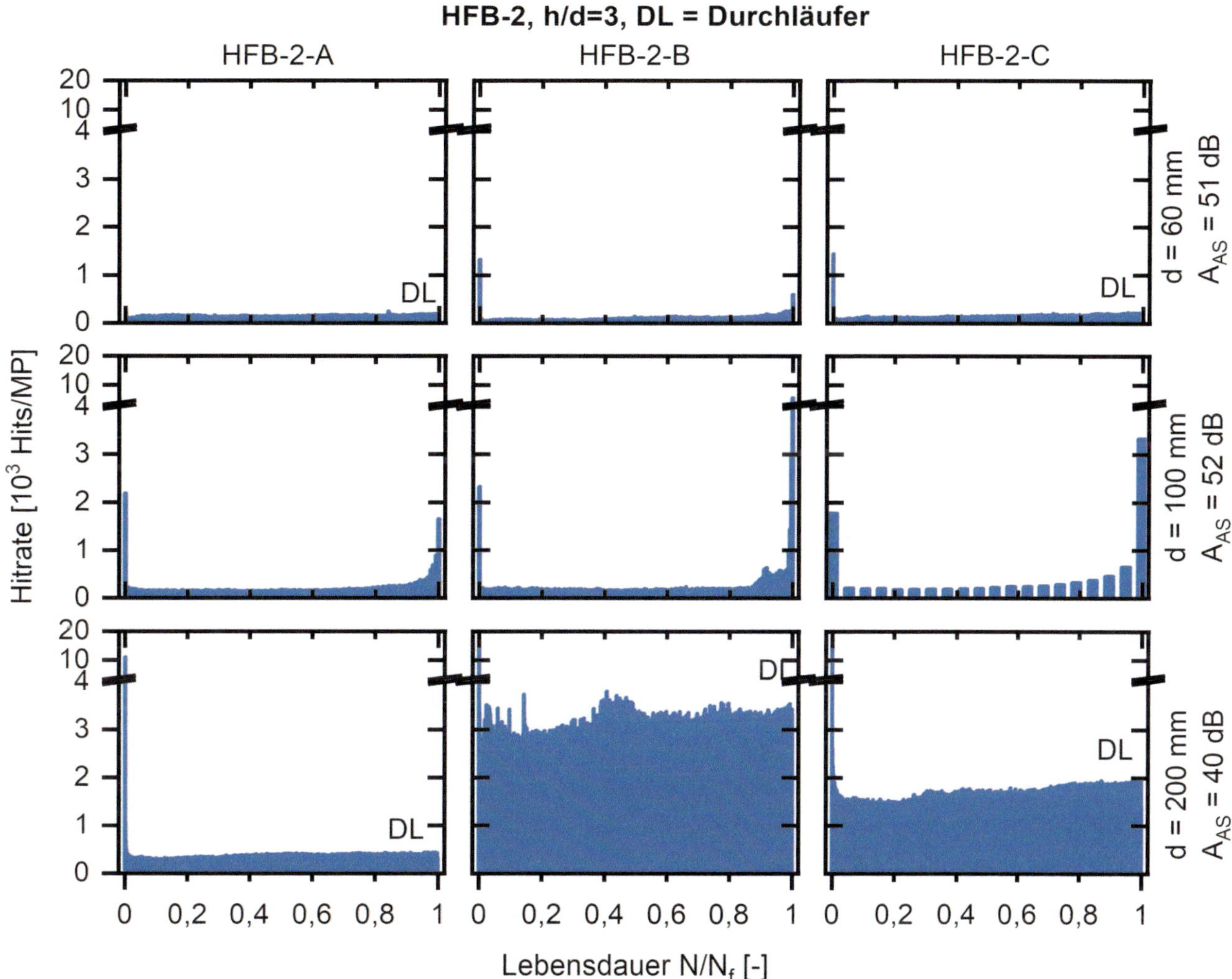

Bild 97: Vergleich der Schallemissionsaktivitäten in den Messphasen der jeweils drei Versuche zwischen den drei Probekörpergrößen (*h*/*d* = 3) für die Betonmischung HFB-2

7.2.5 Temperaturentwicklung

Die an der Probenoberfläche im mittleren Bereich während der Ermüdungsbelastung gemessenen Temperaturänderungen sind für die Proben unterschiedlicher Größe für die Mischung HFB-1 in Bild 98 und für die Mischung HFB-2 in Bild 99 dargestellt.

Bei der Mischung HFB-1 erwärmen sich die Proben der Größe *h*/*d* = 300/100 mm/mm deutlich schneller als die der Größe *h*/*d* = 180/60 mm/mm. Alle sechs Proben wurden mit einer Belastungsfrequenz von 5 Hz geprüft. Der Unterschied in der Temperaturentwicklung ist offensichtlich auf das ungleiche Oberflächen-Volumen-Verhältnis der Proben zurückzuführen. Bei den kleineren Proben steht pro Volumeneinheit dissipierter Energie eine größere Oberfläche zur Abgabe der Wärme an die Umgebung zur Verfügung. Die Erwärmung bleibt daher kleiner. Die größeren Proben *h*/*d* = 600/200 mm/mm wurden aus technischen Gründen nur mit einer Belastungsfrequenz von 1 Hz geprüft. Es wurde also pro Zeit- und Volumeneinheit nur maximal ein Fünftel der Energie dissipiert. Das Oberflächen-Volumen-Verhältnis ist kleiner als bei den anderen Probengrößen. Bei gleicher Belastungsfrequenz ist also eine wesentlich schnellere Erwärmung mit höherer Gleichgewichtstemperatur zu erwarten.

Die Proben der Mischung HFB-2 erwärmen sich insgesamt geringer als die der Mischung HFB-1. Die Ursachen dafür wurden in Abschnitt 7.1.5 diskutiert. Infolge der insgesamt geringeren Erwärmung sind die Unterschiede zwischen den verschiedenen Probengrößen geringer und Lastpausen, in denen die Proben abkühlen, machen sich stärker bemerkbar. Wegen der höheren Belastungsfrequenz erwärmen sich die kleinen Proben *h*/*d* = 180/60 mm/mm schneller als die großen Proben *h*/*d* = 600/200 mm/mm, erreichen aber etwa die gleiche Gleichgewichtstemperatur.

Die sehr ungleichen Temperaturentwicklungen bei den Proben *h*/*d* = 300/100 mm/mm sind, wie schon in Abschnitt 7.1.5 diskutiert, auf die unterschiedlich langen Belastungsphasen zwischen den Messphasen zurückzuführen.

Es kann aber festgehalten werden, dass die Temperatur durch mehrere Faktoren in den Versuchen wesentlich beeinflusst wurde. Neben der Prüffrequenz und der Häufigkeit von Messphasen, lässt sich ein deutlicher und plausibler Größeneinfluss daraus ablesen.

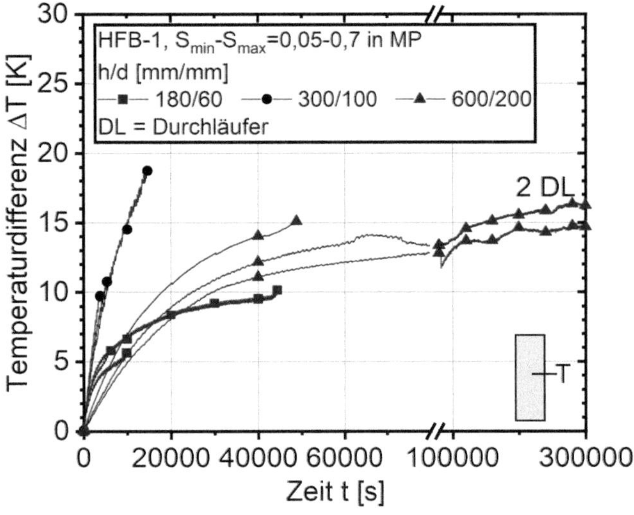

Bild 98: Entwicklung der Temperaturdifferenz an der Oberfläche im mittleren Drittel unterschiedlicher Probekörpergrößen (*h*/*d* = 3) der Mischung HFB-1 in Versuchen mit Messphase (MP)

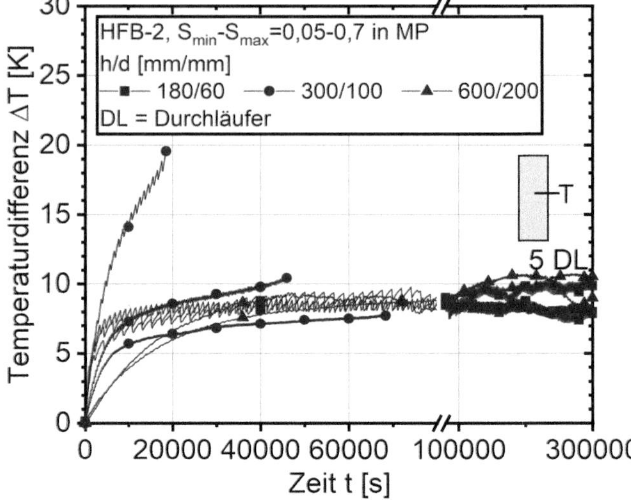

Bild 99: Entwicklung der Temperaturdifferenz an der Oberfläche im mittleren Drittel unterschiedlicher Probekörpergrößen (*h*/*d* = 3) der Mischung HFB-2 in Versuchen mit Messphase (MP)

7.3 Zusammenfassung

Mit dem Einfügen von Messphasen in die Ermüdungsbeanspruchung und dem Einsatz zerstörungsfreier Messtechniken war es möglich, den Ermüdungsprozess in Beton unter Druckschwellbeanspruchungen detailliert zu untersuchen. Hier wurden diese Techniken genutzt, um zu untersuchen, wie sich die Festigkeit des Betons und die Größe der Probekörper auf die Schädigungsevolution in Druckschwellversuchen auswirken. Generell lässt sich feststellen, dass die Betondruckfestigkeit einen deutlichen Einfluss auf den Ablauf des Ermüdungsprozesses hat. Je höher die Druckfestigkeit, desto geringer ausgeprägt sind die ermüdungsbedingten Veränderungen und damit auch die drei Phasen während des Ermüdungsprozesses.

Die initiale Betondruckfestigkeit hat in den durchgeführten Untersuchungen einen großen Einfluss auf die Entwicklung der Verformungen und damit auch der Steifigkeit der Proben im Verlauf des Ermüdungsprozesses. Bei den Proben mit der geringeren Druckfestigkeit (der normalfesten Mischung NFB) verändern sich die in Lastrichtung gemessenen Verformungen und Steifigkeiten am stärksten, wobei sich die größten bleibenden Verformungen einstellen. Die drei Phasen des Ermüdungsprozesses spiegeln sich deutlich in den unterschiedlichen Anstiegen der Kurven wider. Das finale Versagen der Proben kündigt sich ab einer Lebensdauer von ca. 80 % durch einen progressiven Anstieg der Verformungen an. Die Proben der beiden hochfesten Mischungen HFB-1 und HFB-2 mit den größeren Druckfestigkeiten zeigen hinsichtlich der Längsverformungen nicht nur geringere bleibende Verformungen, sondern auch eine deutlich geringere Ausprägung der drei Ermüdungsphasen, was ein sehr geringes Ankündigungsverhalten hinsichtlich des Versagens zur Folge hat. Aufgrund des beobachteten Verhaltens der Verformungen der hochfesten Betone sind die Veränderungen der Steifigkeiten ebenfalls wesentlich kleiner und der Anstieg der Kurven ist über die gesamte Lebensdauer nahezu konstant.

Im Vergleich der lokal auf der Probenoberfläche in der Probenmitte gemessenen Verformungen mit den global über den Druckplattenabstand erfassten Gesamtverformungen zeigte sich ein bereits von *Schickert* /155/ beschriebenes Verhalten. Die gemessenen lokalen Verformungen auf der Probenoberfläche fallen geringer aus als jene, global über den Druckplattenabstand gemessenen.

Die Querverformungen entwickeln sich während der Ermüdungsbelastung bei allen Proben nahezu identisch. Ein Einfluss der Festigkeit ist hier nicht erkennbar. Qualitativ unterscheiden sich auch die Entwicklungen der bei Grundlast gemessenen bleibenden Querdehnungen nicht von den Entwicklungen der auf dem hohen Lastniveau gemessenen Querdehnungen, mit einem hohen elastischen Anteil. Bei allen untersuchten Betonen zeigt sich die Phase drei des Ermüdungsprozesses sehr deutlich durch eine progressive Zunahme der Querdehnungen ab ca. 80 % der Lebensdauer an. Diese ist bei allen Betonen gleichermaßen ausgeprägt und kündigt somit zuverlässig das Ermüdungsversagen an.

Die anhand der Längs- und Querverformungen ermittelten Volumenverformungen zeigen beim weniger festen NFB eine Verdichtung des Gefüges in der Phase eins und zwei an. Dagegen zeigt sich bei den festeren Betonen HFB-1 und HFB-2 in diesem Bereich keine Verdichtung bzw. sogar eine stetige Volumenzunahme. Dies kann vermutlich auf das im Vergleich dichtere und festere Gefüge der beiden HFB zurückgeführt werden. In der Phase drei zeigen alle Betone schließlich eine Volumenzunahme. Hier spiegeln sich offensichtlich zwei gegenläufige Prozesse wider. Eine Verdichtung des Gefüges in Belastungsrichtung resultiert vermutlich aus viskosen Verformungen, der Reduzierung des Porenvolumens sowie dem Schließen vorhandener Risse. Eine geringere Druckfestigkeit wird in der Regel begleitet von einem größeren Porenraum sowie größeren Rissstrukturen aus der Hydratation, wodurch mehr Potential für Verdichtungseffekte bereitsteht. Dieser Effekt nimmt mit zunehmender Druckfestigkeit ab, die vielfach mit einer optimierten Packungsdichte einhergeht. Dem entgegen stehen Rissstrukturen, die aus den Querzugspannungen resultieren. Je höher die Druckfestigkeit desto mehr treten die Verdichtungseffekte in den Hintergrund und die Querverformungen dominieren die Volumenverformung, welche in eine monotone Zunahme von Beginn an übergeht.

Die auf zwei Lastniveaus und in zwei Richtungen gemessenen Ultraschallgeschwindigkeiten entsprechen wie zu erwarten den Entwicklungen der mechanischen Kennwerte der Proben. Sie korrelieren zudem gut mit den Beobachtungen bei den Volumenverformungen. Infolge der Entwicklung der Querdehnungen bilden die senkrecht zur Lastrichtung gemessenen Ultraschallgeschwindigkeiten die Schädigungsentwicklung, insbesondere in der finalen Phase, bei allen drei Betonmischungen gut ab. Sie zeigen eine signifikante Ausprägung aller drei Ermüdungsphasen. Vor allem geben sie die Phase drei wieder, die in den Längsdehnungen nur bedingt erkennbar ist. Wie bei den Querdehnungen, ist hier die qualitative Entwicklung der Schallgeschwindigkeiten nahezu unabhängig vom Lastniveau, auf dem sie gemessen wurden. Ihre Entwicklung gibt einen deutlichen Hinweis auf lastparallel orientierte Risse, speziell in der Phase drei, die somit direkt mit den Querdehnungen korrelieren.

Auf dem hohen Lastniveau bleiben die in Belastungsrichtung gemessenen Ultraschallgeschwindigkeiten bei allen Betonen nahezu konstant. Offensichtlich werden senkrecht zur Lastrichtung orientierte Rissflächen bzw. Schädigungen auf diesem Lastniveau überdrückt bzw. sind inaktiv. Sie beeinflussen somit die Schallgeschwindigkeit nur wenig, ebenso wie die lastparallelen Querzugrisse. Bei Entlastung sind diese Risse bzw. Schädigungen geöffnet und damit aktiv. Diese führen daher zu einer deutlichen Verringerung der Schallgeschwindigkeit, welche in ihrem Verlauf alle drei Phasen der Ermüdungsprozesses wiedergeben. Die beschriebenen Effekte aus den überdrückten bzw. geöffneten Schädigungen spiegeln sich auch direkt im beobachteten Verhalten der Steifigkeiten bei verschiedenen Spannungsniveaus wider. Die Entwicklungen der Schallgeschwindigkeiten sind den Entwicklungen der Längsverformungen der drei Betone sehr ähnlich.

Die Analyse der Verformungs- und Ultraschalldaten lässt daher auf eine anisotrope Schädigungsentwicklung im mittleren Bereich der Probekörper schließen, in dem ein näherungsweiser einaxialer Beanspruchungszustand herrscht. Deren Auswirkungen sind zudem teils stark vom Spannungszustand abhängig.

Es ist anzunehmen, dass im belasteten Zustand parallel zur Belastungsrichtung viskose Verformungen im Gefüge erzeugt werden sowie horizontal orientierte (Mikro-)Risse und Schädigungen überdrückt werden. Diese führen zu den beobachteten Verdichtungseffekten, den wachsenden Längsverformungen sowie den nahezu unveränderten Ultraschallgeschwindigkeiten parallel zur Belastung und den höheren Steifigkeiten im belasteten Zustand. Bei Entlastung verbleibt ein Großteil der erzeugten Verformungen im Gefüge, was sich in der beobachteten Verdichtung zeigt, und die horizontal orientierten (Mikro-)Risse und Schädigungen öffnen sich zum Teil. Hierdurch wird im entlasteten Zustand die lastparallele Ultraschallgeschwindigkeit deutlich reduziert und es stellt sich die beobachtete geringere Steifigkeit nahe dem entlasteten Gefügezustand ein. Beeinflussungen der beschriebenen Größen durch lastparallele Querzugrisse finden kaum statt.

Diese lastparallelen Querzugrisse sind im belasteten Zustand geöffnet und führen zu der beobachteten Entwicklung der Querdehnungen, die speziell in der Phase drei ein deutliches Risswachstum aufzeigen. Vor allem aber führen sie zu der deutlich stärker reduzierten Ultraschallgeschwindigkeit senkrecht zur Belastungsrichtung im Vergleich zu der lastparallel gemessenen Ultraschallgeschwindigkeit. Im Verlauf der Ermüdungsbelastung fallen die Ultraschallgeschwindigkeiten senkrecht zur Belastrichtung stärker als die parallel zur Belastrichtung. Im Bereich der einaxialen Belastung sind die (Mikro-)Rissflächen also vorzugsweise parallel zur Lasteinleitungsrichtung orientiert. Wird das Gefüge entlastet, gehen die lastparallelen Querzugrisse wieder weitgehend zusammen, aber sie schließen sich nicht mehr vollständig bzw. werden auch nicht überdrückt. Die Folge sind zurückgegangene Werte der Querdehnungen aber eine weiterhin deutlich reduzierte Ultraschallgeschwindigkeit senkrecht zur Belastungsrichtung. Diese fällt kaum geringer aus als im belasteten Zustand, was das Resultat der lastparallelen Querzugrisse ist, die anders als die horizontalen Risse, nicht mechanisch überdrückt werden.

Die Schallemissionsaktivität korreliert mit der Entstehung und dem Wachstum von Rissen und mit internen Reibungsvorgängen. Bei allen Betonen ist eine besonders hohe Schallemissionsaktivität während der ersten Belastungen zu beobachten. Diese ist auf eine initiale Rissbildung bzw. -aktivierung und damit verbundene Lastumlagerungen zurückzuführen. Im Verlauf der weiteren Ermüdungsbelastung bleibt die Schallemissionsaktivität auf einem gleichbleibenden Niveau, woraus, zusammen mit den Entwicklungen der Verformungen und Schallgeschwindigkeiten, auf eine stabil wachsende Schädigung geschlossen werden kann. Die steigenden Schallemissionsaktivitäten in den letzten Messphasen vor dem Ende der Lebensdauer sind ein Indikator für ein beschleunigtes Risswachstum, welche auch gut mit der beobachteten Entwicklung der Querdehnungen korreliert.

Die von den erfassten Spannungs-Dehnungs-Linien während eines Belastungszyklus eingeschlossenen Flächen sind ein Maß für die in den Proben dissipierte, d.h. in Wärme umgewandelte Energie. Vermutlich aufgrund der bei den Proben aus normalfestem Beton im Vergleich zu den hochfesten Betonen kleinen absoluten Spannungen, ist die in diesen Proben eingetragene Wärme am kleinsten. Dem entsprechend steigt die Temperatur der Proben aus den hochfesten Betonen schneller und erreicht zum Ende der Lebensdauer ein höheres Niveau als die der normalfesten Betone. Die Temperaturentwicklung ist infolge von Übertragungsprozessen an die Umgebung stark von der Belastungsfrequenz sowie von möglichen Belastungspausen abhängig.

Ein signifikanter Einfluss der Größe der Proben auf den Ermüdungs- bzw. Schädigungsprozess konnte mit den eingesetzten Messmethoden nur bedingt nachgewiesen werden. Eine klare Größenabhängigkeit zeigt die Erwärmung der Proben. Aufgrund des kleineren Oberflächen-Volumen-Verhältnisses steigen die Temperaturen der größeren Proben während der Ermüdungsbelastung schneller und erreichen höhere Temperaturen. In den Längsverformungen ist zumindest bei dem HFB-2 scheinbar eine Tendenz zu kleineren Verformungen bei größeren Proben zu erkennen. Allerdings beeinflussen die relativ vielen Durchläufer in den Versuchen die Werte für die Längs- und Querdehnungen, und erschweren bzw. limitieren damit eine Beurteilung der Ergebnisse hinsichtlich eines Größeneinflusses.

Ähnlich wie bereits im Kapitel 6.3 festgestellt, ist wohl davon auszugehen, dass sich Einflüsse bzw. Effekte auf die Ermüdungsfestigkeit sowie den Ermüdungsprozess gerade bei hohen Beanspruchungsniveaus und geringen Ermüdungslebensdauern kaum bzw. nur begrenzt ausbilden. Eine signifikantere Ausprägung derartiger Einflüsse ist daher vielmehr bei geringeren Beanspruchungsniveaus zu erwarten, was die Ergebnisse in Kapitel 6 auch angedeutet haben. Vor diesem Hintergrund empfiehlt es sich, die hier vorgestellten Untersuchungen zur Geometrieabhängigkeit, durch entsprechende Versuche auf geringeren Beanspruchungsniveaus zu erweitern bzw. durch zusätzliche Versuche, die bis zum Ermüdungsversagen laufen, zu ergänzen. Generell lässt sich aber festhalten, dass der Ermüdungsprozess bei großen Querschnitten sehr ähnlich abläuft, wie auf der Materialebene. In Anbetracht dessen lassen sich Erkenntnisse von der Materialebene im Wesentlichen auf die Strukturebene übertragen.

Die hier zur Untersuchung des Schädigungsfortschritts verwendeten Messtechniken eignen sich prinzipiell alle zur Überwachung ermüdungsbeanspruchter Bauwerke. Allerdings ist zu berücksichtigen, dass jede Methodik bei der Erfassung der Ermüdungsschädigung bzw. des Ermüdungsprozesses im Beton unterschiedliche Sensitivitäten bzw. Eignungen aufweisen. Wie gezeigt, können mit den vorgestellten Methoden außerdem nur Änderungen des Zustandes des Materials detektiert werden. Voraussetzung für die Einschätzung der Schadensentwicklung anhand solcher Monitoringdaten ist deshalb eine detaillierte Analyse des Bauwerkszustandes zu Beginn der Überwachung. Da die Reichweite sowohl der akustischen Verfahren als auch die der Verformungsmessungen begrenzt und deutlich kleiner als bauwerksübliche Strukturgrößen ist, müssen mit der Bauwerksdiagnose besonders gefährdete Bereiche identifiziert werden, die dann gezielt überwacht werden können. Infolge der ausgeprägten Anisotropie der Schädigungen unter einaxialer Ermüdungsbeanspruchung wird diese von den verschiedenen Messmethoden bzw. Messrichtungen unterschiedlich deutlich erfasst. Die Belastungsrichtung spielt also eine wesentliche Rolle bei der geeigneten Erfassung der Ermüdungsschädigung. Daher sollten in den zu überwachenden Bereichen die Hauptspannungsrichtungen identifiziert werden. Das ermöglicht die Messung von Querdehnungen bzw. die Messung der Ultraschallgeschwindigkeiten senkrecht zur Hauptlastrichtung. In diesen Richtungen reagieren die entsprechenden Schädigungsindikatoren am empfindlichsten auf die ermüdungsbedingten Änderungen der Materialeigenschaften.

8 Literatur

/1/ Alliche, A., François, D.: Fatigue behavior of hardened cement paste. Cement and Concrete Research, Vol. 16, No. 2 (1986), S. 199-206.

/2/ An, M.-z., Zhang, L.-j., Yi, Q.-x.: Size effect on compressive strength of reactive powder concrete. Journal of China University of Mining and Technology, Vol. 18, No. 2 (2008), S. 279-282.

/3/ Anders, S.: Betontechnologische Einlüsse auf das Tragverhalten von Grouted Joints. Dissertation, Gottfried Wilhelm Leibniz Universität Hannover, 2007.

/4/ Arora, S., Singh, S. P.: Fatigue strength and failure probability of concrete made with RCA. Magazine of Concrete Research, Vol. 69, No. 2 (2017), S. 55-67.

/5/ Assimacopoulos, B. M., Warner, R. F., Ekberg, C. E. J.: High speed fatigue tests on small specimens of plain concrete. Journal - Prestressed Concrete Institute, 4 (1959).

/6/ ASTM C39/C39M-21: Standard Test Method for Compressive Strength of Cylindrical Concrete Specimens. ASTM International, West Conshohocken, Pennsylvania, USA, 2021.

/7/ ASTM C42/C42M-20: Standard Test Method for Obtaining and Testing Drilled Cores and Sawed Beams of Concrete. ASTM International, West Conshohocken, Pennsylvania, USA, 2020.

/8/ ASTM E976-15: Leitlinie zum Bestimmen der Vergleichbarkeit der Ansprechempfindlichkeit des Sensors bei Schallemission. Beuth Verlag, Berlin, 2015.

/9/ Awad, M. E., Hilsdorf, H. K.: Strength and Deformation Characteristics of Plain Concrete Subjected to High Repeated and Sustained Loads. Civil Engineering Studies - Structural Research Series, University of Illinois, Urbana Illinois, 1971.

/10/ Bahn, B. Y., Hsu, C.-T. T.: Stress-Strain Behavior of Concrete under Cyclic Loading. ACI Materials Journal, Vol. 95, No. 2 (1998), S. 178-193.

/11/ Baktheer, A., Chudoba, R.: Experimental and theoretical evidence for the load sequence effect in the compressive fatigue behavior of concrete. Materials and Structures, Vol. 54, No. 2 (2021), S. 82.

/12/ Baktheer, A., Hegger, J., Chudoba, R.: Enhanced assessment rule for concrete fatigue under compression considering the nonlinear effect of loading sequence. International Journal of Fatigue, Vol. 126 (2019), S. 130-142.

/13/ Balazs, G. L., Beeby, A. W., Eibl, J., Eligehausen, R., Bigaj-van Vliet, A., Lima, L. J., Hilsdorf, H., Müller, H. S., Kordina, K. K., König, G., Tue, N., Soukhov, D., Ahner, C., Siviero, E., Foraboschi, P., Mancini, G., Menegotto, M., Regan, P., Rostam, S., Schäfer, K., Walraven, J. C., Wicke, M., Randl, N., Zilch, K., Schießl, A.: CEB-FIP Structural concrete: Textbook on Behaviour, Design and Performance Volume 1: Introduction - Design Process - Materials. Lausanne, 1999.

/14/ Bažant, Z. P.: Size effect in blunt fracture: Concrete, rock, metal. Journal of Engineering Mechanics - ASCE, Vol. 110 (1984), S. 518-535.

/15/ Bažant, Z. P.: The Scaling of Structural Strength. Kogan Page, London, (2002).

/16/ Bažant, Z. P.: Concrete fracture models: Testing and practice. Engineering Fracture Mechanics, Vol. 69 (2002), S. 165-205.

/17/ Bažant, Z. P.: Design of quasibrittle materials and structures to optimize strength and scaling at probability tail: an apercu. Proceedings. Mathematical, physical, and engineering sciences, Vol. 475, No. 2224 (2019), S. 20180617-20180617.

/18/ Bažant, Z. P., Chen, E.-P.: Scaling of Structural Failure. Applied Mechanics Reviews, Vol. 50, No. 10 (1997), S. 593-627.

/19/ Bažant, Z. P., Planas, J.: Fracture and size effect in concrete and other quasibrittle materials. CRC Press(1998).

/20/ Bažant, Z. P., Schell, W. F.: Fatigue Fracture of High-Strength Concrete and Size Effect. ACI Materials Journal, Vol. 90, No. 5 (1993), S. 472-478.

/21/ Bažant, Z. P., Xiang, Y. J.: Size effect in compression fracture: Splitting crack band propagation. Journal of Engineering Mechanics, Vol. 123, No. 2 (1997), S. 162-172.

/22/ Bažant, Z. P., Yavari, A.: Is the cause of size effect on structural strength fractal or energetic–statistical? Engineering Fracture Mechanics, Vol. 72, No. 1 (2005), S. 1-31.

/23/ Bennett, E. W., Muir, S. E. S. J.: Some fatigue tests of high-strength concrete in axial compression. Magazine of Concrete Research, Vol. 19, No. 59 (1967), S. 113-117.

/24/ Bennett, E. W., Raju, N. K.: Cumulative Fatigue Damage of Plain Concrete in Compression. in: M. Teeni (Ed.) Structure, Solid Mechanics and Engineering Design - The Proceedings of the 1969 Civil Engineering Materials Conference, Wiley-Interscience, Southhampton, (1969), S. 1089-1102.

/25/ Béres, L.: Failure process of concrete under fatigue loading. Rheologica Acta, Vol. 13, No. 3 (1973), S. 5.

/26/ Beygi, M. H. A., Kazemi, M. T., Vaseghi Amiri, J., Nikbin, I. M., Rabbanifar, S., Rahmani, E.: Evaluation of the effect of maximum aggregate size on fracture behavior of self compacting concrete. Construction and Building Materials, Vol. 55 (2014), S. 202-211.

/27/ Birkner, D., Marx, S.: Large-scale fatigue tests on prestressed concrete beams. IABSE Congress - Resilient Technologies for Sustainable Infrastructures, Christchurch, New Zealand, (2021).

/28/ Blanks, R. F., McNamara, C. C.: Mass Concrete Tests in Large Cylinders. ACI Journal Proceedings, Vol. 31, No. 1 (1935), S. 280-303.

/29/ Bockhold, J.: Modellbildung und numerische Analyse nichtlinearer Kriechprozesse in Stahlbetonkonstruktionen unter Schädigungsaspekten. Dissertation, 2005.

/30/ Bode, M., Marx, S.: Energetische Schädigungsanalyse der Betonermüdung. 60. Forschungskolloquium des Deutschen Ausschusses für Stahlbeton, Hannover, (2019).

/31/ Bode, M., Marx, S., Vogel, A., Völker, C.: Dissipationsenergie bei Ermüdungsversuchen an Betonprobekörpern. Beton- und Stahlbetonbau, 114, Heft 8 (2019), S. 548-556.

/32/ Bonzel, J.: Zur Gestaltabhängigkeit der Betondruckfestigkeit. Beton- und Stahlbetonbau, 54, Heft 9 & 10 (1959), S. 223-228, 247-248.

/33/ Breitenbücher, R., Ibuk, H.: Experimentally Based Investigations on the Degradation-Process of Concrete Under Cyclic Load. Materials and Structures, Vol. 39, No. 7 (2006), S. 717-724.

/34/ Breitenbücher, R., Ibuk, H., Yüceoglu, S.: Beeinflusst die Kornsteifigkeit der Gesteinskörnung im Beton den Degradationsprozess infolge zyklischer Druckbeanspruchung? Beton- und Stahlbetonbau, 103, Heft 5 (2008), S. 318-323.

/35/ Burtscher, S. L., Chiaia, B., Dempsey, J. P., Ferro, G., Gopalaratnam, V. S., Prat, P., Rokugo, K., Saouma, V. E., Slowik, V., Vitek, L., Willam, K. J.: RILEM TC QFS 'Quasibrittle fracture scaling and size effect'- Final report. Materials and Structures, Vol. 37 (2004), S. 547-568.

/36/ Burtscher, S. L., Kollegger, J.: Size-effect experiments on concrete in compression. Structural Concrete, Vol. 4, No. 4 (2003), S. 163-174.

/37/ Carpinteri, A.: Scaling laws and renormalization groups for strength and toughness of disordered materials. International Journal of Solids and Structures, Vol. 31, No. 3 (1994), S. 291-302.

/38/ Carpinteri, A., Pugno, N.: Are scaling laws on strength of solids related to mechanics or to geometry? Nature Materials, Vol. 4, No. 6 (2005), S. 421-423.

/39/ CEB-FIP Model Code 1990: “CEB-FIP Model Code 1990”. Bulletin d’Information, Heft 213/214. Thomas Telford Ltd., London, 1993.

/40/ Chen, P., Liu, C., Wang, Y.: Size effect on peak axial strain and stress-strain behavior of concrete subjected to axial compression. Construction and Building Materials, Vol. 188 (2018), S. 645-655.

/41/ Chin, M., Mansur, M. A., Wee, T. H.: Effects of Shape, Size, and Casting Direction of Specimens on Stress-Strain Curves of High-Strength Concrete. ACI Materials Journal, Vol. 94, No. 3 (1997), S. 209-219.

/42/ Choi, S., Thienel, K.-C., Shah, S. P.: Strain softening of concrete in compression under different end constraints. Magazine of Concrete Research, Vol. 48, No. 175 (1996), S. 103-115.

/43/ Cornelissen, H. A. W., Reinhardt, H. W.: Uniaxial tensile fatigue failure of concrete under constant-amplitude and programme loading. Magazine of Concrete Research, Vol. 36, No. 129 (1984), S. 216-226.

/44/ da Vinci, L.: see Notehooks of Leonardo da Vinci (1945), Edward McCurdy, London, 546; and Les Manuscrits de Leonard da Vinci, Übersetzt ins Französische durch Ravaisson-Mollien C., Inst de France (1881-91). Vol. 3, (1500er).

/45/ Dehestani, M., Nikbin, I. M., Asadollahi, S.: Effects of specimen shape and size on the compressive strength of self-consolidating concrete (SCC). Construction and Building Materials, Vol. 66 (2014), S. 685-691.

/46/ del Viso, J. R., Carmona, J. R., Ruiz, G.: Shape and size effects on the compressive strength of high-strength concrete. Cement and Concrete Research, Vol. 38, No. 3 (2008), S. 386-395.

/47/ Diederley, J., Herrmann, R., Marx, S.: Ermüdungsversuche an großformatigen Betonprobekörpern mit dem Resonanzprüfverfahren. Beton- und Stahlbetonbau, 113, Heft 8 (2018), S. 589-597.

/48/ DIN 1045-2:2008: Tragwerke aus Beton, Stahlbeton und Spannbeton - Teil 2: Beton - Festlegung, Eigenschaften, Herstellung und Konformität - Anwendungsregeln zu DIN EN 206-1. Beuth Verlag, Berlin, August 2008.

/49/ DIN 1319-4:1999: Grundlagen der Meßtechnik - Teil 4: Auswertung von Messungen; Meßunsicherheit. Beuth Verlag, Berlin, Februar 1999.

/50/ DIN 50100:1978: Werkstoffprüfung, Dauerschwingversuch - Begriffe, Zeichen, Durchführung, Auswertung. Beuth Verlag, Berlin, Februar 1978.

/51/ DIN 50100:2016: Schwingfestigkeitsversuch – Durchführung und Auswertung von zyklischen Versuchen mit konstanter Lastamplitude für metallische Werkstoffproben und Bauteile. Beuth Verlag, Berlin, Dezember 2016.

/52/ DIN EN 843-5:2007: Hochleistungskeramik - Mechanische Eigenschaften monolithischer Keramik bei Raumtemperatur - Teil 5: Statistische Auswertung. Beuth Verlag, Berlin, März 2007.

/53/ DIN EN 1330-9:2017: Zerstörungsfreie Prüfung - Terminologie - Teil 9: Begriffe der Schallemissionsprüfung. Beuth Verlag, Berlin, Oktober 2017.

/54/ DIN EN 1363-1:2012: Feuerwiderstandsprüfungen – Teil 1: Allgemeine Anforderungen. Beuth Verlag, Berlin, Oktober 2012.

/55/ DIN EN 1363-1:2020: Feuerwiderstandsprüfungen – Teil 1: Allgemeine Anforderungen. Beuth Verlag, Berlin, Oktober 2020.

/56/ DIN EN 1992-1-1/NA:2013: Nationaler Anhang – Eurocode 2: Bemessung und Konstruktion von Stahlbeton- und Spannbetontragwerken – Teil 1-1: Allgemeine Bemessungsregeln und Regeln für den Hochbau. Beuth Verlag, Berlin, April 2013.

/57/ DIN EN 1992-1-1:2011: Eurocode 2: Bemessung und Konstruktion von Stahlbeton- und Spannbetontragwerken - Teil 1-1: Allgemeine Bemessungsregeln und Regeln für den Hochbau. Beuth Verlag, Berlin, Januar 2011.

/58/ DIN EN 1992-2/NA:2013: Nationaler Anhang – Eurocode 2: Bemessung und Konstruktion von Stahlbeton- und Spannbetontragwerken – Teil 2: Betonbrücken - Bemessungs- und Konstruktionsregeln. Beuth Verlag, Berlin, März 2013.

/59/ DIN EN 1992-2:2010: Eurocode 2: Bemessung und Konstruktion von Stahlbeton- und Spannbetontragwerken – Teil 2: Betonbrücken – Bemessungs- und Konstruktionsregeln. Beuth Verlag, Berlin, Dezember 2010.

/60/ DIN EN 12390-1:2012: Prüfung von Festbeton - Teil 1: Form, Maß und andere Anforderungen für Probekörper und Formen. Beuth Verlag, Berlin, Dezember 2012.

/61/ DIN EN 12390-1:2021: Prüfung von Festbeton - Teil 1: Form, Maß und andere Anforderungen für Probekörper und Formen. Beuth Verlag, Berlin, September 2021.

/62/ DIN EN 12390-2:2009: Prüfung von Festbeton – Teil 2: Herstellung und Lagerung von Probekörpern für Festigkeitsprüfungen. Beuth Verlag, Berlin, August 2009.

/63/ DIN EN 12390-2:2019: Prüfung von Festbeton – Teil 2: Herstellung und Lagerung von Probekörpern für Festigkeitsprüfungen. Beuth Verlag, Berlin, Oktober 2019.

/64/ DIN EN 12390-3:2019: Prüfung von Festbeton - Teil 3: Druckfestigkeit von Probekörpern. Beuth Verlag, Berlin, Oktober 2019.

/65/ DIN EN 12390-4:2020: Prüfung von Festbeton - Teil 4: Bestimmung der Druckfestigkeit - Anforderungen an Prüfmaschinen. Beuth Verlag, Berlin, April 2020.

/66/ DIN EN 12390-13:2013: Prüfung von Festbeton - Teil 13: Bestimmung des Elastizitätsmoduls unter Druckbelastung (Sekantenmodul). Beuth Verlag, Berlin, Juni 2014.

/67/ DIN EN 12390-13:2021: Prüfung von Festbeton - Teil 13: Bestimmung des Elastizitätsmoduls unter Druckbelastung (Sekantenmodul). Beuth Verlag, Berlin, 2021.

/68/ DIN EN 12504-1:2019: Prüfung von Beton in Bauwerken – Teil 1: Bohrkernproben – Herstellung, Untersuchung und Prüfung der Druckfestigkeit. Beuth Verlag, Berlin, Dezember 2021.

/69/ DIN EN ISO 7500-1:2018: Metallische Werkstoffe - Kalibrierung und Überprüfung von statischen einachsigen Prüfmaschinen – Teil 1: Zug- und Druckprüfmaschinen – Kalibrierung und Überprüfung der Kraftmesseinrichtung (ISO 7500-1:2018). Beuth Verlag, Berlin, Juni 2018.

/70/ DIN EN ISO 9513:2013: Metallische Werkstoffe - Kalibrierung von Längenänderungs Messeinrichtungen für die Prüfung mit einachsiger Beanspruchung (ISO 9513:2012 + Cor. 1:2013). Beuth Verlag, Berlin, Mai 2013.

/71/ DNV-OS-C502: Offshore Concrete Structures. September 2012.

/72/ Do, M. T., Chaallal, O., Aïtcin, P. C.: Fatigue Behavior of High-Performance Concrete. Journal of Materials in Civil Engineering, Vol. 5, No. 1 (1993), S. 96-111.

/73/ Domagala, L.: Size Effect in Compressive Strength Tests of Cored Specimens of Lightweight Aggregate Concrete. Materials, Vol. 13, No. 5 (2020), S. 1187-1203.

/74/ Elsmeier, K., Hümme, J., Oneschkow, N., Lohaus, L.: Prüftechnische Einflüsse auf das Ermüdungsverhalten hochfester feinkörniger Vergussbetone. Beton- und Stahlbetonbau, 111, Heft 4 (2016), S. 233-240.

/75/ Elsmeier, K., Lohaus, L.: Temperature development of concrete due to fatigue loading. The 10th fib international PhD Symposium in civil engineering, (2014), S. 137-142.

/76/ fib Model Code 2010: fib Model Code for concrete structures 2010. Ernst & Sohn, Berlin, 2013.

/77/ Fládr, J., Bílý, P.: Specimen size effect on compressive and flexural strength of high-strength fibre-reinforced concrete containing coarse aggregate. Composites Part B, Vol. 138 (2018), S. 77-86.

/78/ Frei, V., Pirskawetz, S., Thiele, M., Rogge, A.: Experimental Investigation of Size Effect on Fatigue Behavior of High Strength Concrete - Concept and Preliminary Results. in: S. Foster, R.I. Gilbert, P. Mendis, R. Al-Mahaidi, D. Millar (Eds.) 5th International fib Congress - Better - Smarter - Stronger, Melbourne, (2018), S. 1-11.

/79/ Frei, V., Thiele, M., Pirskawetz, S., Meng, B., Andreas, R.: Characterizing the Fatigue Behavior of High-Performance Concrete for Wind Energy Structures. Long Lasting Reinforced Concrete for Energy Infrastructure under Severe Operating Conditions (LORCENIS), Ghent - Belgium, (2019).

/80/ Gaede, K.: Versuche über die Festigkeit und Verformung von Beton bei Druckschwellbeanspruchung. Deutscher Ausschuss für Stahlbeton, Heft 144 (1962).

/81/ Galilei, G. V. B.: Discorsi i Demostrazioni Matematiche intorno a due Nuove Scienze. Elsevirii, Leiden; Englische Übersetzung durch Weston T., London (1730), zitiert nach Bažant, Zdeněk P. "Scaling of Structural Failure" (1638), S. 178-181.

/82/ Gonnerman, H. F.: Effect of Size and Shape of Test Specimen on Compressive Strength of Concrete. American Society for Testing and Materials, (1925), S. 237-250.

/83/ Graybeal, B., Davis, M.: Cylinder or Cube: Strength Testing of 80 to 200 MPa (11.6 to 29 ksi) Ultra-High-Performance Fiber-Reinforced Concrete. ACI Materials Journal, Vol. 105, No. 6 (2008), S. 603-609.

/84/ Grünberg, J., Oneschkow, N.: Gründung von Offshore-Windenergieanlagen aus filigranen Betonkonstruktionen unter besonderer Beachtung des Ermüdungsverhaltens von hochfestem Beton : Abschlussbericht zum BMU-Verbundforschungsprojekt; Berichtzeitraum: 01.08.2007 - 30.11.2010. Hannover, 2010.

/85/ Haibach, E.: Betriebsfestigkeit: Verfahren und Daten zur Bauteilberechnung. Springer Berlin Heidelberg(2006).

/86/ Haidar, K., Pijaudier-Cabot, G., Dubé, J. F., Loukili, A.: Correlation between the internal length, the fracture process zone and size effect in model materials. Materials and Structures, Vol. 38, No. 2 (2005), S. 201.

/87/ Hamad, A.: Size and shape effect of specimen on the compressive strength of HPLWFC reinforced with glass fibres. Journal of King Saud University: Engineering Sciences, Vol. 29 (2017), S. 373-380.

/88/ Härig, S.: Ruhpausen und Dauerschwingfestigkeit – Einflüsse im Druckschwell- und Biegeschwellbereich von Beton. Beton, Vol. 5 (1977), S. 200-204.

/89/ Hashem, M.: Betriebsfestigkeitsnachweis von biegebeanspruchten Stahlbetonbauteilen. Dissertation, Hochschule Darmstadt, 1986.

/90/ Hohberg, R.: Zum Ermüdungsverhalten von Beton. Dissertation, Technische Universität Berlin, 2004.

/91/ Holmen, J. O.: Fatigue of Concrete by Constant and Variable Amplitude Loading. Dissertation, The University of Trondheim, 1979.

/92/ Hop, T.: Fatigue of high strength concrete. Building Science, Vol. 3, No. 2 (1968), S. 65-80.

/93/ Hordijk, D. A., Wolsink, G. M., de Vries, J.: Fracture and Fatigue Behavior of a High Strength Limestone Concrete as compared to Gravel Concrete. HERON, Vol. 40, No. 2 (1995), S. 128–145.

/94/ Hsu, T. T. C.: Fatigue of Plain Concrete. ACI Materials Journal, Vol. 78, No. 4 (1981), S. 292-305.

/95/ Hümme, J.: Ermüdungsverhalten von Hochfestem Beton unter Wasser. Dissertation, Leibniz Universität Hannover, 2018.

/96/ Ibuk, H.: Ermüdungsverhalten von Beton unter Druckschwellbelastung. Dissertation, Ruhr-Universität Bochum, 2008.

/97/ ISO 1920-3:2019: Testing of concrete - Part 3: Making and curing test specimens. 2019.

/98/ Issa, S. A., Islam, M., Issa, M. A., Yousif, A. A.: Specimen and Aggregate Size Effect on Concrete Compressive Strength. Cement, Concrete and Aggregates, Vol. 22, No. 2 (2000), S. 103-115.

/99/ Jansen, D. C., Shah, S. P.: Effect of Length on Compressive Strain Softening of Concrete. Journal of Engineering Mechanics, Vol. 123, No. 1 (1997), S. 25-35.

/100/ JCGM 100:2008: Evaluation of measurement data - Guide to the expression of uncertainty in measurement. September 2008.

/101/ Jinawath, P.: Cumulative fatigue damage of plain concrete in compression. Dissertation, University of Leeds, 1974.

/102/ Jones, R.: A method of studying the formation of cracks in a material subjected to stress. British Journal of Applied Physics, Vol. 3, No. 7 (1952), S. 229-232.

/103/ Karr, U., Schuller, R., Fitzka, M., Denk, A., Strauss, A., Mayer, H.: Very high cycle fatigue testing of concrete using ultrasonic cycling. Materials Testing, Vol. 59, No. 5 (2017), S. 438-444.

/104/ Khalilpour, S., BaniAsad, E., Dehestani, M.: A review on concrete fracture energy and effective parameters. Cement and Concrete Research, Vol. 120 (2019), S. 294-321.

/105/ Kim, J.-K., Kim, Y.-Y.: Experimental study of the fatigue behavior of high strength concrete. Cement and Concrete Research, Vol. 26, No. 10 (1996), S. 1513-1523.

/106/ Klausen, D.: Festigkeit und Schädigung von Beton bei häufig wiederholter Beanspruchung. Dissertation, Technische Hochschule Darmstadt, 1978.

/107/ König, G., Danielewicz, I.: Ermüdungsfestigkeit von Stahlbeton- und Spannbetonbauteilen mit Erörterungen zu den Nachweisen gemäß CEB-FIP Model Code 1990. Deutscher Ausschuss für Stahlbeton, Heft 439 (1994).

/108/ Köppel, S.: Schallemissionsanalyse zur Untersuchung von Stahlbetontragwerken. Dissertation, ETH, 2002.

/109/ Kotsovos, M. D.: Effect of testing techniques on the post-ultimate behaviour of concrete in compression. Matériaux et Construction, Vol. 16, No. 1 (1983), S. 3-12.

/110/ Krautkrämer, J., Krautkrämer, H.: Werkstoffprüfung mit Ultraschall. Springer-Verlag, Heidelberg, Germany, (1986).

/111/ Lohaus, L., Wefer, M., Oneschkow, N.: Ermüdungsbemessungsmodell für normal-, hoch- und ultrahochfeste Betone. Beton- und Stahlbetonbau, 106, Heft 12 (2011), S. 836-846.

/112/ Lyse, I., Johansen, R.: An Investigation on the Relationship between the cube and cylinder strengths of concrete. RILEM Bulletin, Vol. 14 (1962), S. 125-133.

/113/ Markeset, G., Hillerborg, A.: Softening of Concrete in Compression - Localization and Size Effects. Cement and Concrete Research, Vol. 24, No. 4 (1995), S. 702-708.

/114/ Marx, S., Grünberg, J., Hansen, M., Schneider, S.: Sachstandbericht Grenzzustände der Ermüdung von dynamisch hoch beanspruchten Tragwerken aus Beton. Deutscher Ausschuss für Stahlbeton, Heft 618 (2017), S. 133.

/115/ Medeiros, A., Zhang, X., Ruiz, G., Yu, R. C., Velasco, M. d. S. L.: Effect of the loading frequency on the compressive fatigue behavior of plain and fiber reinforced concrete. International Journal of Fatigue, Vol. 70 (2015), S. 342-350.

/116/ Mehmel, A., Kern, E.: Elastische und Plastische Stauchungen von Beton infolge Druckschwell- und Standbelastung. Deutscher Ausschuss für Stahlbeton, Heft 153 (1962).

/117/ Meininger, R. C., Wagner, F. T., Hall, K. W.: Concrete Core Strength: The Effect of Length to Diameter Ratio. Journal of Testing and Evaluation, Vol. 5, No. 3 (1977), S. 147-153.

/118/ Miner, M. A.: Cumulative Damage in Fatigue. Journal of Applied Mechanics, Vol. 12, No. 3 (1945), S. 159-164.

/119/ Muciaccia, G., Rosati, G., Di Luzio, G.: Compressive failure and size effect in plain concrete cylindrical specimens. Construction and Building Materials, Vol. 137 (2017), S. 185-194.

/120/ Muguruma, H.: Study on the low cycle fatigue behaviour of concrete members under submerged condition. 26th Japan congress on materials research, (1983), S. 181–185.

/121/ Muguruma, H., Watanabe, F.: On the low-cycle compressive fatigue behaviour of concrete under submerged condition. 26th Japan congress on materials research, Japan, (1984), S. 219–224.

/122/ Müller, F. P., Keintzel, E.: Dynamische Probleme im Stahlbeton. Deutscher Ausschuss für Stahlbeton, Heft 342 (1983).

/123/ Müller, H., Aitcin, P. C., Bentur, A., Chiorino, M. A., Kesler-Kramer, C., Reinhardt, H.-W., Curbach, M., König, G., Walraven, J. C., Clement, J.-L., Reddi, S. A., Taerwe, L.: fib Bulletin 42, Constitutive modelling of high strength/high performance concrete: state-of-art report. Belgium, Europe, 2008.

/124/ Myrtja, E.: Behavior of high-strength grouts under compressive fatigue loading. Dissertation, Université Paris-Saclay, 2020.

/125/ Myrtja, E., Soudier, J., Prat, E., Chaouche, M.: Fatigue deterioration mechanisms of high-strength grout in compression. Construction and Building Materials, Vol. 270 (2021), S. 121387.

/126/ Nakamura, H., Higai, T.: Compressive Fracture Energy and Fracture Zone Length of Concrete. in: B.P. Shing (Ed.) US-Japan Seminar on Post-Peak Behavior of Reinforced Concrete Structures Subjected to Seismic Loads: Recent Advances and Challenges on Analysis and Design, American Society of Civil Engineers, Tokyo, Japan, (2001).

/127/ NBN B15-220: Concrete testing: Compressive strength: Addendum 1. Belgian Institute for Normalisation, Brussels, 1970.

/128/ Neville, A.: A General Relation for Strengths of Concrete Specimens of Different Shapes and Sizes. ACI Journal Proceedings, Vol. 63, No. 10 (1966), S. 1095-1110.

/129/ Newman, K., Lachance, L., Loveday, R. W.: Strain measurements on saturated concrete specimens. Magazine of Concrete Research, Vol. 15, No. 45 (1963), S. 143-150.

/130/ Nishiyama, M., Muguruma, H., Watanabe, F.: On the low-cycle fatigue behaviors concrete and concrete members under submerged condition. First International Symposium on Utilization of High Strength Concrete, Norwegian Concrete Association, Stavanger, Norway, (1987).

/131/ Nogueira, C., L. Nogueira, Willam, K., J.: Ultrasonic Testing of Damage in Concrete under Uniaxial Compression. ACI Materials Journal, Vol. 98, No. 3 (2001), S. 265-275.

/132/ Nygård, K., Petković, G., Rosseland, S., Stemland, H.: High strength concrete SP 3 - Fatigue Report 3.1 - The Influence of Moisture Conditions on the Fatigue Strength of Concrete. SINTEF Report, Norwegen, Trondheim, 1992.

/133/ Oh, B. H.: Fatigue-Life Distributions of Concrete for Various Stress Levels. ACI Materials Journal, Vol. 88, No. 2 (1991), S. 122-128.

/134/ Oh, B. H.: Fatigue Analysis of Plain Concrete in Flexure. Journal of Structural Engineering, Vol. 112, No. 1 (1986), S. 273-288.

/135/ Oneschkow, N.: Analyse des Ermüdungsverhaltens von Beton anhand der Dehnungsentwicklung. Dissertation, Gottfried Wilhelm Leibniz Universität Hannover, 2014.

/136/ Ople, F. S.: Probable life of prestressed beams as limited by concrete fatigue. Department of Civil Engineering, Bethlehem, Pennsylvania, 1963.

/137/ Ortega, J. J., Ruiz, G., Yu, R. N. C., Afanador-Garcia, N., Tarifa, M., Poveda, E., Zhang, X. X., Evangelista, F.: Number of tests and corresponding error in concrete fatigue. International Journal of Fatigue, Vol. 116 (2018), S. 210-219.

/138/ Palmgren, A.: Die Lebensdauer von Kugellagern. Zeitschrift des Vereins Deutscher Ingenieure, 68, Heft 14 (1924), S. 339–341.

/139/ Paskova, T., Meyer, C.: Optimum Number of Specimens for Low-Cycle Fatigue Tests of Concrete. Journal of Structural Engineering, Vol. 120, No. 7 (1994), S. 2242-2247.

/140/ Petković, G., Lenschow, R., Stemland, H., Rosseland, S.: Fatigue of High-Strength Concrete. ACI Symposium Paper, Vol. 121 (1990), S. 505-526.

/141/ Petković, G., Rosseland, S., Lenshow, R.: High strength concrete SP 3 - Fatigue Report 3.2 - Fatigue of high strength concrete. SINTEF Report, Trondheim, Norway, 1992.

/142/ Pfanner, D.: Zur Degradation von Stahlbetonbauteilen unter Ermüdungsbeanspruchung. Dissertation, Ruhr-Universität Bochum, 2002.

/143/ Puri, S., Weiss, J.: Assessment of Localized Damage in Concrete under Compression Using Acoustic Emission. Journal of Materials in Civil Engineering, Vol. 18, No. 3 (2006), S. 325-333.

/144/ Raju, N. K.: Deformation characteristics of concrete under repeated compressive loads. Building Science, Vol. 4, No. 3 (1969), S. 151-157.

/145/ Raju, N. K.: Prediction of the fatigue life of plain concrete in compression. Building Science, Vol. 4, No. 2 (1969), S. 99-102.

/146/ Raju, N. K.: Small Concrete Specimens Under Repeated Compressive Loads by Pulse Velocity Technique. Journal of Materials, Vol. 5, No. 2 (1970), S. 262-272.

/147/ Rangari, S., Murali, K., Deb, A.: Effect of meso-structure on strength and size effect in concrete under compression. Engineering Fracture Mechanics, Vol. 195 (2018), S. 162-185.

/148/ Rathore, J. S., Fjaer, E., Holt, R. M., Renlie, L.: P-Wave and S-Wave Anisotropy of a Synthetic Sandstone with Controlled Crack Geometry. Geophysical Prospecting, Vol. 43, No. 6 (1995), S. 711-728.

/149/ Reinhardt, H. W., Stroeven, P., Denoeven, P., Kovistra, T. R., Vrencken, H. A. M.: Einfluss von Schwingbreite, Belastungshöhe und Frequenz auf die Schwingfestigkeit von Beton bei niedrigen Bruchlastwechselzahlen. Betonwerk + Fertigteil-Technik, Heft 9 (1978), S. 498-503.

/150/ Riegert, G.: Induktions-Lockin-Thermographie - ein neues Verfahren zur zerstörungsfreien Prüfung. Dissertation, Universität Stuttgart, 2007.

/151/ Rösler, J., Harders, H., Bäker, M.: Mechanisches Verhalten der Werkstoffe. 4 ed., Springer Vieweg, Wiesbaden, (2012).

/152/ Rüsch, H.: Physikalische Fragen der Betonprüfung. Zement-Kalk-Gips, Jahrg. 12, Heft 1 (1959), S. 1-9.

/153/ Sangha, C. M., Dhir, R. K.: Strength and complete stress-strain relationships for concrete tested in uniaxial compression under different test conditions. Matériaux et Construction, Vol. 5, No. 6 (1972), S. 361-370.

/154/ Saucedo, L., Yu, R. C., Medeiros, A., Zhang, X., Ruiz, G.: A probabilistic fatigue model based on the initial distribution to consider frequency effect in plain and fiber reinforced concrete. International Journal of Fatigue, Vol. 48 (2013), S. 308-318.

/155/ Schickert, G.: Schwellenwerte beim Betondruckversuch. BAM Forschungsbericht 70, Berlin, 1980.

/156/ Schickert, G.: Acoustic emission technique applied to tests with concrete cubes. Nouveaux dévelopments dans l'essai non-destructif des matériaux non-métalliques / Béton - nouvelles méthodes, resonance, ultrasons = Concrete - new methods, acoustical methods, Inst. de Recherche du Bâtiment, Bucuresti, Constanta, Romania, (1974), S. 5-11.

/157/ Schneider, S., Herrmann, R., Marx, S.: Development of a resonant fatigue testing facility for large-scale beams in bending. International Journal of Fatigue, Vol. 113 (2018), S. 171-183.

/158/ Schneider, S., Hümme, J., Marx, S., Lohaus, L.: Untersuchungen zum Einfluss der Probekörpergröße auf den Ermüdungswiderstand von hochfestem Beton. Beton- und Stahlbetonbau, 113, Heft 1 (2018), S. 58-67.

/159/ Schneider, S., Marx, S.: Betonermüdung unter verschiedenen Belastungsfrequenzen und -pausen. 60. Forschungskolloquium des Deutschen Ausschusses für Stahlbeton, Deutscher Ausschuss für Stahlbeton, Hannover, (2019).

/160/ Shah, S., Sankar, R.: Internal Cracking and Strain Softening Response of Concrete Under Uniaxial Compression. ACI Materials Journal, Vol. 84, No. 3 (1987), S. 200-212.

/161/ Shah, S. P.: Size-effect method for determining fracture energy and process zone size of concrete. Materials and Structures, Vol. 23, No. 6 (1990), S. 461.

/162/ Shah, S. P., Chandra, S.: Fracture of Concrete Subjected to Cyclic and Sustained Loading. ACI Journal Proceedings, Vol. 67, No. 10 (1970), S. 816-827.

/163/ Sim, J.-I., Yang, K.-H., Jeon, J.-K.: Influence of aggregate size on the compressive size effect according to different concrete types. Construction and Building Materials, Vol. 44 (2013), S. 716-725.

/164/ Sim, J.-I., Yang, K.-H., Kim, H.-Y., Choi, B.-J.: Size and shape effects on compressive strength of lightweight concrete. Construction and Building Materials, Vol. 38 (2013), S. 854-864.

/165/ Sinaie, S., Heidarpour, A., Zhao, X. L., Sanjayan, J. G.: Effect of size on the response of cylindrical concrete samples under cyclic loading. Construction and Building Materials, Vol. 84 (2015), S. 399-408.

/166/ Sinaie, S., Ngo, T. D., Nguyen, V. P.: A discrete element model of concrete for cyclic loading. Computers & Structures, Vol. 196 (2018), S. 173-185.

/167/ Sparks, P. R., Menzies, J. B.: The effect of rate of loading upon the static and fatigue strengths of plain concrete in compression. Magazine of Concrete Research, Vol. 25, No. 83 (1973), S. 73-80.

/168/ Spooner, D. C., Dougill, J. W.: A quantitative assessment of damage sustained in concrete during compressive loading. Magazine of Concrete Research, Vol. 27, No. 92 (1975), S. 151-160.

/169/ Suaris, W., Fernando, V.: Ultrasonic Pulse Attenuation as a Measure of Damage Growth During Cyclic Loading of Concrete. ACI Materials Journal, Vol. 84, No. 3 (1987), S. 185-193.

/170/ Tanigawa, Y., Yamada, K.: Size Effect in Compressive Strength of Concrete. Cement and Concrete Research, Vol. 8 (1978), S. 181-190.

/171/ Tepfers, R., Fridén, C., Georgsson, L.: A study of the applicability to the fatigue of concrete of the Palmgren-Miner partial damage hypothesis. Magazine of Concrete Research, Vol. 29, No. 100 (1977), S. 123-130.

/172/ Tepfers, R., Hedberg, B., Szczekocki, G.: Absorption of energy in fatigue loading of plain concrete. Matériaux et Construction, Vol. 17, No. 1 (1984), S. 59.

/173/ Thiele, M.: Experimentelle Untersuchung und Analyse der Schädigungsevolution in Beton unter hochzyklischen Ermüdungsbeanspruchungen. Dissertation, Technische Universität Berlin, 2016.

/174/ Thiele, M., Pirskawetz, S., Baeßler, M., Rogge, A.: Untersuchung der Schädigungsevolution in Beton unter Ermüdungsbeanspruchung mit Hilfe der Schallemissionsanalyse. 18. Kolloquium Schallemission (DGZfP-Proceedings), Wetzlar, Deutschland, (2011), S. 8.

/175/ Tomann, C., Oneschkow, N.: Influence of moisture content in the microstructure on the fatigue deterioration of high-strength concrete. Structural Concrete, Vol. 20, No. 4 (2019), S. 1204-1211.

/176/ Trunk, B., Wittmann, F. H.: Influence of size on fracture energy of concrete. Materials and Structures, Vol. 34, No. 5 (2001), S. 260-265.

/177/ Tue, N. V., Mucha, S.: Ermüdungsfestigkeit von hochfestem Beton unter Druckbeanspruchung. Bautechnik, Jahrg. 83, Heft 7 (2006), S. 497-504.

/178/ Urban, S., Strauss, A., Schütz, R., Bergmeister, K., Dehlinger, C.: Dynamically loaded concrete structures – monitoring-based assessment of the real degree of fatigue deterioration. Structural Concrete, Vol. 15, No. 4 (2014), S. 530-542.

/179/ van der Vurst, F., Caspeele, R., Desnerck, P., De Schutter, G., Peirs, J.: Modification of existing shape factor models for self-compacting concrete strength by means of Bayesian updating techniques. Materials and Structures, Vol. 48, No. 4 (2015), S. 1163-1176.

/180/ van Leeuwen, J., Siemes, A. J. M.: Miner's rule with respect to plain concrete. Heron, Vol. 24, No. 1 (1979), S. 3-34.

/181/ van Mier, J. G. M.: Strain-Softening of Concrete under Multiaxial Loading Conditions. Dissertation, Technische Hogeschool Eindhoven, 1984.

/182/ van Mier, J. G. M., Shah, S. P., Arnaud, M., Balayssac, J. P., Bascoul, A., Choi, S., Dasenbrock, D., Ferrara, G., French, C., Gobbi, M. E., Karihaloo, B. L., König, G., Kotsovos, M. D., Labuz, J., Lange-Kornbak, D., Markeset, G., Pavlovic, M. N., Simsch, G., Thienel, K. C., Turatsinze, A., Ulmer, M., van Geel, H. J. G. M., van Vliet, M. R. A., Zissopoulos, D.: Strain-softening of concrete in uniaxial compression. Materials and Structures, Vol. 30, No. 4 (1997), S. 195-209.

/183/ van Ornum, J. L.: The fatigue of Concrete. Transactions ASCE, Vol. 58 (1907), S. 294-320.

/184/ van Vliet, M. R. A., van Mier, J. G. M.: Softening Behaviour of Concrete under Uniaxial Compression. in: F.H. Wittmann (Ed.) Fracture Mechanics of Concrete Structures, FraMCoS-2, AEDIFICATIO Publishers, Zürich Switzerland, (1995).

/185/ von der Haar, C., Marx, S.: An additive strain model for fatigue-loaded concrete. Beton- und Stahlbetonbau, 112, Heft 1 (2017), S. 31-40.

/186/ von der Haar, C., Marx, S.: Development of stiffness and ultrasonic pulse velocity of fatigue loaded concrete. Structural Concrete, Vol. 17, No. 4 (2016), S. 630-636.

/187/ von der Haar, C., Marx, S., Krompholz, R.: Ultraschalluntersuchungen an statisch beanspruchten Betonproben. Beton- und Stahlbetonbau, 110, Heft 11 (2015), S. 759-766.

/188/ Vonk, R. A.: Softening of Concrete Loaded in Compression. Dissertation, Technische Universiteit Eindhoven, 1992.

/189/ Wagner, R., Strauss, A., Reiterer, M., Urban, S.: Concrete fatigue monitoring on large scale structures using acoustic emission and an ultrasonic actuation and sensing system. 3rd International Conference on Life-Cycle and Sustainability of Civil Infrastructure Systems, IALCCE, Wien, (2012).

/190/ Wan-Wendner, L., Wan-Wendner, R., Cusatis, G.: Age-dependent size effect and fracture characteristics of ultra-high performance concrete. Cement and Concrete Composites, Vol. 85 (2018), S. 67-82.

/191/ Wefer, M.: Materialverhalten und Bemessungswerte von ultrahochfestem Beton unter einaxialer Ermüdungsbeanspruchung. Dissertation, Leibnitz Universität Hannover, 2010.

/192/ Weibull, W.: A statistical representation of fatigue failures in solids. Elander, Göteborg, (1949).

/193/ Weibull, W.: A Statistical Distribution Function of Wide Applicability. Journal of Applied Mechanics, Vol. 18 (1951), S. 293-297.

/194/ Weigler, H., Freitag, W.: Dauerschwell- und Betriebsfestigkeit von Konstruktionsleichtbeton. Deutscher Ausschuss für Stahlbeton, Heft 247 (1975).

/195/ Wittmann, F. H., Roelfstra, P. E., Mihashi, H., Huang, Y.-Y., Zhang, X.-H., Nomura, N.: Influence of age of loading, water-cement ratio and rate of loading on fracture energy of concrete. Materials and Structures, Vol. 20, No. 2 (1987), S. 103-110.

/196/ Wolf, S., Walther, H., Langer, P., Stoyan, D.: Statistische Untersuchung der Druckfestigkeit von Porenbeton – Größeneffekt und Umrechnungsfaktoren. Mauerwerk, Jahrg. 12, Heft 1 (2008), S. 19-24.

/197/ Yan, Y., Ren, Q., Xia, N., Shen, L., Gu, J.: Artificial neural network approach to predict the fracture parameters of the size effect model for concrete. Fatigue & Fracture of Engineering Materials & Structures, Vol. 38, No. 11 (2015), S. 1347-1358.

/198/ Yazıcı, Ş., İnan Sezer, G.: The effect of cylindrical specimen size on the compressive strength of concrete. Building and Environment, Vol. 42, No. 6 (2007), S. 2417-2420.

/199/ Yehia, S.: Effect of Aggregate Type and Specimen Configuration on Concrete Compressive Strength. Crystals, Vol. 10, No. 7 (2020), S. 625-648.

/200/ Yoo, D.-Y., Banthia, N., Kang, S.-T., Yoon, Y.-S.: Size effect in ultra-high-performance concrete beams. Engineering Fracture Mechanics, Vol. 157 (2016), S. 86-106.

/201/ Zhao, G. Y., Wu, P. G., Bai, L. M.: Research on fatigue behavior of high-strength concrete under compressive cyclic loading. 4th International Symposium on Utilization of High-strength/High-performance concrete, Paris, (1996), S. 757-764.

9 Anhang

9.1 Geometrie der Probekörper

Tabelle 23: Probenabmessungen für *h*/*d* = 300/100 mm/mm der Mischung NFB (Druckversuche)

Bezeichnung	Durchmesser			Höhe	Gewicht	Rohdichte
	d_o	d_m	d_u	h		
	mm	mm	mm	mm	g	kg/m³
NFBC1_1-3_20	99,7	99,9	99,6	282,7	5.091	2.306,5
NFBC1_1-3_21	99,7	99,7	99,8	291,6	5.210	2.286,3
NFBC1_1-3_22	99,7	99,9	99,7	286,9	5.117	2.280,2
NFBC1_1-3_23	99,0	99,5	99,5	290,7	5.136	2.279,8
NFBC2_1-3_16	98,6	98,9	98,6	286,4	5.092	2.323,2
NFBC2_1-3_27	100,3	100,4	100,1	289,0	5.297	2.321,0
NFBC2_1-3_28	99,7	99,9	99,3	286,7	5.195	2.324,4

Tabelle 24: Probenabmessungen für unterschiedliche Schlankheiten der Mischung HFB-1 (Druckversuche)

Bezeichnung	Durchmesser			Höhe	Gewicht	Rohdichte
	d_o	d_m	d_u	h		
	mm	mm	mm	mm	g	kg/m³
HFB-1C1_1-1_03	99,6	99,6	99,5	116,5	2.197	2.422,9
HFB-1C1_1-1_04	99,7	99,6	99,4	115,4	2.167	2.412,4
HFB-1C1_1-1_05	100,2	100,1	99,9	115,9	2.183	2.394,5
HFB-1C2_1-1_05	100,0	99,9	99,5	94,7	1.793	2.421,7
HFB-1C2_1-1_06	99,9	99,9	99,5	94,6	1.776	2.402,1
HFB-1C2_1-1_09	99,4	99,8	99,7	94,8	1.770	2.393,7
HFB-1C3_1-1_03	99,5	99,8	99,8	92,3	1.737	2.410,0
HFB-1C3_1-1_04	99,7	99,5	99,3	92,3	1.730	2.411,4
HFB-1C3_1-1_05	99,6	99,3	99,4	93,6	1.749	2.406,1
HFB-1C2_1-2_03	99,7	100,1	99,8	192,0	3.622	2.407,4
HFB-1C2_1-2_12	99,9	100,6	100,7	194,1	3.719	2.419,7
HFB-1C2_1-2_14	99,7	100,1	99,5	193,4	3.644	2.408,2
HFB-1C3_1-2_01	100,8	100,5	100,2	195,3	3.722	2.403,1
HFB-1C3_1-2_02	99,5	99,8	99,7	194,5	3.654	2.408,4
HFB-1C3_1-2_05	99,5	100,1	100,6	193,2	3.660	2.408,9
HFB-1C1_1-3_04	99,5	100,0	100,0	309,5	5.875	2.423,1
HFB-1C1_1-3_21	99,7	100,2	100,1	313,0	5.965	2.427,3
HFB-1C1_1-3_34	99,9	99,8	100,3	311,6	5.916	2.417,1
HFB-1C1_1-3_49	99,5	99,8	99,9	311,5	5.910	2.429,4
HFB-1C1_1-3_50	100,3	100,5	100,5	311,7	5.986	2.424,7
HFB-1C1_1-3_48	99,8	100,2	100,1	315,1	6.052	2.444,1
HFB-1C1_1-3_06	99,2	99,5	99,5	313,4	5.872	2.414,2
HFB-1C1_1-3_13	99,6	100,0	100,1	312,4	5.970	2.436,2
HFB-1C1_1-3_32	99,6	99,8	99,8	311,3	5.904	2.426,1
HFB-1C1_1-4_01	99,8	100,5	100,1	404,9	7.759	2.433,4
HFB-1C1_1-4_05	100,0	100,3	100,1	405,0	7.727	2.422,8
HFB-1C1_1-4_06	100,7	100,5	99,7	402,1	7.661	2.411,8
HFB-1C2_1-4_01	100,0	100,4	100,1	402,0	7.685	2.425,6
HFB-1C2_1-4_02	100,3	100,6	100,2	402,1	7.721	2.426,8
HFB-1C2_1-4_03	100,2	100,5	100,1	401,9	7.695	2.424,3

Tabelle 25: Probenabmessungen für unterschiedliche Größen der Mischung HFB-1 (Druckversuche)

Bezeichnung	Durchmesser			Höhe	Gewicht	Rohdichte
	d_o	d_m	d_u	h		
	mm	mm	mm	mm	g	kg/m³
HFB-1C2_6-18_13	60,5	60,5	60,4	166,4	1.149	2.407,7
HFB-1C2_6-18_14	60,4	60,5	60,5	168,6	1.123	2.317,4
HFB-1C2_6-18_15	60,4	60,5	60,5	168,6	1.167	2.410,9
HFB-1C2_6-18_05	59,9	60,1	60,1	171,1	1.161	2.395,9
HFB-1C2_6-18_10	60,3	60,4	60,2	171,7	1.184	2.413,8
HFB-1C2_6-18_12	60,3	60,5	60,2	170,1	1.172	2.412,3
HFB-1C3_6-18_05	59,8	60,0	60,1	173,5	1.160	2.366,8
HFB-1C3_6-18_06	60,4	60,3	60,2	173,9	1.182	2.379,6
HFB-1C3_6-18_07	60,6	60,4	60,3	173,7	1.177	2.359,2
HFB-1C3_6-18_11	60,1	60,1	59,9	174,3	1.177	2.385,6
HFB-1C1_2-6_01	200,0	199,7	198,8	604,8	46.083	2.437,4
HFB-1C1_2-6_04	198,7	199,6	199,8	605,0	46.055	2.438,5
HFB-1C1_2-6_05	199,9	199,6	199,2	604,9	46.102	2.436,5
HFB-1C2_2-6_02	199,0	199,8	199,3	608,6	45.317	2.385,4
HFB-1C2_2-6_03	199,0	199,5	198,6	608,6	45.303	2.392,1
HFB-1C2_2-6_05	199,2	199,5	199,4	608,4	45.218	2.381,1
HFB-1C3_2-6_02	199,2	199,6	199,1	602,7	44.641	2.374,9
HFB-1C3_2-6_03	198,7	199,4	198,7	601,0	44.337	2.373,5
HFB-1C3_2-6_04	199,1	199,7	198,9	601,1	44.533	2.377,1
HFB-1C1_3-9_06	300,0	299,9	300,0	900,5	156.120	2.453,1
HFB-1C1_3-9_12	300,0	300,0	299,9	900,6	156.020	2.451,6
HFB-1C1_3-9_13	299,9	300,0	300,0	900,6	156.280	2.455,8
HFB-1C1_3-9_08	299,9	299,9	300,0	900,5	155.840	2.449,1
HFB-1C1_3-9_09	300,0	300,0	300,0	900,5	156.120	2.452,9
HFB-1C2_3-9_01	299,3	299,9	298,5	904,1	151.980	2.390,8
HFB-1C2_3-9_02	298,4	299,8	298,5	904,1	152.420	2.403,0
HFB-1C2_3-9_03	299,6	299,9	299,2	905,8	153.020	2.397,2
HFB-1C2_3-9_10	300,1	300,0	300,0	905,8	153.000	2.389,3

Tabelle 26: Probenabmessungen für unterschiedliche Schlankheiten der Mischung HFB-2 (Druckversuche)

Bezeichnung	Durchmesser			Höhe	Gewicht	Rohdichte
	d_o	d_m	d_u	h		
	mm	mm	mm	mm	g	kg/m³
HFB-2C1_1-1_04	99,7	99,9	99,9	103,8	2.018	2.482,5
HFB-2C1_1-1_05	99,8	100,0	100,0	103,4	2.015	2.484,0
HFB-2C1_1-1_06	99,9	100,0	100,0	103,5	2.017	2.481,3
HFB-2C3_1-1_01	100,1	100,1	100,0	102,7	1.991	2.464,7
HFB-2C3_1-1_02	99,9	100,0	99,8	103,7	1.999	2.458,4
HFB-2C3_1-1_03	100,0	100,0	99,7	101,4	1.956	2.460,6
HFB-2C2_1-2_10	100,5	100,7	100,5	195,7	3.813	2.451,7
HFB-2C2_1-2_18	100,4	100,6	100,2	194,6	3.760	2.440,1
HFB-2C2_1-2_09	100,4	100,6	100,0	194,9	3.785	2.456,1
HFB-2C3_1-2_01	99,7	99,3	99,3	200,9	3.827	2.453,7
HFB-2C3_1-2_02	99,2	99,2	99,2	200,0	3.804	2.460,1
HFB-2C3_1-2_03	99,2	98,9	99,3	198,3	3.777	2.466,7
HFB-2C1_1-3_08	99,7	99,9	99,7	299,3	5.830	2.491,7
HFB-2C1_1-3_20	100,1	100,3	100,1	297,8	5.867	2.499,3
HFB-2C1_1-3_09	99,8	99,8	99,8	299,4	5.799	2.476,3
HFB-2C3_1-3_04	100,5	100,6	100,4	293,9	5.766	2.473,2
HFB-2C3_1-3_13	100,2	100,3	100,1	295,6	5.737	2.461,8
HFB-2C3_1-3_05	100,2	100,4	100,3	296,2	5.739	2.452,8
HFB-2C3_1-3_17	99,9	99,9	99,9	300,4	5.782	2.454,5
HFB-2C3_1-3_03	100,3	100,5	100,2	298,3	5.808	2.463,1
HFB-2C3_1-3_14	100,0	100,1	99,8	298,2	5.745	2.454,1
HFB-2C3_1-3_15	100,4	100,6	100,1	297,3	5.753	2.446,4
HFB-2C1_1-4_01	100,3	100,9	100,0	400,9	7.812	2.461,6
HFB-2C1_1-4_02	100,1	100,4	100,2	400,7	7.813	2.471,4
HFB-2C1_1-4_05	100,3	100,3	100,2	400,5	7.826	2.475,1
HFB-2C3_1-4_01	100,0	100,3	100,1	401,4	7.760	2.455,5
HFB-2C3_1-4_05	100,4	100,3	100,1	401,6	7.768	2.449,2
HFB-2C3_1-4_03	99,9	100,3	100,4	401,5	7.712	2.435,9

Tabelle 27: Probenabmessungen für unterschiedliche Größen der Mischung HFB-2 (Druckversuche)

Bezeichnung	Durchmesser			Höhe	Gewicht	Rohdichte
	d_o	d_m	d_u	h		
	mm	mm	mm	mm	g	kg/m^3
HFB-2C1_6-18_01	60,3	60,4	60,4	180,0	1.281	2.486,5
HFB-2C1_6-18_05	60,3	60,2	60,4	180,0	1.278	2.487,6
HFB-2C1_6-18_06	60,2	60,2	60,2	179,6	1.268	2.479,5
HFB-2C1_6-18_04	60,1	60,2	60,1	179,7	1.268	2.481,4
HFB-2C1_6-18_02	60,3	60,4	60,3	180,0	1.278	2.485,3
HFB-2C1_6-18_03	60,4	60,4	60,4	180,4	1.281	2.478,7
HFB-2C2_6-18_09	60,2	60,5	60,3	177,3	1.247	2.463,3
HFB-2C2_6-18_02	60,2	60,4	60,3	179,1	1.261	2.467,3
HFB-2C2_6-18_14	60,5	60,8	60,7	179,1	1.278	2.468,6
HFB-2C1_2-6_06	199,4	199,7	199,5	602,2	46.700	2.480,0
HFB-2C1_2-6_09	198,6	199,0	199,6	604,0	46.733	2.486,0
HFB-2C1_2-6_10	199,2	199,2	199,6	604,0	46.746	2.480,0
HFB-2C2_2-6_05	199,8	199,7	199,7	600,8	46.390	2.463,7
HFB-2C2_2-6_06	199,1	199,7	198,9	601,0	46.387	2.475,5
HFB-2C2_2-6_08	199,3	199,5	199,0	601,0	46.375	2.474,0
HFB-2C3_2-6_03	199,6	199,4	199,0	604,6	46465	2.462,5
HFB-2C3_2-6_07	199,4	199,9	199,4	604,6	46.440	2.454,9
HFB-2C3_2-6_08	199,5	200,0	199,5	604,7	46.407	2.451,1
HFB-2C3_2-6_09	199,6	199,7	199,6	604,8	46.424	2.452,6
HFB-2C1_2-6_06	199,4	199,7	199,5	602,2	46.700	2.480,0
HFB-2C1_2-6_09	198,6	199,0	199,6	604,0	46.733	2.486,0
HFB-2C1_2-6_10	199,2	199,2	199,6	604,0	46.746	2.480,0
HFB-2C2_2-6_05	199,8	199,7	199,7	600,8	46.390	2.463,7
HFB-2C2_2-6_06	199,1	199,7	198,9	601,0	46.387	2.475,5
HFB-2C2_2-6_08	199,3	199,5	199,0	601,0	46.375	2.474,0
HFB-2C3_2-6_03	199,6	199,4	199,0	604,6	46465	2.462,5
HFB-2C3_2-6_07	199,4	199,9	199,4	604,6	46.440	2.454,9
HFB-2C3_2-6_08	199,5	200,0	199,5	604,7	46.407	2.451,1
HFB-2C3_2-6_09	199,6	199,7	199,6	604,8	46.424	2.452,6

Tabelle 28: Probenabmessungen für *h*/*d* = 300/100 mm/mm der Mischung NFB (Ermüdungsfestigkeit)

Bezeichnung	Durchmesser			Höhe	Gewicht	Rohdichte
	d_o	d_m	d_u	h		
	mm	mm	mm	mm	g	kg/m³
NFBC1_1-3_04	99,9	99,9	99,7	291,2	5.238	2.296,6
NFBC1_1-3_05	100,2	100,2	100,2	282,8	5.129	2.299,8
NFBC1_1-3_06	99,8	100,1	100,1	293,6	5.288	2.293,5
NFBC2_1-3_03	98,8	99,2	98,8	288,0	5.178	2.338,3
NFBC2_1-3_01	98,7	98,9	98,7	287,3	5.118	2.325,4
NFBC2_1-3_02	98,9	99,3	98,7	288,7	5.137	2.313,1
NFBC1_1-3_07	99,5	99,7	99,7	290,2	5.154	2.279,0
NFBC1_1-3_08	98,6	98,9	98,8	288,8	5.044	2.278,9
NFBC1_1-3_10	99,6	99,8	99,4	281,3	4.982	2.272,4
NFBC2_1-3_05	99,1	99,3	99,1	286,0	5.112	2.314,5
NFBC2_1-3_06	100,3	100,4	100,1	287,3	5.270	2.323,4
NFBC2_1-3_07	99,9	99,9	99,2	285,9	5.187	2.325,7
NFBC1_1-3_12	99,8	99,9	99,9	292,0	5.198	2.272,6
NFBC1_1-3_13	99,6	99,8	99,8	292,0	5.194	2.276,4
NFBC1_1-3_16	99,8	99,9	99,8	292,9	5.233	2.283,4
NFBC2_1-3_10	99,9	100,0	99,8	290,4	5.271	2.315,4
NFBC2_1-3_14	99,6	99,7	99,4	284,0	5.134	2.323,6
NFBC2_1-3_11	99,5	99,9	99,6	287,2	5.164	2.305,0
NFBC1_1-3_11	99,6	99,6	99,3	293,6	5.208	2.282,0
NFBC1_1-3_14	99,7	99,7	99,8	289,5	5.170	2.286,2
NFBC1_1-3_15	100,0	99,8	99,7	290,8	5.255	2.309,0
NFBC2_1-3_15	99,1	99,2	98,9	281,6	5.041	2.322,2
NFBC2_1-3_21	99,5	99,6	99,2	291,5	5.276	2.332,1
NFBC2_1-3_23	98,6	98,9	98,4	285,7	5.087	2.330,6

Tabelle 29: Probenabmessungen für *h/d* = 300/100 mm/mm der Mischung HFB-1 (Ermüdungsfestigkeit)

Bezeichnung	Durchmesser			Höhe	Gewicht	Rohdichte
	d_o	d_m	d_u	h		
	mm	mm	mm	mm	g	kg/m³
HFB-1C1_1-3_08	99,6	99,6	99,6	314,6	5.911	2.411,3
HFB-1C1_1-3_14	99,7	99,8	99,5	312,0	5.935	2.439,0
HFB-1C1_1-3_18	99,0	99,3	99,1	312,0	5.835	2.424,4
HFB-1C1_1-3_20	99,1	99,2	99,2	311,8	5.855	2.430,4
HFB-1C1_1-3_22	100,0	100,2	100,1	311,3	5.943	2.426,2
HFB-1C1_1-3_26	100,0	100,1	99,8	312,6	5.921	2.412,5
HFB-1C1_1-3_16	99,6	100,0	99,6	310,8	5.910	2.434,6
HFB-1C1_1-3_24	100,1	100,2	99,9	310,9	5.928	2.425,0
HFB-1C1_1-3_27	100,3	100,3	100,2	311,5	5.966	2.424,3
HFB-1C1_1-3_36	100,1	100,2	100,1	312,0	5.950	2.421,9
HFB-1C1_1-3_37	100,3	100,2	100,0	312,2	5.932	2.410,5
HFB-1C1_1-3_38	100,0	100,1	100,0	312,5	5.964	2.429,1
HFB-1C1_1-3_33	99,7	99,9	99,6	309,3	5.875	2.431,1
HFB-1C1_1-3_40	99,0	99,1	99,0	312,4	5.827	2.421,2
HFB-1C1_1-3_42	100,2	100,3	100,3	312,2	5.858	2.376,1
HFB-1C1_1-3_43	99,6	99,6	99,1	312,5	5.815	2.397,4
HFB-1C1_1-3_51	99,9	100,2	100,1	315,4	5.891	2.374,7
HFB-1C1_1-3_52	99,8	99,8	99,7	312,8	5.882	2.404,6
HFB-1C1_1-3_25	100,0	100,2	99,9	310,4	5.890	2.414,7
HFB-1C1_1-3_28	99,8	100,1	100,1	311,8	5.960	2.434,3
HFB-1C1_1-3_12	99,7	99,9	99,7	313,2	5.944	2.426,9
HFB-1C1_1-3_45	98,8	99,3	99,2	314,6	5.867	2.418,3
HFB-1C1_1-3_02	100,1	100,2	100,2	311,7	5.983	2.435,5
HFB-1C1_1-3_44	99,0	99,0	98,8	314,5	5.841	2.414,1

Tabelle 30: Probenabmessungen für unterschiedliche Schlankheiten der Mischung HFB-1 (Ermüdungsfestigkeit)

Bezeichnung	Durchmesser			Höhe	Gewicht	Rohdichte
	d_o	d_m	d_u	h		
	mm	mm	mm	mm	g	kg/m³
HFB-1C1_1-1_01	100,0	100,1	99,9	116,0	2.202	2.415,9
HFB-1C1_1-1_02	100,0	100,0	99,8	116,0	2.192	2.410,8
HFB-1C2_1-1_01	100,0	100,0	99,7	94,7	1.793	2.414,7
HFB-1C2_1-1_02	99,3	99,4	99,0	91,5	1.702	2.403,7
HFB-1C3_1-1_06	100,0	100,2	100,1	93,4	1.756	2.389,0
HFB-1C3_1-1_10	99,3	99,2	99,1	92,8	1.734	2.419,6
HFB-1C1_1-1_06	100,2	100,0	99,9	113,9	2.163	2.414,7
HFB-1C1_1-1_07	100,0	100,2	99,8	114,6	2.176	2.418,7
HFB-1C2_1-1_04	99,7	100,0	99,9	93,8	1.766	2.403,4
HFB-1C2_1-1_07	99,4	99,7	99,6	95,3	1.787	2.408,3
HFB-1C3_1-1_07	99,9	100,0	100,1	93,3	1.753	2.393,1
HFB-1C3_1-1_08	100,0	99,9	99,7	93,7	1.768	2.408,9
HFB-1C2_1-2_04	99,7	99,8	99,6	192,1	3.624	2.416,0
HFB-1C2_1-2_05	99,9	100,3	100,0	194,5	3.684	2.409,5
HFB-1C2_1-2_07	99,6	100,0	99,6	192,8	3.636	2.414,7
HFB-1C2_1-2_13	99,9	99,7	99,9	193,6	3.670	2.422,7
HFB-1C3_1-2_03	99,8	99,8	99,8	194,0	3.657	2.409,6
HFB-1C3_1-2_07	99,9	99,8	99,4	193,2	3.623	2.401,6
HFB-1C2_1-2_06	99,7	100,3	100,3	192,9	3.677	2.422,1
HFB-1C2_1-2_09	99,6	99,8	99,6	193,9	3.634	2.403,3
HFB-1C2_1-2_10	99,5	99,7	99,5	193,0	3.613	2.403,0
HFB-1C3_1-2_09	99,8	99,9	99,8	193,9	3.640	2.397,6
HFB-1C3_1-2_10	100,1	100,0	100,1	193,5	3.668	2.410,3

Tabelle 30 Fortsetzung: Probenabmessungen für unterschiedliche Schlankheiten der Mischung HFB-1 (Ermüdungsfestigkeit)

Bezeichnung	Durchmesser			Höhe	Gewicht	Rohdichte
	d_o	d_m	d_u	h		
	mm	mm	mm	mm	g	kg/m³
HFB-1C2_1-4_04	99,9	100,5	99,9	402,0	7.706	2.436,3
HFB-1C2_1-4_05	100,0	100,6	99,9	402,0	7.705	2.432,0
HFB-1C2_1-4_09	100,0	100,5	100,0	402,0	7.716	2.436,6
HFB-1C1_1-4_02	100,1	100,2	99,9	405,0	7.770	2.439,4
HFB-1C1_1-4_03	100,0	100,1	99,8	401,9	7.665	2.429,9
HFB-1C1_1-4_07	100,0	100,3	100,2	405,1	7.785	2.438,9
HFB-1C2_1-4_06	100,0	100,3	100,0	402,0	7.687	2.429,3
HFB-1C2_1-4_07	100,2	100,7	100,0	401,9	7.703	2.426,3
HFB-1C2_1-4_10	100,1	100,5	100,1	402,1	7.730	2.435,6
HFB-1C2_1-4_08	100,0	100,5	99,9	402,0	7.670	2.422,3
HFB-1C1_1-4_04	100,3	100,2	99,7	405,0	7.736	2.429,9
HFB-1C1_1-4_10	100,1	100,2	100,1	405,0	7.755	2.431,5

Tabelle 31: Probenabmessungen für unterschiedliche Größen der Mischung HFB-1 (Ermüdungsfestigkeit)

Bezeichnung	Durchmesser			Höhe	Gewicht	Rohdichte
	d_o	d_m	d_u	h		
	mm	mm	mm	mm	g	kg/m^3
HFB-1C2_6-18_01	60,0	60,2	59,9	169,8	1.154	2.401,5
HFB-1C2_6-18_02	60,4	60,7	60,5	171,7	1.191	2.410,2
HFB-1C2_6-18_03	60,5	60,7	60,4	168,6	1.168	2.408,5
HFB-1C3_6-18_03	60,5	60,6	60,6	173,3	1.177	2.358,2
HFB-1C3_6-18_08	59,7	59,9	60,2	174,3	1.157	2.351,6
HFB-1C3_6-18_09	59,9	60,0	59,9	173,8	1.154	2.354,9
HFB-1C2_6-18_07	60,6	60,8	60,7	169,2	1.177	2.403,9
HFB-1C2_6-18_08	60,0	60,1	59,8	173,3	1.178	2.407,2
HFB-1C2_6-18_09	60,3	60,6	60,4	169,1	1.168	2.409,3
HFB-1C3_6-18_12	60,5	60,5	60,3	173,3	1.174	2.363,0
HFB-1C3_6-18_13	60,6	60,7	60,6	172,3	1.189	2.390,3
HFB-1C3_6-18_14	60,7	60,6	60,5	174,1	1.191	2.372,7
HFB-1C1_2-6_06	198,1	199,4	199,4	600,3	45.604	2.443,2
HFB-1C1_2-6_10	199,3	199,3	199,5	600,2	45.758	2.442,6
HFB-1C2_2-6_06	199,4	199,5	199,2	607,4	45.570	2.403,6
HFB-1C3_2-6_06	199,5	199,6	199,3	607,2	45.101	2.376,8
HFB-1C3_2-6_09	199,2	199,8	199,2	606,9	45.035	2.376,6
HFB-1C1_2-6_07	199,4	199,4	198,8	600,6	45.699	2.441,2
HFB-1C1_2-6_09	199,2	199,6	199,3	600,5	45.687	2.437,2
HFB-1C3_2-6_01	199,0	199,5	199,3	600,5	44.546	2.379,3
HFB-1C3_2-6_05	199,0	199,6	199,2	603,1	44.616	2.373,8
HFB-1C3_2-6_10	199,6	199,7	199,8	604,4	44.843	2.370,7
HFB-1C1_3-9_01	299,9	299,7	300,0	900,4	155.980	2.453,1
HFB-1C1_3-9_02	299,9	300,0	299,9	900,4	155.540	2.444,6
HFB-1C1_3-9_03	299,9	300,0	300,0	900,4	156.040	2.452,3
HFB-1C2_3-9_04	298,8	299,9	298,9	904,5	152.600	2.400,0
HFB-1C2_3-9_05	299,0	299,3	298,2	904,3	152.520	2.404,5
HFB-1C1_3-9_11	300,0	300,0	300,0	900,6	156.120	2.452,6
HFB-1C1_3-9_14	299,9	300,0	300,0	900,6	156.260	2.455,3
HFB-1C1_3-9_15	300,0	300,0	300,0	900,4	155.800	2.448,1
HFB-1C2_3-9_07	298,4	299,7	298,0	904,0	152.380	2.405,6
HFB-1C2_3-9_08	298,7	299,7	298,4	904,0	152.260	2.400,0

Tabelle 32: Probenabmessungen für *h*/*d* = 300/100 mm/mm der Mischung HFB-2 (Ermüdungsfestigkeit)

Bezeichnung	Durchmesser			Höhe	Gewicht	Rohdichte
	d_o	d_m	d_u	h		
	mm	mm	mm	mm	g	kg/m³
HFB-2C1_1-3_04	99,9	100,1	99,9	299,5	5.851	2.489,9
HFB-2C1_1-3_10	99,6	99,8	99,7	299,2	5.784	2.477,9
HFB-2C1_1-3_11	99,6	99,8	99,7	299,2	5.787	2.477,8
HFB-2C1_1-3_12	99,9	100,0	99,8	299,2	5.830	2.485,6
HFB-2C3_1-3_11	100,1	100,2	100,2	300,9	5.821	2.455,1
HFB-2C3_1-3_10	99,9	100,2	100,0	302,3	5.848	2.460,9
HFB-2C1_1-3_05	99,8	100,0	99,9	299,8	5.846	2.486,6
HFB-2C1_1-3_14	100,0	100,2	100,1	299,6	5.869	2.489,8
HFB-2C1_1-3_18	99,8	99,8	99,6	299,2	5.807	2.483,3
HFB-2C1_1-3_28	99,6	99,9	99,8	299,2	5.794	2.477,7
HFB-2C3_1-3_19	100,4	100,4	100,2	297,5	5.796	2.464,7
HFB-2C3_1-3_06	99,7	99,8	99,9	301,4	5.809	2.463,8
HFB-2C1_1-3_15	99,8	100,0	99,8	299,2	5.835	2.490,3
HFB-2C1_1-3_17	99,8	100,0	99,9	299,6	5.810	2.474,6
HFB-2C3_1-3_08	100,4	100,6	100,4	301,7	5.877	2.457,8
HFB-2C3_1-3_21	100,0	100,0	99,9	297,7	5.752	2.461,7
HFB-2C3_1-3_22	100,7	100,6	100,3	301,1	5.873	2.456,6
HFB-2C3_1-3_01	99,9	100,1	100,0	301,9	5.816	2.452,9
HFB-2C1_1-3_26	99,7	100,0	99,8	299,4	5.808	2.477,1
HFB-2C1_1-3_27	99,9	100,1	99,9	299,6	5.839	2.483,9
HFB-2C3_1-3_02	100,5	100,5	100,2	299,0	5.810	2.453,9
HFB-2C3_1-3_07	100,0	100,0	100,1	297,8	5.741	2.452,4
HFB-2C3_1-3_09	100,2	100,4	100,2	299,7	5.836	2.466,2
HFB-2C3_1-3_12	100,5	100,4	100,1	300,7	5.820	2.448,5

Tabelle 33: Probenabmessungen für unterschiedliche Schlankheiten der Mischung HFB-2 (Ermüdungsfestigkeit)

Bezeichnung	Durchmesser			Höhe	Gewicht	Rohdichte
	d_o	d_m	d_u	h		
	mm	mm	mm	mm	g	kg/m³
HFB-2C1_1-1_02	99,9	100,0	100,0	103,9	2.025	2.482,1
HFB-2C1_1-1_09	99,8	100,0	100,0	103,8	2.019	2.481,0
HFB-2C3_1-1_05	100,0	100,0	99,8	102,6	1.972	2.451,6
HFB-2C3_1-1_06	99,9	100,1	100,1	101,9	1.963	2.449,8
HFB-2C3_1-1_09	100,0	100,1	99,8	102,2	1.979	2.468,2
HFB-2C1_1-1_08	99,9	100,1	100,1	103,9	2.024	2.478,1
HFB-2C1_1-1_10	99,7	99,9	99,9	103,7	2.019	2.487,8
HFB-2C3_1-1_04	99,9	100,0	100,0	102,9	1.989	2.463,2
HFB-2C3_1-1_08	100,0	100,1	99,9	102,8	1.982	2.455,6
HFB-2C3_1-1_10	100,1	100,1	100,0	102,2	1.982	2.465,3
HFB-2C2_1-2_04	100,3	100,6	100,4	197,3	3.857	2.467,6
HFB-2C2_1-2_05	100,1	100,4	100,3	197,5	3.810	2.442,1
HFB-2C2_1-2_07	100,2	100,4	100,3	197,3	3.857	2.473,6
HFB-2C3_1-2_06	99,2	99,3	99,4	198,7	3.804	2.471,7
HFB-2C3_1-2_07	99,3	99,3	99,4	198,8	3.796	2.463,9
HFB-2C3_1-2_09	99,2	99,2	99,0	199,6	3.770	2.447,7
HFB-2C2_1-2_01	100,1	100,4	100,1	198,6	3.852	2.460,2
HFB-2C2_1-2_02	100,3	100,7	100,5	199,9	3.899	2.459,3
HFB-2C2_1-2_13	100,2	100,5	100,5	196,6	3.851	2.474,7
HFB-2C3_1-2_04	99,2	99,2	99,2	198,8	3.806	2.477,6
HFB-2C3_1-2_05	98,9	99,1	99,1	198,9	3.798	2.478,8
HFB-2C3_1-2_08	98,9	99,1	99,1	198,5	3.754	2.456,1
HFB-2C1_1-4_04	100,2	100,4	100,0	400,8	7.815	2.473,8
HFB-2C1_1-4_07	99,9	100,1	100,2	400,9	7.794	2.472,8
HFB-2C1_1-4_09	99,9	100,2	99,9	400,4	7.785	2.475,6
HFB-2C3_1-4_07	100,1	100,3	99,9	399,5	7.747	2.463,6
HFB-2C3_1-4_09	100,4	100,4	100,1	401,5	7.798	2.458,7
HFB-2C1_1-4_06	100,1	100,2	100,0	400,6	7.786	2.470,5
HFB-2C1_1-4_08	99,8	100,1	100,1	400,4	7.775	2.473,4
HFB-2C3_1-4_02	100,2	100,3	100,0	401,6	7.728	2.442,5
HFB-2C3_1-4_04	100,4	100,4	100,2	401,6	7.806	2.458,4
HFB-2C3_1-4_06	99,8	100,2	99,9	399,5	7.675	2.448,3

Tabelle 34: Probenabmessungen für unterschiedliche Größen der Mischung HFB-2 (Ermüdungsfestigkeit)

Bezeichnung	Durchmesser			Höhe	Gewicht	Rohdichte
	d_o	d_m	d_u	h		
	mm	mm	mm	mm	g	kg/m³
HFB-2C1_6-18_07	60,3	60,4	60,4	177,7	1.264	2.483,9
HFB-2C1_6-18_09	60,2	60,4	60,3	179,7	1.268	2.470,8
HFB-2C1_6-18_11	60,5	60,5	60,5	180,0	1.279	2.471,7
HFB-2C2_6-18_03	60,2	60,4	60,2	179,1	1.253	2.452,5
HFB-2C2_6-18_05	60,5	60,7	60,5	179,1	1.278	2.476,7
HFB-2C2_6-18_06	60,3	60,6	60,5	179,1	1.274	2.476,2
HFB-2C1_6-18_08	60,2	60,3	60,3	179,5	1.270	2.479,3
HFB-2C1_6-18_10	60,6	60,6	60,6	177,6	1.260	2.460,2
HFB-2C1_6-18_12	60,5	60,5	60,5	180,0	1.277	2.468,8
HFB-2C2_6-18_01	60,1	60,4	60,2	179,1	1.258	2.464,1
HFB-2C2_6-18_04	60,4	60,7	60,5	179,1	1.277	2.477,5
HFB-2C2_6-18_07	60,2	60,4	60,2	179,1	1.259	2.463,3
HFB-2C1_2-6_01	199,0	199,4	199,5	604,2	46.790	2.482,4
HFB-2C2_2-6_01	199,2	199,7	199,7	600,7	46.354	2.468,1
HFB-2C2_2-6_03	199,7	199,7	199,6	600,6	46.340	2.464,3
HFB-2C3_2-6_04	199,3	199,0	198,5	603,2	46.259	2.466,9
HFB-2C3_2-6_10	199,3	199,7	199,8	598,5	46.191	2.467,1
HFB-2C1_2-6_02	199,5	199,7	199,3	602,0	46.660	2.479,5
HFB-2C1_2-6_04	199,1	199,4	199,2	602,0	46.598	2.482,9
HFB-2C1_2-6_05	199,0	199,5	199,2	604,1	47.009	2.496,1
HFB-2C2_2-6_02	199,0	199,8	199,9	600,5	46.275	2.463,7
HFB-2C2_2-6_04	199,8	199,9	199,6	600,8	46.337	2.460,9
HFB-2C3_2-6_06	199,5	199,7	200,0	596,2	45.702	2.446,3

Tabelle 35: Probenabmessungen zur erweiterten Analyse des Ermüdungsprozesses

Bezeichnung	Durchmesser			Höhe	Gewicht	Rohdichte
	d_o	d_m	d_u	h		
	mm	mm	mm	mm	g	kg/m³
NFBC1_1-3_01	99,6	99,7	99,6	290,4	5.139	2.269,5
NFBC1_1-3_02	100,2	100,2	100,1	287,1	5.215	2.304,3
NFBC1_1-3_03	99,8	100,1	99,8	291,0	5.238	2.297,4
HFB-1C2_6-18_04	59,9	60,0	59,8	166,4	1.129	2.406,3
HFB-1C2_6-18_06	60,3	60,5	60,5	170,7	1.179	2.409,2
HFB-1C2_6-18_11	59,9	60,1	59,8	168,4	1.144	2.407,5
HFB-1C1_1-3_10	100,4	100,4	100,4	312,1	5.970	2.416,7
HFB-1C1_1-3_11	98,7	99,0	98,9	312,8	5.828	2.428,0
HFB-1C1_1-3_41	99,9	100,1	100,1	311,2	5.945	2.430,4
HFB-1C2_2-6_07	199,6	199,7	199,2	607,3	45.606	2.401,8
HFB-1C2_2-6_08	199,5	199,8	198,9	607,2	45.305	2.389,7
HFB-1C2_2-6_10	199,6	199,6	199,6	607,4	45.343	2.386,4
HFB-2C1_6-18_13	60,4	60,4	60,4	179,6	1.267	2.462,6
HFB-2C1_6-18_14	60,5	60,6	60,6	180,1	1.282	2.471,6
HFB-2C1_6-18_15	60,4	60,4	60,4	179,7	1.270	2.468,4
HFB-2C3_1-3_30	100,2	100,4	100,2	300,8	5.825	2.452,7
HFB-2C3_1-3_32	99,9	100,1	100,1	302,4	5.841	2.457,9
HFB-2C3_1-3_33	99,6	99,7	99,7	296,6	5.698	2.461,4
HFB-2C3_2-6_01	198,6	199,4	198,9	603,4	46.204	2.462,9
HFB-2C3_2-6_02	199,2	200,1	199,2	603,3	46.191	2.449,2
HFB-2C3_2-6_05	199,2	199,5	199,1	603,4	46.249	2.458,0

9.2 Ergebnisse der Druckversuche

Tabelle 36: Ergebnisse der Druckversuche der Mischung NFB für *h*/*d* = 300/100 mm/mm

Bezeichnung	Prüf-stand	Prüfdatum	Alter	dF/dt	F	f_c	f_{cm}	s	ε^B	E_T
		dd.mm.yyyy	d	kN/s	kN	MPa	MPa	MPa	10^{-3}	GPa
NFBC1_1-3_20	1MN	18.09.2019	96	3,9	327	41,8			2,91	23,4
NFBC1_1-3_21	1MN	18.09.2019	96	3,9	333	42,6	39,9	2,6	2,77	24,4
NFBC1_1-3_22	1MN	18.09.2019	96	3,9	293	37,4			2,41	23,1
NFBC1_1-3_23	1MN	18.09.2019	96	3,9	295	38,0			2,96	21,9
NFBC2_1-3_16	1MN	22.01.2020	90	3,9	389	50,6			3,04	26,7
NFBC2_1-3_27	1MN	22.01.2020	90	3,9	380	48,0	48,9	1,5	2,79	26,4
NFBC2_1-3_28	1MN	22.01.2020	90	3,9	377	48,1			2,81	26,3

Tabelle 37: Ergebnisse der Druckversuche der Mischung HFB-1 unterschiedlicher Schlankheit

Bezeichnung	Prüf-stand	Prüfdatum	Alter	dF/dt	F^B	f_c	f_{cm}	s	ε^B	E_T
		dd.mm.yyyy	d	kN/s	kN	MPa	MPa	MPa	10^{-3}	GPa
HFB-1C1_1-1_03	5MN	16.01.2019	196	3,9	909	116,6			4,42	31,0
HFB-1C1_1-1_04	5MN	16.01.2019	196	3,9	979	125,6	121,5	4,5	4,62	33,6
HFB-1C1_1-1_05	5MN	16.01.2019	196	3,9	962	122,2			4,96	31,4
HFB-1C2_1-1_05	5MN	17.04.2019	90	3,9	894	114,1			4,89	30,6
HFB-1C2_1-1_06	5MN	17.04.2019	90	3,9	859	109,6	111,6	2,3	4,92	30,0
HFB-1C2_1-1_09	5MN	17.04.2019	90	3,9	869	111,0			5,16	28,2
HFB-1C3_1-1_03	5MN	29.05.2019	57	3,9	869	111,1			5,35	26,0
HFB-1C3_1-1_04	5MN	29.05.2019	57	3,9	876	112,7	112,8	1,8	5,34	26,2
HFB-1C3_1-1_05	5MN	29.05.2019	57	3,9	888	114,6			5,26	26,6
HFB-1C2_1-2_03	5MN	03.04.2019	76	3,9	856	108,7				
HFB-1C2_1-2_12	5MN	03.04.2019	76	3,9	847	106,6	107,7	1,1		
HFB-1C2_1-2_14	5MN	03.04.2019	76	3,9	850	107,9				
HFB-1C3_1-2_01	5MN	28.05.2019	56	3,9	774	97,6			3,66	32,6
HFB-1C3_1-2_02	5MN	28.05.2019	56	3,9	782	99,9	99,9	2,3	3,75	32,1
HFB-1C3_1-2_05	5MN	28.05.2019	56	3,9	804	102,3			3,9	32,8
HFB-1C1_1-3_04	5MN	01.10.2018	89	3,9	886	112,8			3,5	40,0
HFB-1C1_1-3_21	5MN	01.10.2018	89	3,9	899	114,1	112,2	2,2	3,37	40,5
HFB-1C1_1-3_34	5MN	01.10.2018	89	3,9	858	109,7				
HFB-1C1_1-3_49	5MN	20.11.2018	139	3,9	890	113,7			3,35	40,7
HFB-1C1_1-3_50	5MN	20.11.2018	139	3,9	915	115,4	113,2	2,6	3,31	40,8
HFB-1C1_1-3_48	5MN	20.11.2018	139	3,9	870	110,4			3,07	41,0
HFB-1C1_1-3_06	5MN	07.06.2019	338	3,9	931	119,8			3,51	41,6
HFB-1C1_1-3_13	5MN	07.06.2019	338	3,9	928	118,1	118,1	1,7	3,21	43,4
HFB-1C1_1-3_32	5MN	07.06.2019	338	3,9	911	116,4			3,26	42,6
HFB-1C1_1-4_01	5MN	15.03.2019	254	3,9	947	119,3			3,35	43,2
HFB-1C1_1-4_05	5MN	15.03.2019	254	3,9	892	112,9	116,6	3,3	3,14	42,9
HFB-1C1_1-4_06	5MN	15.03.2019	254	3,9	932	117,6			3,35	42,0
HFB-1C2_1-4_01	5MN	09.05.2019	112	3,9	863	108,9			3,29	40,0
HFB-1C2_1-4_02	5MN	09.05.2019	112	3,9	834	104,9	105,1	3,8	3,05	40,9
HFB-1C2_1-4_03	5MN	09.05.2019	112	3,9	805	101,4			2,94	39,5

Tabelle 38: Ergebnisse der Druckversuche der Mischung HFB-1 für Probekörper unterschiedlicher Größe

Bezeichnung	Prüf-stand	Prüfdatum	Alter	dF/dt	F	f_c	f_{cm}	s	ε^B	E_T
		dd.mm.yyyy	d	kN/s	kN	MPa	MPa	MPa	10^{-3}	GPa
HFB-1C2_6-18_13	1MN	20.06.2019	154	1,4	288	100,2	101,5	1,5	3,69	35,0
HFB-1C2_6-18_14	1MN	20.06.2019	154	1,4	297	103,2			3,68	34,5
HFB-1C2_6-18_15	1MN	20.06.2019	154	1,4	291	101,1			3,6	34,0
HFB-1C2_6-18_05	1MN	15.06.2020	515	1,4	290	102,1	102,8	2,8	3,39	34,4
HFB-1C2_6-18_10	1MN	15.06.2020	515	1,4	304	105,9			3,53	35,7
HFB-1C2_6-18_12	1MN	15.06.2020	515	1,4	289	100,5			3,31	34,9
HFB-1C3_6-18_05	1MN	26.06.2019	85	1,4	220	77,7	78	10	3,17	30,8
HFB-1C3_6-18_06	1MN	26.06.2019	85	1,4	216	75,5			3,17	30,7
HFB-1C3_6-18_07	1MN	26.06.2019	85	1,4	190	66,2			3,16	27,6
HFB-1C3_6-18_11	1MN	26.06.2019	85	1,4	258	90,9			3,87	31,3
HFB-1C1_2-6_01	10MN	20.02.2019	231	15,7	3.119	99,6	108,4	7,7	2,98	37,7
HFB-1C1_2-6_04	10MN	20.02.2019	231	15,7	3.563	113,8			3,58	38,6
HFB-1C1_2-6_05	10MN	21.02.2019	232	15,7	3.502	111,9			3,33	38,5
HFB-1C2_2-6_02	10MN	14.05.2020	483	15,7	3.134	99,9	99,1	4,1	3,02	38,2
HFB-1C2_2-6_03	10MN	14.05.2020	483	15,7	3.216	102,8			3,21	37,0
HFB-1C2_2-6_05	10MN	14.05.2020	483	15,7	2.959	94,7			2,79	33,2
HFB-1C3_2-6_03	10MN	19.08.2019	139	15,7	2.905	93,0	91,2	2,5	3,21	34,2
HFB-1C3_2-6_04	10MN	23.08.2019	143	15,7	2.801	89,5			3,14	33,1
HFB-1C1_3-9_06	10MN	09.09.2019	432	15,7	8.429	119,3	117,5	1,6	3,14	43,7
HFB-1C1_3-9_12	10MN	09.09.2019	432	15,7	8.247	116,7			3,25	43,9
HFB-1C1_3-9_13	10MN	09.09.2019	432	15,7	8.232	116,5			3,32	43,2
HFB-1C1_3-9_08	10MN	07.01.2021	918	35,3	8.816	124,8	125,2	0,5	3,17	44,2
HFB-1C1_3-9_09	10MN	07.01.2021	918	35,3	8.872	125,5			3,17	45,1
HFB-1C2_3-9_01	10MN	22.09.2020	614	35,3	6.825	96,6	104,1	5,4	2,78	40,1
HFB-1C2_3-9_02	10MN	22.09.2020	614	35,3	7.393	104,8			2,89	40,5
HFB-1C2_3-9_03	10MN	22.09.2020	614	35,3	7.739	109,6			3,14	40,3
HFB-1C2_3-9_10	10MN	22.09.2020	614	35,3	7.444	105,3			2,94	40,6

Tabelle 39: Ergebnisse der Druckversuche der Mischung HFB-2 für Probekörper unterschiedlicher Schlankheit

Bezeichnung	Prüfstand	Prüfdatum	Alter	dF/dt	F	f_c	f_{cm}	s	ε^B	E_T
		dd.mm.yyyy	d	kN/s	kN	MPa	MPa	MPa	10^{-3}	GPa
HFB-2C1_1-1_04	5MN	27.11.2017	96	3,9	1.126	143,6			4,75	38,0
HFB-2C1_1-1_05	5MN	27.11.2017	96	3,9	1.202	153,2	149,9	5,4	4,61	38,2
HFB-2C1_1-1_06	5MN	27.11.2017	96	3,9	1.201	152,8			4,62	38,1
HFB-2C3_1-1_01	5MN	16.05.2018	83	3,9	1.024	130,0			4,12	35,3
HFB-2C3_1-1_02	5MN	16.05.2018	83	3,9	1.034	131,6	132,0	2,3	4,33	34,8
HFB-2C3_1-1_03	5MN	16.05.2018	83	3,9	1.056	134,5			4,35	35,8
HFB-2C2_1-2_10	HUS	03.07.2018	216	3,9	981	123,0			3,29	42,2
HFB-2C2_1-2_18	HUS	03.07.2018	216	3,9	1.013	127,5	126,5	3,1	3,48	41,8
HFB-2C2_1-2_09	HUS	03.07.2018	216	3,9	1.025	128,9			3,53	42,8
HFB-2C3_1-2_01	HUS	06.06.2018	104	3,9	1.050	135,4			3,59	42,0
HFB-2C3_1-2_02	HUS	06.06.2018	104	3,9	1.026	132,6	134,8	2,0	3,96	38,5
HFB-2C3_1-2_03	HUS	06.06.2018	104	3,9	1.049	136,4			3,92	39,0
HFB-2C1_1-3_08	5MN	17.01.2018	147	3,9	1.011	129,0			2,28	64,6
HFB-2C1_1-3_20	5MN	17.01.2018	147	3,9	994	125,9	128,0	1,8	2,42	61,4
HFB-2C1_1-3_09	5MN	17.01.2018	147	3,9	1.010	129,1			2,47	63,6
HFB-2C3_1-3_04	HUS	12.07.2018	140	3,9	951	119,8			2,91	45,6
HFB-2C3_1-3_13	HUS	12.07.2018	140	3,9	953	120,7	121,3	1,5	2,95	44,4
HFB-2C3_1-3_05	HUS	12.07.2018	140	3,9	976	123,4			3,18	43,9
HFB-2C3_1-3_17	HUS	12.07.2018	140	3,9	951	121,2			3,14	45,7
HFB-2C3_1-3_03	5MN	07.06.2019	470	3,9	1.049	132,3			3,03	47,7
HFB-2C3_1-3_14	5MN	07.06.2019	470	3,9	1.030	130,7	130,5	2,0	3,14	47,4
HFB-2C3_1-3_15	5MN	07.06.2019	470	3,9	1.020	128,3			3,09	46,8
HFB-2C1_1-4_01	HUS	08.08.2018	350	3,9	1.078	134,9			3,13	48,1
HFB-2C1_1-4_02	HUS	08.08.2018	350	3,9	1.046	132,2	133,8	1,4	3,14	47,8
HFB-2C1_1-4_05	HUS	08.08.2018	350	3,9	1.062	134,3			3,24	48,8
HFB-2C3_1-4_01	HUS	14.08.2018	173	3,9	960	121,6			3,21	46,6
HFB-2C3_1-4_05	HUS	14.08.2018	173	3,9	984	124,5	121,5	3,0	3,50	45,1
HFB-2C3_1-4_03	HUS	14.08.2018	173	3,9	935	118,4			3,15	46,1

Tabelle 40: Ergebnisse der Druckversuche der Mischung HFB-2 für Probekörper unterschiedlicher Größe

Bezeichnung	Prüf-stand	Prüfdatum	Alter	dF/dt	F	f_c	f_{cm}	s	ε^B	E_T
		dd.mm.yyyy	d	kN/s	kN	MPa	MPa	MPa	10^{-3}	GPa
HFB-2C1_6-18_01	1MN	14.06.2018	295	1,4	380	132,6			3,16	48,0
HFB-2C1_6-18_05	1MN	14.06.2018	295	1,4	401	141,0	135,4	4,8	3,46	46,6
HFB-2C1_6-18_06	1MN	14.06.2018	295	1,4	392	137,6			3,42	46,3
HFB-2C1_6-18_04	1MN	14.06.2018	295	1,4	371	130,3			3,12	47,5
HFB-2C1_6-18_02	1MN	08.01.2021	1234	1,4	408	142,6	140	4	3,42	47,5
HFB-2C1_6-18_03	1MN	08.01.2021	1234	1,4	393	137,0			3,19	47,1
HFB-2C2_6-18_09	1MN	22.08.2018	266	1,4	367	127,7			3,37	43,4
HFB-2C2_6-18_02	1MN	22.08.2018	266	1,4	342	119,3	122,1	4,8	3,17	42,9
HFB-2C2_6-18_14	1MN	22.08.2018	266	1,4	347	119,4			3,17	43,5
HFB-2C1_2-6_06	10MN	20.11.2018	454	15,7	4.308	137,5			3,29	46,7
HFB-2C1_2-6_09	10MN	20.11.2018	454	15,7	4.353	140,0	139,0	1,3	3,35	47,2
HFB-2C1_2-6_10	10MN	20.11.2018	454	15,7	4.347	139,5			3,41	46,2
HFB-2C2_2-6_05	10MN	28.08.2018	272	15,7	3.943	125,9			3,22	44,0
HFB-2C2_2-6_06	10MN	28.08.2018	272	15,7	3.945	125,9	126,1	0,4	3,27	44,6
HFB-2C2_2-6_08	10MN	28.08.2018	272	15,7	3.960	126,6			3,4	44,0
HFB-2C3_2-6_07	10MN	18.08.2020	908	15,7	3.853	122,7			3,02	45,4
HFB-2C3_2-6_08	10MN	18.08.2020	908	15,7	3.748	119,3	120,9	1,7	3,09	44,6
HFB-2C3_2-6_09	10MN	19.08.2020	909	15,7	3.783	120,8			3,06	46,5

9.3 Versuchsparameter der Ermüdungsversuche

Tabelle 41: Ermüdungsversuche der Mischung NFB für *h*/*d* = 300/100 mm/mm

Bezeichnung	Prüf-stand	Prüfdatum	Alter	f_p	S_{min}	S_{max}	f_{cm}	Unter-last	Ober-last	Zusätzl. Mes-sung
		dd.mm.yyyy	d	Hz	-	-	MPa	kN	kN	
NFBC1_1-3_04	1MN	15.10.2019	123	5	0,05	0,70	39,9	16	219	DMS
NFBC1_1-3_05	1MN	24.09.2019	102	5	0,05	0,70	39,9	16	220	
NFBC1_1-3_06	1MN	23.09.2019	101	5	0,05	0,70	39,9	16	220	
NFBC2_1-3_03	1MN	31.01.2020	99	5	0,05	0,70	48,9	19	265	
NFBC2_1-3_01	1MN	04.02.2020	103	5	0,05	0,70	48,9	19	263	DMS
NFBC2_1-3_02	1MN	03.02.2020	102	5	0,05	0,70	48,9	19	265	
NFBC1_1-3_07	1MN	19.09.2019	97	5	0,20	0,80	39,9	62	249	
NFBC1_1-3_08	1MN	23.09.2019	101	5	0,20	0,80	39,9	61	245	
NFBC1_1-3_10	1MN	15.10.2019	123	5	0,20	0,80	39,9	62	250	DMS
NFBC2_1-3_05	1MN	04.02.2020	103	5	0,20	0,80	48,9	76	303	DMS
NFBC2_1-3_06	1MN	03.02.2020	102	5	0,20	0,80	48,9	77	310	
NFBC2_1-3_07	1MN	31.01.2020	99	5	0,20	0,80	48,9	77	307	
NFBC1_1-3_12	1MN	23.09.2019	101	5	0,40	0,90	39,9	125	281	
NFBC1_1-3_13	1MN	24.09.2019	102	5	0,40	0,90	39,9	125	281	
NFBC1_1-3_16	1MN	16.10.2019	124	5	0,40	0,90	39,9	125	281	DMS
NFBC2_1-3_10	1MN	27.01.2020	95	5	0,40	0,90	48,9	154	346	
NFBC2_1-3_14	1MN	05.02.2020	104	5	0,40	0,90	48,9	153	343	DMS
NFBC2_1-3_11	1MN	27.01.2020	95	5	0,40	0,90	48,9	153	345	
NFBC1_1-3_11	1MN	17.10.2019	125	5	0,60	0,95	39,9	186	295	DMS
NFBC1_1-3_14	1MN	24.09.2019	102	5	0,60	0,95	39,9	187	296	
NFBC1_1-3_15	1MN	23.09.2019	101	5	0,60	0,95	39,9	187	297	
NFBC2_1-3_15	1MN	27.01.2020	95	5	0,60	0,95	48,9	227	359	
NFBC2_1-3_21	1MN	27.01.2020	95	5	0,60	0,95	48,9	229	362	
NFBC2_1-3_23	1MN	04.02.2020	103	5	0,60	0,95	48,9	225	357	DMS

Tabelle 42: Ermüdungsversuche der Mischung HFB-1 für *h*/*d* = 300/100 mm/mm

Bezeichnung	Prüf-stand	Prüfdatum	Alter	f_p	S_{min}	S_{max}	f_{cm}	Unterlast	Oberlast	Zusätzl. Messung
		dd.mm.yyyy	d	Hz	-	-	MPa	kN	kN	
HFB-1C1_1-3_08	1MN	04.10.2018	92	5	0,05	0,70	112,2	44	612	
HFB-1C1_1-3_14	1MN	08.10.2018	96	5	0,05	0,70	112,2	44	614	
HFB-1C1_1-3_18	1MN	01.11.2018	120	5	0,05	0,70	112,2	43	608	DMS
HFB-1C1_1-3_20	1MN	23.10.2018	111	5	0,05	0,70	112,2	43	607	DMS
HFB-1C1_1-3_22	1MN	09.10.2018	97	5	0,05	0,70	112,2	44	619	
HFB-1C1_1-3_26	1MN	10.10.2018	98	5	0,05	0,70	112,2	44	618	
HFB-1C1_1-3_16	1MN	11.10.2018	99	5	0,20	0,80	112,2	176	704	
HFB-1C1_1-3_24	1MN	12.10.2018	100	5	0,20	0,80	112,2	177	708	
HFB-1C1_1-3_27	1MN	15.10.2018	103	5	0,20	0,80	112,2	177	709	
HFB-1C1_1-3_36	1MN	02.11.2018	121	5	0,20	0,80	112,2	177	708	DMS
HFB-1C1_1-3_37	1MN	05.11.2018	124	5	0,20	0,80	112,2	177	708	DMS
HFB-1C1_1-3_38	1MN	16.10.2018	104	5	0,20	0,80	112,2	176	706	
HFB-1C1_1-3_33	5MN	15.11.2018	134	5	0,40	0,90	112,2	352	791	
HFB-1C1_1-3_40	5MN	22.11.2018	141	5	0,40	0,90	113,1	349	786	DMS
HFB-1C1_1-3_42	5MN	15.11.2018	134	5	0,40	0,90	112,2	355	798	
HFB-1C1_1-3_43	5MN	22.11.2018	141	5	0,40	0,90	113,1	352	793	
HFB-1C1_1-3_51	5MN	22.11.2018	141	5	0,40	0,90	113,1	357	803	
HFB-1C1_1-3_52	5MN	13.06.2019	344	5	0,40	0,90	118,1	370	832	DMS
HFB-1C1_1-3_25	5MN	21.11.2018	140	5	0,60	0,95	113,1	535	847	DMS
HFB-1C1_1-3_28	5MN	13.11.2018	132	5	0,60	0,95	112,2	530	839	
HFB-1C1_1-3_12	5MN	21.11.2018	140	5	0,60	0,95	113,1	532	842	
HFB-1C1_1-3_45	5MN	21.11.2018	140	5	0,60	0,95	113,1	526	832	
HFB-1C1_1-3_02	5MN	13.06.2019	344	5	0,60	0,95	118,1	559	885	DMS
HFB-1C1_1-3_44	5MN	12.06.2019	343	5	0,60	0,95	118,1	546	864	

Tabelle 43: Ermüdungsversuche der Mischung HFB-1 unterschiedlicher Schlankheit

Bezeichnung	Prüf-stand	Prüfdatum	Alter	f_p	S_{min}	S_{max}	f_{cm}	Unterlast	Oberlast	Zusätzl. Messtech.
		dd.mm.yyyy	d	Hz	-	-	MPa	kN	kN	
HFB-1C1_1-1_01	5MN	21.02.2019	232	5	0,05	0,70	121,6	48	669	
HFB-1C1_1-1_02	5MN	14.03.2019	253	5	0,05	0,70	121,6	48	668	DMS
HFB-1C2_1-1_01	5MN	24.04.2019	97	5	0,05	0,70	111,6	44	614	
HFB-1C2_1-1_02	5MN	24.04.2019	97	5	0,05	0,70	111,6	43	606	DMS
HFB-1C3_1-1_06	5MN	29.05.2019	57	5	0,05	0,70	112,8	44	622	
HFB-1C3_1-1_10	5MN	03.06.2019	62	5	0,05	0,70	112,8	44	610	
HFB-1C1_1-1_06	5MN	18.01.2019	198	5	0,40	0,90	121,6	382	860	
HFB-1C1_1-1_07	5MN	18.01.2019	198	5	0,40	0,90	121,6	384	863	DMS
HFB-1C2_1-1_04	5MN	23.04.2019	96	5	0,40	0,90	111,6	350	789	DMS
HFB-1C2_1-1_07	5MN	09.05.2019	112	5	0,40	0,90	111,6	348	783	
HFB-1C3_1-1_07	5MN	03.06.2019	62	5	0,40	0,90	112,8	355	798	
HFB-1C3_1-1_08	5MN	11.06.2019	70	5	0,40	0,90	112,8	354	796	
HFB-1C2_1-2_04	5MN	03.04.2019	76	5	0,05	0,70	107,7	42	590	
HFB-1C2_1-2_05	5MN	16.04.2019	89	5	0,05	0,70	107,7	43	595	DMS
HFB-1C2_1-2_07	5MN	16.04.2019	89	5	0,05	0,70	107,7	42	592	
HFB-1C2_1-2_13	5MN	05.04.2019	78	5	0,05	0,70	107,7	42	589	
HFB-1C3_1-2_03	5MN	11.06.2019	70	5	0,05	0,70	99,9	39	547	
HFB-1C3_1-2_07	5MN	05.06.2019	64	5	0,05	0,70	99,9	39	547	DMS
HFB-1C2_1-2_06	5MN	17.04.2019	90	5	0,40	0,90	107,7	340	766	DMS
HFB-1C2_1-2_09	5MN	08.04.2019	81	5	0,40	0,90	107,7	337	758	
HFB-1C2_1-2_10	5MN	17.04.2019	90	5	0,40	0,90	107,7	337	757	
HFB-1C3_1-2_09	5MN	05.06.2019	64	5	0,40	0,90	99,9	313	705	DMS
HFB-1C3_1-2_10	5MN	29.05.2019	57	5	0,40	0,90	99,9	314	706	
HFB-1C2_1-4_04	5MN	10.05.2019	113	5	0,05	0,70	105,1	42	584	
HFB-1C2_1-4_05	5MN	14.05.2019	117	5	0,05	0,70	105,1	42	584	DMS
HFB-1C2_1-4_09	5MN	13.05.2019	116	5	0,05	0,70	105,1	42	583	
HFB-1C1_1-4_02	5MN	21.03.2019	260	5	0,05	0,70	116,6	46	644	DMS
HFB-1C1_1-4_03	5MN	27.03.2019	266	5	0,05	0,70	116,6	46	643	
HFB-1C1_1-4_07	5MN	28.03.2019	267	5	0,05	0,70	116,6	46	644	

Tabelle 43 Fortsetzung: Ermüdungsversuche der Mischung HFB-1 unterschiedlicher Schlankheit

Bezeichnung	Prüf-stand	Prüfdatum	Alter	f_p	S_{min}	S_{max}	f_{cm}	Unterlast	Oberlast	Zusätzl. Messtech.
		dd.mm.yyyy	d	Hz	-	-	MPa	kN	kN	
HFB-1C2_1-4_06	5MN	10.05.2019	113	5	0,40	0,90	105,1	332	748	
HFB-1C2_1-4_07	5MN	14.05.2019	117	5	0,40	0,90	105,1	335	753	DMS
HFB-1C2_1-4_10	5MN	11.06.2019	145	5	0,40	0,90	105,1	334	750	
HFB-1C2_1-4_08	5MN	13.05.2019	116	5	0,40	0,90	105,1	333	750	
HFB-1C1_1-4_04	5MN	22.03.2019	261	5	0,40	0,90	116,6	368	827	
HFB-1C1_1-4_10	5MN	22.03.2019	261	5	0,40	0,90	116,6	368	827	DMS

Tabelle 44: Ermüdungsversuche der Mischung HFB-1 für unterschiedliche Größen

Bezeichnung	Prüf-stand	Prüfdatum	Alter	f_p	S_{min}	S_{max}	f_{cm}	Unterlast	Oberlast	Zusätzl. Messtech.
		dd.mm.yyyy	d	Hz	-	-	MPa	kN	kN	
HFB-1C2_6-18_01	1MN	21.06.2019	155	5	0,05	0,70	102,8	15	205	
HFB-1C2_6-18_02	1MN	25.06.2019	159	5	0,05	0,70	102,8	15	208	DMS
HFB-1C2_6-18_03	1MN	24.06.2019	158	5	0,05	0,70	102,8	15	208	
HFB-1C3_6-18_03	1MN	27.06.2019	161	5	0,05	0,70	77,6	11	157	
HFB-1C3_6-18_08	1MN	28.06.2019	162	5	0,05	0,70	77,6	11	153	
HFB-1C3_6-18_09	1MN	21.06.2019	155	5	0,05	0,70	77,6	11	154	DMS
HFB-1C2_6-18_07	1MN	25.06.2019	159	5	0,40	0,90	102,8	119	269	DMS
HFB-1C2_6-18_08	1MN	21.06.2019	155	5	0,40	0,90	102,8	117	263	
HFB-1C2_6-18_09	1MN	21.06.2019	155	5	0,40	0,90	102,8	118	267	
HFB-1C3_6-18_12	1MN	27.06.2019	86	5	0,40	0,90	77,6	89	200	
HFB-1C3_6-18_13	1MN	28.06.2019	87	5	0,40	0,90	77,6	90	202	
HFB-1C3_6-18_14	1MN	09.07.2019	98	5	0,40	0,90	77,6	89	201	DMS
HFB-1C1_2-6_06	10MN	08.04.2019	278	1	0,05	0,70	108,4	169	2.371	DMS
HFB-1C1_2-6_10	10MN	02.04.2019	272	1	0,05	0,70	108,4	169	2.369	
HFB-1C2_2-6_09	10MN	29.06.2020	529	1	0,05	0,70	96,5	151	2.110	
HFB-1C3_2-6_06	10MN	28.08.2019	148	1	0,05	0,70	91,2	143	1.998	
HFB-1C3_2-6_09	10MN	05.09.2019	156	1	0,05	0,70	91,2	143	2.002	DMS
HFB-1C1_2-6_07	10MN	05.04.2019	275	1	0,40	0,90	108,4	1.355	3.049	DMS
HFB-1C1_2-6_09	10MN	27.02.2019	238	1	0,40	0,90	108,4	1.357	3.054	
HFB-1C3_2-6_01	10MN	03.09.2019	154	1	0,40	0,90	91,2	1.141	2.568	DMS
HFB-1C3_2-6_05	10MN	27.08.2019	147	1	0,40	0,90	91,2	1.142	2.569	
HFB-1C3_2-6_10	10MN	27.08.2019	147	1	0,40	0,90	91,2	1.143	2.571	
HFB-1C1_3-9_01	10MN	15.10.2019	468	1	0,05	0,70	117,5	414	5.801	DMS
HFB-1C1_3-9_02	10MN	16.09.2019	439	1	0,05	0,70	117,5	415	5.814	
HFB-1C1_3-9_03	10MN	17.09.2019	440	1	0,05	0,70	117,5	415	5.812	
HFB-1C2_3-9_04	10MN	01.10.2020	623	1	0,05	0,70	104,1	367	5.145	
HFB-1C2_3-9_05	10MN	02.10.2020	624	1	0,05	0,70	104,1	366	5.124	DMS
HFB-1C1_3-9_11	10MN	23.10.2019	476	1	0,40	0,90	117,5	3.322	7.475	DMS
HFB-1C1_3-9_14	10MN	18.10.2019	471	1	0,40	0,90	117,5	3.321	7.473	
HFB-1C1_3-9_15	10MN	24.10.2019	477	1	0,40	0,90	117,5	3.321	7.473	
HFB-1C2_3-9_07	10MN	24.09.2020	616	1	0,40	0,90	104,1	2.936	6.606	
HFB-1C2_3-9_08	10MN	24.09.2020	616	1	0,40	0,90	104,1	2.936	6.606	DMS

Tabelle 45: Ermüdungsversuche der Mischung HFB-2 für *h*/*d* = 300/100 mm/mm

Bezeichnung	Prüf-stand	Prüfdatum	Alter	f_p	S_{min}	S_{max}	f_{cm}	Unterlast	Oberlast	Zusätzl. Messtech.
		dd.mm.yyyy	d	Hz	-	-	MPa	kN	kN	
HFB-2C1_1-3_04	1MN	22.01.2018	152	5	0,05	0,70	128,0	50	705	DMS
HFB-2C1_1-3_10	1MN	23.01.2018	153	5	0,05	0,70	128,0	50	700	
HFB-2C1_1-3_11	1MN	18.01.2018	148	5	0,05	0,70	128,0	50	701	
HFB-2C1_1-3_12	1MN	19.01.2018	149	5	0,05	0,70	128,0	50	703	
HFB-2C3_1-3_11	1MN	24.07.2018	152	5	0,05	0,70	121,2	48	670	
HFB-2C3_1-3_10	5MN	13.06.2019	476	5	0,05	0,70	130,5	51	720	DMS
HFB-2C1_1-3_05	HUS	24.01.2018	154	5	0,20	0,80	128,0	201	805	DMS
HFB-2C1_1-3_14	HUS	22.01.2018	152	5	0,20	0,80	128,0	202	807	
HFB-2C1_1-3_18	HUS	23.01.2018	153	5	0,20	0,80	128,0	200	801	
HFB-2C1_1-3_28	HUS	23.01.2018	153	5	0,20	0,80	128,0	201	803	
HFB-2C3_1-3_19	HUS	25.07.2018	153	5	0,20	0,80	121,2	192	767	
HFB-2C3_1-3_06	HUS	25.07.2018	153	5	0,20	0,80	121,2	190	759	
HFB-2C1_1-3_15	HUS	18.01.2018	148	5	0,40	0,90	128,0	402	904	
HFB-2C1_1-3_17	HUS	19.01.2018	149	5	0,40	0,90	128,0	402	904	
HFB-2C3_1-3_08	HUS	12.07.2018	140	5	0,40	0,90	121,2	385	867	
HFB-2C3_1-3_21	HUS	27.07.2018	155	5	0,40	0,90	121,2	381	857	
HFB-2C3_1-3_22	HUS	27.07.2018	155	5	0,40	0,90	121,2	386	868	
HFB-2C3_1-3_01	5MN	13.06.2019	476	5	0,40	0,90	130,5	410	923	DMS
HFB-2C1_1-3_26	HUS	26.01.2018	156	5	0,60	0,95	128,0	603	955	
HFB-2C1_1-3_27	HUS	26.01.2018	156	5	0,60	0,95	128,0	604	956	
HFB-2C3_1-3_02	HUS	27.07.2018	155	5	0,60	0,95	121,2	577	914	
HFB-2C3_1-3_07	HUS	27.07.2018	155	5	0,60	0,95	121,2	571	904	
HFB-2C3_1-3_09	HUS	27.07.2018	155	5	0,60	0,95	121,2	576	912	
HFB-2C3_1-3_12	5MN	13.06.2019	476	5	0,60	0,95	130,5	620	982	

Tabelle 46: Ermüdungsversuche der Mischung HFB-2 unterschiedlicher Schlankheit

Bezeichnung	Prüf-stand	Prüfdatum	Alter	f_p	S_{min}	S_{max}	f_{cm}	Unterlast	Oberlast	Zusätzl. Messtech.
		dd.mm.yyyy	d	Hz	-	-	MPa	kN	kN	
HFB-2C1_1-1_02	5MN	14.12.2017	113	5	0,05	0,70	149,9	59	824	DMS
HFB-2C1_1-1_09	5MN	27.11.2017	96	5	0,05	0,70	149,9	59	824	
HFB-2C3_1-1_05	5MN	17.05.2018	84	5	0,05	0,70	132,1	52	726	
HFB-2C3_1-1_06	5MN	24.05.2018	91	5	0,05	0,70	132,1	52	728	
HFB-2C3_1-1_09	HUS	04.06.2018	102	5	0,05	0,70	132,1	52	727	DMS
HFB-2C1_1-1_08	5MN	27.11.2017	96	5	0,40	0,90	149,9	472	1.062	
HFB-2C1_1-1_10	5MN	06.12.2017	105	5	0,40	0,90	149,9	470	1.057	
HFB-2C3_1-1_04	5MN	17.05.2018	84	5	0,40	0,90	132,1	415	934	
HFB-2C3_1-1_08	5MN	24.05.2018	91	5	0,40	0,90	132,1	416	935	
HFB-2C3_1-1_10	5MN	17.05.2018	84	5	0,40	0,90	132,1	416	936	
HFB-2C2_1-2_04	HUS	14.06.2018	197	5	0,05	0,70	126,5	50	703	
HFB-2C2_1-2_05	HUS	06.07.2018	219	5	0,05	0,70	126,5	50	702	
HFB-2C2_1-2_07	HUS	10.07.2018	223	5	0,05	0,70	126,5	50	701	DMS
HFB-2C3_1-2_06	HUS	12.06.2018	110	5	0,05	0,70	134,6	52	730	
HFB-2C3_1-2_07	HUS	13.06.2018	111	5	0,05	0,70	134,6	52	730	
HFB-2C3_1-2_09	HUS	14.06.2018	112	5	0,05	0,70	134,6	52	728	DMS
HFB-2C2_1-2_01	HUS	05.06.2018	188	5	0,40	0,90	126,5	400	901	
HFB-2C2_1-2_02	HUS	05.06.2018	188	5	0,40	0,90	126,5	403	906	DMS
HFB-2C2_1-2_13	HUS	05.07.2018	218	5	0,40	0,90	126,5	401	903	
HFB-2C3_1-2_04	HUS	07.06.2018	105	5	0,40	0,90	134,6	416	937	
HFB-2C3_1-2_05	HUS	07.06.2018	105	5	0,40	0,90	134,6	415	934	
HFB-2C3_1-2_08	HUS	07.06.2018	105	5	0,40	0,90	134,6	415	934	DMS
HFB-2C1_1-4_04	HUS	10.08.2018	352	5	0,05	0,70	133,8	53	741	
HFB-2C1_1-4_07	HUS	10.08.2018	352	5	0,05	0,70	133,8	53	737	
HFB-2C1_1-4_09	HUS	13.08.2018	355	5	0,05	0,70	133,8	53	738	DMS
HFB-2C3_1-4_07	HUS	16.08.2018	175	5	0,05	0,70	121,5	48	671	
HFB-2C3_1-4_09	HUS	20.08.2018	179	5	0,05	0,70	121,5	48	673	DMS
HFB-2C1_1-4_06	HUS	10.08.2018	352	5	0,40	0,90	133,8	422	949	
HFB-2C1_1-4_08	HUS	10.08.2018	352	5	0,40	0,90	133,8	421	947	
HFB-2C3_1-4_02	HUS	17.08.2018	176	5	0,40	0,90	121,5	384	863	
HFB-2C3_1-4_04	HUS	20.08.2018	179	5	0,40	0,90	121,5	385	865	DMS
HFB-2C3_1-4_06	HUS	17.08.2018	176	5	0,40	0,90	121,5	383	861	

Tabelle 47: Ermüdungsversuche der Mischung HFB-2 für unterschiedliche Größen

Bezeichnung	Prüf-stand	Prüfdatum	Alter	f_p	S_{min}	S_{max}	f_{cm}	Unterlast	Oberlast	Zusätzl. Messtech.
		dd.mm.yyyy	d	Hz	-	-	MPa	kN	kN	
HFB-2C1_6-18_07	1MN	12.07.2018	323	5	0,05	0,70	135,4	19	272	DMS
HFB-2C1_6-18_09	1MN	11.07.2018	322	5	0,05	0,70	135,4	19	272	
HFB-2C1_6-18_11	1MN	27.06.2018	308	5	0,05	0,70	135,4	19	272	
HFB-2C2_6-18_03	1MN	23.08.2018	267	5	0,05	0,70	122,1	17	245	
HFB-2C2_6-18_05	1MN	14.08.2018	258	5	0,05	0,70	122,1	18	247	DMS
HFB-2C2_6-18_06	1MN	05.09.2018	280	5	0,05	0,70	122,1	18	247	
HFB-2C1_6-18_08	1MN	22.06.2018	303	5	0,40	0,90	135,4	155	348	DMS
HFB-2C1_6-18_10	1MN	22.06.2018	303	5	0,40	0,90	135,4	156	351	
HFB-2C1_6-18_12	1MN	21.06.2018	302	5	0,40	0,90	135,4	156	350	
HFB-2C2_6-18_01	1MN	22.08.2018	266	5	0,40	0,90	122,1	140	315	
HFB-2C2_6-18_04	1MN	24.09.2018	299	5	0,40	0,90	122,1	141	318	DMS
HFB-2C2_6-18_07	1MN	22.08.2018	266	5	0,40	0,90	122,1	140	315	
HFB-2C1_2-6_01	10MN	18.01.2019	513	1	0,05	0,70	139,0	217	3.038	DMS
HFB-2C2_2-6_01	10MN	04.10.2018	309	1	0,05	0,70	126,1	198	2.766	DMS
HFB-2C2_2-6_03	10MN	31.08.2018	275	1	0,05	0,70	126,1	198	2.765	
HFB-2C3_2-6_04	10MN	18.09.2020	939	1	0,05	0,70	120,9	188	2.634	
HFB-2C3_2-6_10	10MN	12.11.2020	994	1	0,05	0,70	120,9	189	2.651	
HFB-2C1_2-6_02	10MN	03.01.2019	498	1	0,40	0,90	139,0	1.741	3.918	DMS
HFB-2C1_2-6_04	10MN	17.12.2018	481	1	0,40	0,90	139,0	1.736	3.906	
HFB-2C1_2-6_05	10MN	19.12.2018	483	1	0,40	0,90	139,0	1.738	3.910	
HFB-2C2_2-6_02	10MN	01.10.2018	306	1	0,40	0,90	126,1	1.581	3.558	DMS
HFB-2C2_2-6_04	10MN	03.09.2018	278	1	0,40	0,90	126,1	1.583	3.563	
HFB-2C3_2-6_06	10MN	01.12.2020	1.013	1	0,40	0,90	120,9	1.516	3.411	

Tabelle 48: Ermüdungsversuche zur Analyse des Ermüdungsprozesses

Bezeichnung	Prüf-stand	Prüfdatum	Alter	f_p	S_{min}	S_{max}	f_{cm}	Unterlast	Oberlast	Zusätzl. Messtech.
		dd.mm.yyyy	d	Hz	-	-	MPa	kN	kN	
NFBC1_1-3_01	1MN	12.12.2019	181	5	0,05	0,70	39,9	16	218	DMS, UT
NFBC1_1-3_02	1MN	16.12.2019	185	5	0,05	0,70	39,9	16	220	DMS, UT
NFBC1_1-3_03	1MN	18.12.2019	187	5	0,05	0,70	39,9	16	220	DMS, UT
HFB-1C2_6-18_04	1MN	24.06.2020	524	5	0,05	0,70	102,8	15	204	DMS, UT
HFB-1C2_6-18_06	1MN	17.06.2020	517	5	0,05	0,70	102,8	15	207	DMS, UT
HFB-1C2_6-18_11	1MN	22.06.2020	522	5	0,05	0,70	102,8	15	204	DMS, UT
HFB-1C1_1-3_10	1MN	07.08.2019	399	5	0,05	0,70	118,1	47	654	DMS, UT
HFB-1C1_1-3_11	1MN	12.08.2019	404	5	0,05	0,70	118,1	45	636	DMS, UT
HFB-1C1_1-3_41	1MN	15.08.2019	407	5	0,05	0,70	118,1	47	651	DMS, UT
HFB-1C2_2-6_07	10MN	23.07.2020	553	1	0,05	0,70	99,2	155	2.176	DMS, UT
HFB-1C2_2-6_08	10MN	20.08.2020	581	1	0,05	0,70	99,2	155	2.176	DMS, UT
HFB-1C2_2-6_10	10MN	03.09.2020	595	1	0,05	0,70	99,2	155	2.172	DMS, UT
HFB-2C1_6-18_13	1MN	14.01.2021	1.240	5	0,05	0,70	139,9	20	281	DMS, UT
HFB-2C1_6-18_14	1MN	26.01.2021	1.252	5	0,05	0,70	139,9	20	282	DMS, UT
HFB-2C1_6-18_15	1MN	09.02.2021	1.266	5	0,05	0,70	139,9	20	281	DMS, UT
HFB-2C3_1-3_30	1MN	29.07.2019	522	5	0,05	0,70	130,5	52	723	DMS, UT
HFB-2C3_1-3_32	1MN	17.07.2019	510	5	0,05	0,70	130,5	51	719	DMS, UT
HFB-2C3_1-3_33	1MN	02.08.2019	526	5	0,05	0,70	130,5	51	714	DMS, UT
HFB-2C3_2-6_01	10MN	08.10.2020	959	1	0,05	0,70	120,9	189	2.644	DMS, UT
HFB-2C3_2-6_02	10MN	04.12.2020	1.016	1	0,05	0,70	120,9	190	2.662	DMS, UT
HFB-2C3_2-6_05	10MN	28.10.2020	979	1	0,05	0,70	120,9	189	2.647	DMS, UT

9.4 Ergebnisse der Ermüdungsversuche

Tabelle 49: Ergebnisse der Mischung NFB für *h*/*d* = 300/100 mm/mm

Bezeichnung	S_{min}	S_{max}	N_f	$\overline{\log(N_f)}$	ΔT_{max}	$\varepsilon^{II}_{max,N}$	$\varepsilon^{II}_{min,N}$	$\log(\varepsilon^{II}_{max,N})$	ε^{B}_{min}	ε^{B}_{max}	N_{Rest}
	-	-	-	-	K	10^{-9}	10^{-9}	-	10^{-3}	10^{-3}	-
NFBC1_1-3_04	0,05	0,70	21.597	4,32	7	-33,2	-26,7	-7,48	-1,43	-2,82	43
NFBC1_1-3_05	0,05	0,70	17.018		6	-38,9	-31,6	-7,41	-1,57	-2,98	16
NFBC1_1-3_06	0,05	0,70	9.763		4	-65,5	-52,8	-7,18	-1,64	-3,10	9
NFBC2_1-3_03	0,05	0,70	21.644		10	-31,6	-25,5	-7,50	-1,61	-3,09	40
NFBC2_1-3_01	0,05	0,70	39.127		11	-21,8	-17,9	-7,66	-1,69	-3,17	23
NFBC2_1-3_02	0,05	0,70	28.264		12	-27,3	-21,9	-7,56	-1,66	-3,20	10
NFBC1_1-3_07	0,20	0,80	1.123	3,54	1	-733,0	-672,6	-6,14	-2,20	-3,28	23
NFBC1_1-3_08	0,20	0,80	3.690		1	-185,3	-169,7	-6,73	-1,74	-2,77	40
NFBC1_1-3_10	0,20	0,80	684		0	-852,4	-745,6	-6,07	-2,15	-4,15	-
NFBC2_1-3_05	0,20	0,80	12.800		3	-53,8	-49,2	-7,27	-1,96	-3,09	46
NFBC2_1-3_06	0,20	0,80	10.452		3	-53,0	-47,9	-7,28	-1,70	-2,78	52
NFBC2_1-3_07	0,20	0,80	4.552		2	-140,7	-126,6	-6,85	-1,73	-2,82	52
NFBC1_1-3_12	0,40	0,90	444	2,78	0	-1.613,0	-1.551,1	-5,79	-2,36	-3,11	-
NFBC1_1-3_13	0,40	0,90	245		0	-3.166,9	-3.005,0	-5,50	-2,45	-3,20	-
NFBC1_1-3_16	0,40	0,90	377		0	-1.512,7	-1.436,1	-5,82	-2,19	-2,90	-
NFBC2_1-3_10	0,40	0,90	1.763		0	-339,3	-322,0	-6,47	-2,24	-3,09	13
NFBC2_1-3_14	0,40	0,90	1.134		0	-515,2	-484,8	-6,29	-2,03	-2,83	34
NFBC2_1-3_11	0,40	0,90	603		0	-944,0	-896,8	-6,03	-2,25	-3,05	-
NFBC1_1-3_11	0,60	0,95	44	1,98	0	-17.501,5	-15.751,6	-4,76	-2,43	-2,90	-
NFBC1_1-3_14	0,60	0,95	31		0	-23.943,0	-21.867,1	-4,62	-2,37	-3,04	-
NFBC1_1-3_15	0,60	0,95	374		0	-1.750,6	-2.110,0	-5,76	-2,51	-2,95	-
NFBC2_1-3_15	0,60	0,95	326		0	-1.760,2	-1.717,1	-5,75	-2,57	-3,08	-
NFBC2_1-3_21	0,60	0,95	122		0	-4.524,2	-4.235,1	-5,34	-2,47	-2,96	-
NFBC2_1-3_23	0,60	0,95	38		0	-14.188,7	-17.667,8	-4,85	-2,40	-2,90	-

Tabelle 50: Ergebnisse der Mischung HFB-1 für *h*/*d* = 300/100 mm/mm

Bezeichnung	S_{min}	S_{max}	N_f	$\overline{\log(N_f)}$	ΔT_{max}	$\varepsilon^{II}_{max,N}$	$\varepsilon^{II}_{min,N}$	$\log(\varepsilon^{II}_{max,N})$	ε^{B}_{min}	ε^{B}_{max}	N_{Rest}
	-	-	-	-	K	10^{-9}	10^{-9}	-	10^{-3}	10^{-3}	-
HFB-1C1_1-3_08	0,05	0,70	12.215	4,26	15	-27,7	-14,9	-7,56	-0,68	-2,71	11
HFB-1C1_1-3_14	0,05	0,70	22.869		27	-21,7	-14,3	-7,66	-1,10	-3,12	65
HFB-1C1_1-3_18	0,05	0,70	13.477		14	-16,3	-8,2	-7,79	-0,62	-2,59	23
HFB-1C1_1-3_20	0,05	0,70	27.191		28	-16,3	-9,1	-7,79	-0,86	-2,89	37
HFB-1C1_1-3_22	0,05	0,70	18.301		19	-17,2	-9,5	-7,76	-0,70	-2,59	97
HFB-1C1_1-3_26	0,05	0,70	19.686		22	-20,4	-11,2	-7,69	-0,79	-2,78	82
HFB-1C1_1-3_16	0,20	0,80	5.461	3,87	4	-42,2	-35,4	-7,38	-1,18	-2,75	57
HFB-1C1_1-3_24	0,20	0,80	3.985		3	-52,6	-43,4	-7,28	-1,33	-2,90	81
HFB-1C1_1-3_27	0,20	0,80	11.048		9	-27,4	-23,4	-7,56	-1,42	-2,99	44
HFB-1C1_1-3_36	0,20	0,80	1.942		2	-91,6	-74,9	-7,04	-1,15	-2,80	38
HFB-1C1_1-3_37	0,20	0,80	17.817		13	-21,5	-17,9	-7,67	-1,46	-3,10	13
HFB-1C1_1-3_38	0,20	0,80	19.634		13	-21,4	-17,7	-7,67	-1,44	-3,06	30
HFB-1C1_1-3_33	0,40	0,90	5.534	2,86	3	-64,9	-60,5	-7,19	-1,97	-3,30	-
HFB-1C1_1-3_40	0,40	0,90	3.086		2	-119,1	-110,8	-6,92	-2,12	-3,49	-
HFB-1C1_1-3_42	0,40	0,90	57		0	-9.776,8	-915,1	-5,01	-2,16	-3,17	-
HFB-1C1_1-3_43	0,40	0,90	7.328		3	-53,2	-50,2	-7,27	-2,16	-3,53	-
HFB-1C1_1-3_51	0,40	0,90	29		0	-23.774,0	-4.849,2	-4,62	-2,13	-3,05	-
HFB-1C1_1-3_52	0,40	0,90	715		0	-392,4	-334,4	-6,41	-1,96	-3,40	-
HFB-1C1_1-3_25	0,60	0,95	69	2,65	0	-6.080,7	-2.483,9	-5,22	-2,50	-3,20	-
HFB-1C1_1-3_28	0,60	0,95	451		0	-786,2	-486,3	-6,10	-2,31	-3,14	-
HFB-1C1_1-3_12	0,60	0,95	541		0	-657,4	-447,2	-6,18	-2,24	-3,27	-
HFB-1C1_1-3_45	0,60	0,95	1.427		0	-194,2	-191,3	-6,71	-2,51	-3,42	-
HFB-1C1_1-3_02	0,60	0,95	677		0	-469,0	-389,7	-6,33	-2,44	-3,43	-
HFB-1C1_1-3_44	0,60	0,95	513		0	-659,8	-425,3	-6,18	-2,50	-3,41	-

Tabelle 51: Ergebnisse der Mischung HFB-1 unterschiedlicher Schlankheit

Bezeichnung	S_{min}	S_{max}	N_f	$\overline{\log(N_f)}$	ΔT_{max}	$\varepsilon^{II}_{max,N}$	$\varepsilon^{II}_{min,N}$	$\log(\varepsilon^{II}_{max,N})$	ε^{B}_{min}	ε^{B}_{max}	N_{Rest}
	-	-	-	-	K	10^{-9}	10^{-9}	-	10^{-3}	10^{-3}	-
HFB-1C1_1-1_01	0,05	0,70	404.840	5,09	17	-2,8	-2,6	-8,56	-2,21	-5,61	40
HFB-1C1_1-1_02	0,05	0,70	787.988		16	-1,1	-1,0	-8,95	-1,96	-4,77	988
HFB-1C2_1-1_01	0,05	0,70	48.118		15	-27,6	-21,7	-7,56	-2,73	-6,21	118
HFB-1C2_1-1_02	0,05	0,70	294.564		16	-5,0	-5,0	-8,31	-2,64	-5,10	164
HFB-1C3_1-1_06	0,05	0,70	27.764		15	-37,9	-31,2	-7,42	-2,10	-5,08	164
HFB-1C3_1-1_10	0,05	0,70	27.156		18	-47,8	-38,8	-7,32	-4,85	-9,32	0
HFB-1C1_1-1_06	0,40	0,90	9.775	3,50	3	-49,3	-45,4	-7,31	-5,25	-8,89	-
HFB-1C1_1-1_07	0,40	0,90	9.579		3	-50,5	-47,2	-7,30	-5,79	-8,24	-
HFB-1C2_1-1_04	0,40	0,90	3.495		1	-217,7	-204,2	-6,66	-4,45	-6,38	-
HFB-1C2_1-1_07	0,40	0,90	4.669		1	-130,1	-118,2	-6,89	-5,59	-7,82	-
HFB-1C3_1-1_07	0,40	0,90	306		0	-2.582,3	-2.158,1	-5,59	-4,88	-7,20	-
HFB-1C3_1-1_08	0,40	0,90	2.244		1	-240,1	-227,3	-6,62	-5,60	-8,37	-
HFB-1C2_1-2_04	0,05	0,70	15.038	4,31	16	-37,9	-26,1	-7,42	-1,12	-3,35	38
HFB-1C2_1-2_05	0,05	0,70	19.747		22	-32,4	-22,2	-7,49	-1,30	-3,54	147
HFB-1C2_1-2_07	0,05	0,70	26.022		22	-23,0	-17,1	-7,64	-1,44	-3,75	22
HFB-1C2_1-2_13	0,05	0,70	29.743		24	-21,9	-13,8	-7,66	-1,40	-3,69	43
HFB-1C3_1-2_03	0,05	0,70	22.663		18	-23,7	-18,0	-7,63	-1,49	-3,61	13
HFB-1C3_1-2_07	0,05	0,70	13.425		17	-44,2	-33,0	-7,35	-1,36	-3,61	25
HFB-1C2_1-2_06	0,40	0,90	1.079	2,92	1	-378,8	-362,6	-6,42	-2,60	-3,99	-
HFB-1C2_1-2_09	0,40	0,90	2.625		1	-172,0	-158,8	-6,76	-2,79	-4,22	-
HFB-1C2_1-2_10	0,40	0,90	244		0	-1.890,4	-925,1	-5,72	-2,31	-3,80	-
HFB-1C3_1-2_09	0,40	0,90	540		1	-827,3	-704,3	-6,08	-2,46	-3,91	-
HFB-1C3_1-2_10	0,40	0,90	1.050		0	-332,1	-304,4	-6,48	-2,49	-3,89	-
HFB-1C2_1-4_04	0,05	0,70	16.114	4,40	12	-19,0	-13,0	-7,72	-0,66	-2,42	14
HFB-1C2_1-4_05	0,05	0,70	11.521		9	-16,6	-9,3	-7,78	-0,63	-2,30	21
HFB-1C2_1-4_09	0,05	0,70	37.198		24	-15,1	-9,0	-7,82	-0,79	-2,67	48
HFB-1C1_1-4_02	0,05	0,70	25.877		25	-11,4	-6,0	-7,94	-0,71	-2,60	-
HFB-1C1_1-4_03	0,05	0,70	35.800		27	-10,4	-6,3	-7,98	-0,95	-2,58	100
HFB-1C1_1-4_07	0,05	0,70	37.618		28	-9,8	-5,5	-8,01	-0,67	-2,61	18

Tabelle 51 Fortsetzung: Ergebnisse der Mischung HFB-1 unterschiedlicher Schlankheit

Bezeichnung	S_{min}	S_{max}	N_f	$\overline{\log(N_f)}$	ΔT_{max}	$\varepsilon^{II}_{max,N}$	$\varepsilon^{II}_{min,N}$	$\log(\varepsilon^{II}_{max,N})$	ε^{B}_{min}	ε^{B}_{max}	N_{Rest}
	-	-	-	-	K	10^{-9}	10^{-9}	-	10^{-3}	10^{-3}	-
HFB-1C2_1-4_06	0,40	0,90	1.605	3,18	1	-137,7	-131,2	-6,86	-1,66	-2,89	-
HFB-1C2_1-4_07	0,40	0,90	1.030		1	-240,1	-206,2	-6,62	-1,77	-2,88	-
HFB-1C2_1-4_10	0,40	0,90	1.051		1	-267,3	-226,8	-6,57	-1,61	-2,83	-
HFB-1C2_1-4_08	0,40	0,90	1.212		1	-188,5	-171,5	-6,73	-1,66	-2,87	-
HFB-1C1_1-4_04	0,40	0,90	1.393		1	-190,5	-169,6	-6,72	-1,91	-3,27	-
HFB-1C1_1-4_10	0,40	0,90	4.201		2	-65,1	-60,4	-7,19	-1,89	-3,25	-

Tabelle 52: Ergebnisse der Mischung HFB-1 für unterschiedliche Größen

Bezeichnung	S_{min}	S_{max}	N_f	$\overline{\log(N_f)}$	ΔT_{max}	$\varepsilon^{II}_{max,N}$	$\varepsilon^{II}_{min,N}$	$\log(\varepsilon^{II}_{max,N})$	ε^{B}_{min}	ε^{B}_{max}	N_{Rest}
	-	-	-	-	K	10^{-9}	10^{-9}	-	10^{-3}	10^{-3}	-
HFB-1C2_6-18_01	0,05	0,70	55.674		17	-12,8	-10,8	-7,89	-1,31	-3,42	24
HFB-1C2_6-18_02	0,05	0,70	86.608		16	-8,6	-7,5	-8,07	-1,37	-3,39	0
HFB-1C2_6-18_03	0,05	0,70	8.566	4,52	12	-44,2	-27,2	-7,36	-0,98	-3,08	16
HFB-1C3_6-18_03	0,05	0,70	6.539		6	-65,9	-49,4	-7,18	-1,12	-3,02	39
HFB-1C3_6-18_08	0,05	0,70	1.733		2	-243,1	-172,8	-6,61	-1,31	-3,04	-
HFB-1C3_6-18_09[D]	0,05	0,70	3.104.392		10	-0,2	-0,2	-9,72	-1,71	-3,23	-
HFB-1C2_6-18_07	0,40	0,90	1.073		0	-297,8	-279,3	-6,53	-2,10	-3,36	-
HFB-1C2_6-18_08	0,40	0,90	30		0	-24.902,0	-15.363,6	-4,60	-2,00	-3,28	-
HFB-1C2_6-18_09	0,40	0,90	2.930	3,45	1	-134,4	-130,3	-6,87	-2,41	-3,70	-
HFB-1C3_6-18_12	0,40	0,90	111		0	-3.521,4	-2.350,3	-5,45	-2,04	-3,11	-
HFB-1C3_6-18_13	0,40	0,90	31.762		5	-17,4	-16,6	-7,76	-2,34	-3,42	12
HFB-1C3_6-18_14	0,40	0,90	1.410.172		7	-0,5	-0,5	-9,28	-3,28	-4,43	63.872
HFB-1C1_2-6_06	0,05	0,70	305.176		16	-1,7	-1,5	-8,78	-1,35	-3,00	176
HFB-1C1_2-6_10	0,05	0,70	150.605	4,91	19	-3,1	-2,6	-8,51	-0,94	-2,82	5
HFB-1C3_2-6_06	0,05	0,70	33.947		5	-14,7	-12,5	-7,83	-1,00	-2,76	47
HFB-1C3_2-6_09	0,05	0,70	28.546		3	-13,4	-11,0	-7,87	-0,84	-2,51	46
HFB-1C1_2-6_07	0,40	0,90	1.252		2	-137,4	-124,6	-6,86	-1,94	-3,23	-
HFB-1C1_2-6_09	0,40	0,90	603		-	-291,2	-271,4	-6,54	-1,73	-3,05	-
HFB-1C3_2-6_01	0,40	0,90	4.091	2,61	1	-75,2	-72,9	-7,12	-1,91	-3,05	-
HFB-1C3_2-6_05	0,40	0,90	151		1	-1.250,3	-1.199,6	-5,90	-1,68	-2,83	-
HFB-1C3_2-6_10	0,40	0,90	23		1	-8.049,4	-7.101,4	-5,09	-1,86	-2,99	-
HFB-1C1_3-9_01	0,05	0,70	28.787		24	-14,4	-8,8	-7,84	-0,85	-2,78	37
HFB-1C1_3-9_02	0,05	0,70	27.530		19	-12,7	-8,2	-7,90	-0,96	-2,82	30
HFB-1C1_3-9_03	0,05	0,70	27.613	4,48	17	-12,7	-8,0	-7,90	-0,69	-2,63	13
HFB-1C2_3-9_04	0,05	0,70	37.635		24	-8,6	-3,4	-8,07	-0,57	-2,39	35
HFB-1C2_3-9_05	0,05	0,70	30.361		19	-11,6	-6,9	-7,94	-0,65	-2,47	11
HFB-1C1_3-9_11	0,40	0,90	449	2,74	0	-327,0	-312,8	-6,49	-1,62	-2,91	-
HFB-1C1_3-9_14	0,40	0,90	966		1	-200,8	-196,6	-6,70	-1,64	-2,90	-
HFB-1C1_3-9_15	0,40	0,90	1.595		1	-119,7	-117,1	-6,92	-2,05	-3,34	-
HFB-1C2_3-9_07	0,40	0,90	119		0	-855,4	-741,0	-6,07	-1,47	-2,67	-
HFB-1C2_3-9_08	0,40	0,90	639		0	-241,3	-228,7	-6,62	-1,72	-2,97	-

[D] Durchläufer

Tabelle 53: Ergebnisse der Mischung HFB-2 für *h*/*d* = 300/100 mm/mm

Bezeichnung	S_{min}	S_{max}	N_f	$\overline{\log(N_f)}$	ΔT_{max}	$\varepsilon^{II}_{max,N}$	$\varepsilon^{II}_{min,N}$	$\log(\varepsilon^{II}_{max,N})$	ε^{B}_{min}	ε^{B}_{max}	N_{Rest}
	-	-	-	-	K	10^{-9}	10^{-9}	-	10^{-3}	10^{-3}	-
HFB-2C1_1-3_04	0,05	0,70	77.777	4,78	25	-3,5	-2,0	-8,45	-0,43	-2,27	73
HFB-2C1_1-3_10	0,05	0,70	62.447		27	-4,4	-2,0	-8,36	-0,55	-2,49	43
HFB-2C1_1-3_11	0,05	0,70	90.591		25	-3,1	-1,8	-8,50	-0,35	-2,22	37
HFB-2C1_1-3_12	0,05	0,70	63.713		28	-3,9	-1,8	-8,41	-0,36	-2,21	109
HFB-2C3_1-3_11	0,05	0,70	37.703		23	-4,5	-1,3	-8,35	-0,38	-2,21	99
HFB-2C3_1-3_10	0,05	0,70	47.181		20	-3,2	-0,5	-8,50	-0,37	-2,38	27
HFB-2C1_1-3_05	0,20	0,80	42.591	4,28	16	-5,4	-4,0	-8,27	-1,05	-2,68	37
HFB-2C1_1-3_14	0,20	0,80	46.271		15	-6,0	-4,7	-8,22	-1,12	-2,80	17
HFB-2C1_1-3_18	0,20	0,80	24.380		13	-5,9	-4,3	-8,23	-0,92	-2,53	26
HFB-2C1_1-3_28	0,20	0,80	6.993		5	-27,8	-17,1	-7,56	-0,98	-2,70	39
HFB-2C3_1-3_19	0,20	0,80	10.307		8	-9,2	-5,9	-8,04	-0,93	-2,52	3
HFB-2C3_1-3_06	0,20	0,80	13.927		10	-10,4	-7,3	-7,98	-1,00	-2,57	23
HFB-2C1_1-3_15	0,40	0,90	139	3,06	0	-773,6	-680,6	-6,11	-1,55	-2,86	-
HFB-2C1_1-3_17	0,40	0,90	27.276		8	-10,3	-9,4	-7,99	-1,83	-3,17	22
HFB-2C3_1-3_08	0,40	0,90	1.811		1	-91,9	-80,4	-7,04	-1,74	-3,00	-
HFB-2C3_1-3_21	0,40	0,90	1.493		1	-101,7	-89,0	-6,99	-1,60	-2,82	-
HFB-2C3_1-3_22	0,40	0,90	242		0	-604,3	-499,4	-6,22	-1,52	-2,79	-
HFB-2C3_1-3_01	0,40	0,90	895		1	-150,7	-127,0	-6,82	-1,60	-2,94	-
HFB-2C1_1-3_26	0,60	0,95	12	2,35	0	-6.127,5	-6.357,3	-5,21	-2,20	-3,06	-
HFB-2C1_1-3_27	0,60	0,95	754		0	-264,1	-240,7	-6,58	-2,20	-3,06	-
HFB-2C3_1-3_02	0,60	0,95	1.395		0	-147,5	-136,7	-6,83	-2,34	-3,11	-
HFB-2C3_1-3_07	0,60	0,95	218		0	-507,0	-474,3	-6,30	-2,03	-2,87	-
HFB-2C3_1-3_09	0,60	0,95	72		0	-2.948,3	-2.895,7	-5,53	-2,25	-3,11	-
HFB-2C3_1-3_12	0,60	0,95	640		0	-274,4	-228,5	-6,56	-2,18	-3,07	-

Tabelle 54: Ergebnisse der Mischung HFB-2 unterschiedlicher Schlankheit

Bezeichnung	S_{min}	S_{max}	N_f	$\overline{\log(N_f)}$	ΔT_{max}	$\varepsilon^{II}_{max,N}$	$\varepsilon^{II}_{min,N}$	$\log(\varepsilon^{II}_{max,N})$	ε^{B}_{min}	ε^{B}_{max}	N_{Rest}
	-	-	-	-	K	10^{-9}	10^{-9}	-	10^{-3}	10^{-3}	-
HFB-2C1_1-1_02[D]	0,05	0,70	3.011.089	5,81	13	-0,1	-0,1	-10,30	-0,36	-1,05	-
HFB-2C1_1-1_09[D]	0,05	0,70	3.379.072		11	-0,4	-0,4	-9,41	-1,07	-3,45	-
HFB-2C3_1-1_05	0,05	0,70	45.065		12	-10,6	-7,3	-7,98	-1,11	-4,43	65
HFB-2C3_1-1_06	0,05	0,70	822.760		15	-0,9	-0,7	-9,06	-1,59	-4,35	2.760
HFB-2C3_1-1_09	0,05	0,70	332.620		14	-1,8	-1,3	-8,74	-1,43	-4,42	2.620
HFB-2C1_1-1_08	0,40	0,90	4.474	2,89	2	-25,5	-24,1	-7,59	-2,91	-5,14	-
HFB-2C1_1-1_10	0,40	0,90	59		0	-16.915,7	-9.628,8	-4,77	-3,59	-5,89	-
HFB-2C3_1-1_04	0,40	0,90	1.244		3	-203,2	-212,6	-6,69	-3,53	-9,98	-
HFB-2C3_1-1_08	0,40	0,90	682		0	-491,0	-422,9	-6,31	-2,94	-5,08	-
HFB-2C3_1-1_10	0,40	0,90	1.267		2	-236,4	-239,1	-6,63	-6,88	-9,61	-
HFB-2C2_1-2_04	0,05	0,70	36.280	4,68	18	-6,1	-3,2	-8,22	-0,66	-2,91	80
HFB-2C2_1-2_05	0,05	0,70	70.579		26	-5,3	-3,1	-8,28	-0,62	-2,86	179
HFB-2C2_1-2_07	0,05	0,70	125.103		24	-2,9	-2,0	-8,54	-0,66	-2,83	103
HFB-2C3_1-2_06	0,05	0,70	38.903		21	-7,8	-3,9	-8,11	-0,55	-2,78	103
HFB-2C3_1-2_07	0,05	0,70	27.253		15	-9,2	-4,2	-8,04	-0,51	-2,72	253
HFB-2C3_1-2_09	0,05	0,70	37.549		26	-10,1	-4,5	-8,00	-0,89	-3,28	49
HFB-2C2_1-2_01	0,40	0,90	16	2,49	0	-8.677,0	-7.557,6	-5,06	-1,83	-3,21	-
HFB-2C2_1-2_02	0,40	0,90	65		1	-2.763,7	-2.202,6	-5,56	-1,88	-3,26	-
HFB-2C2_1-2_13	0,40	0,90	2.563		4	77,6	69,5	-7,11	-1,85	-3,19	-
HFB-2C3_1-2_04	0,40	0,90	572		2	-329,9	-289,7	-6,48	-2,11	-3,63	-
HFB-2C3_1-2_05	0,40	0,90	873		1	-230,3	-202,1	-6,64	-2,01	-3,47	-
HFB-2C3_1-2_08	0,40	0,90	672		1	-356,4	-315,1	-6,45	-2,67	-3,62	-
HFB-2C1_1-4_04	0,05	0,70	34.432	4,55	24	-4,9	-0,6	-8,31	-0,36	-2,35	32
HFB-2C1_1-4_07	0,05	0,70	39.722		22	-4,8	-0,8	-8,32	-0,36	-2,30	122
HFB-2C1_1-4_09	0,05	0,70	51.078		33	-4,8	-1,7	-8,32	-0,36	-2,33	78
HFB-2C3_1-4_07	0,05	0,70	37.490		22	-3,2	-0,3	-8,50	-0,33	-2,13	90
HFB-2C3_1-4_09	0,05	0,70	22.033		21	-7,9	-1,9	-8,10	-0,45	-2,35	33
HFB-2C1_1-4_06	0,40	0,90	8.701	3,20	5	-19,3	-17,5	-7,72	-1,66	-2,97	0
HFB-2C1_1-4_08	0,40	0,90	2.154		1	-56,9	-51,0	-7,25	-1,61	-2,93	-
HFB-2C3_1-4_02	0,40	0,90	987		4	-203,3	-180,0	-6,69	-1,73	-2,98	-
HFB-2C3_1-4_04	0,40	0,90	503		2	-393,3	-350,6	-6,41	-1,63	-2,85	-
HFB-2C3_1-4_06	0,40	0,90	1.100		2	-220,5	-196,9	-6,66	-1,85	-3,07	-

[D] Durchläufer

Tabelle 55: Ergebnisse der Mischung HFB-2 für unterschiedliche Größen

Bezeichnung	S_{min}	S_{max}	N_f	$\overline{\log(N_f)}$	ΔT_{max}	$\varepsilon^{II}_{max,N}$	$\varepsilon^{II}_{min,N}$	$\log(\varepsilon^{II}_{max,N})$	ε^{B}_{min}	ε^{B}_{max}	N_{Rest}
	-	-	-	-	K	10^{-9}	10^{-9}	-	10^{-3}	10^{-3}	-
HFB-2C1_6-18_07[U,D]	0,05	0,70	3.132.264	6,28	10	-0,2	-0,2	-9,68	-0,81	-2,68	-
HFB-2C1_6-18_09	0,05	0,70	196.496		17	-1,6	-1,2	-8,80	-0,56	-2,59	6.496
HFB-2C1_6-18_11[U,D]	0,05	0,70	3.441.851		14	-0,2	-0,2	-9,72	-0,65	-2,49	-
HFB-2C2_6-18_03[D]	0,05	0,70	3.013.043		12	-0,2	-0,2	-9,75	-0,62	-2,40	-
HFB-2C2_6-18_05[D]	0,05	0,70	2.987.260		10	-0,2	-0,2	-9,70	-0,80	-2,14	-
HFB-2C2_6-18_06[D]	0,05	0,70	3.443.874		12	-0,2	-0,2	-9,77	-0,72	-2,49	-
HFB-2C1_6-18_08	0,40	0,90	878	3,43	1	-173,2	-155,5	-6,76	-1,69	-3,00	-
HFB-2C1_6-18_10	0,40	0,90	4.666		2	-29,9	-25,7	-7,53	-1,95	-3,29	-
HFB-2C1_6-18_12	0,40	0,90	23.338		4	-9,4	-8,8	-8,03	-1,85	-3,25	28
HFB-2C2_6-18_01	0,40	0,90	33		1	-4.212,1	-147,7	-5,38	-2,05	-3,32	-
HFB-2C2_6-18_04	0,40	0,90	37.351		3	-5,3	-5,2	-8,27	-2,01	-3,23	50
HFB-2C2_6-18_07	0,40	0,90	3.088		1	-44,8	-40,2	-7,35	-1,94	-2,99	-
HFB-2C1_2-6_01[U,D]	0,05	0,70	1.072.203	5,51	12	-0,3	-0,3	-9,51	-0,59	-2,70	-
HFB-2C2_2-6_01	0,05	0,70	136.267		-	-2,3	-1,3	-8,64	-0,88	-2,77	67
HFB-2C2_2-6_03	0,05	0,70	83.886		15	-3,6	-2,7	-8,45	-0,84	-2,76	86
HFB-2C3_2-6_04	0,05	0,70	277.163		13	-0,2	-0,2	-9,72	-0,35	-2,31	13
HFB-2C3_2-6_10[D]	0,05	0,70	1.005.005		11	0,0	-0,1	-10,40	-0,26	-1,90	-
HFB-2C1_2-6_02	0,40	0,90	2.646	3,35	1	-79,1	-72,2	-7,10	-1,93	-3,35	-
HFB-2C1_2-6_04	0,40	0,90	1.196		0	-124,5	-131,5	-6,91	-1,87	-3,28	-
HFB-2C1_2-6_05	0,40	0,90	865		0	-151,0	-146,1	-6,82	-1,86	-3,28	-
HFB-2C2_2-6_02	0,40	0,90	690		1	-245,5	-232,6	-6,61	-1,78	-3,08	-
HFB-2C2_2-6_04	0,40	0,90	565		-	-	-	-	-	-	-
HFB-2C3_2-6_06	0,40	0,90	114.816		8	-0,9	-1,0	-9,06	-1,49	-2,66	16

[U] Unterbrechung
[D] Durchläufer

Tabelle 56: Ergebnisse der Analyse des Ermüdungsprozesses

Bezeichnung	S_{min}	S_{max}	N_f	$\overline{\log(N_f)}$	ΔT_{max}	$\varepsilon^{II}_{max,N}$	$\varepsilon^{II}_{min,N}$	$\log(\varepsilon^{II}_{max,N})$	ε^{B}_{min}	ε^{B}_{max}	N_{Rest}
	-	-	-	-	K	10^{-9}	10^{-9}	-	10^{-3}	10^{-3}	-
NFBC1_1-3_01	0,05	0,70	56.398	4,80	6	-11,1	-8,6	-7,95	-1,26	-2,57	398
NFBC1_1-3_02	0,05	0,70	76.504		6	-8,2	-6,4	-8,09	-1,44	-2,79	504
NFBC1_1-3_03	0,05	0,70	56.659		7	-11,3	-8,8	-7,95	-1,28	-2,61	659
NFBC2_3-9_06	0,05	0,70	5.335		2	-53,1	-46,1	-7,28	-0,62	-1,83	477
NFBC2_3-9_11	0,05	0,70	6.128	3,85	3	-67,0	-55,9	-7,17	-0,84	-2,11	249
NFBC2_3-9_12^U	0,05	0,70	10.745		2	-43,1	-36,1	-7,37	-0,84	-2,10	0
HFB-1C2_6-18_04	0,05	0,70	18.678		6	-29,9	-24,2	-7,53	-0,93	-3,04	986
HFB-1C2_6-18_06	0,05	0,70	131.101	4,62	10	-3,0	-2,4	-8,53	-0,92	-2,87	233
HFB-1C2_6-18_11	0,05	0,70	28.885		6	-7,9	-6,2	-8,11	-1,04	-3,30	68
HFB-1C1_1-3_10	0,05	0,70	10.725		10	-24,4	-15,0	-7,61	-0,75	-2,73	107
HFB-1C1_1-3_11	0,05	0,70	40.407	4,27	19	-15,1	-11,0	-7,82	-0,99	-3,08	484
HFB-1C1_1-3_41	0,05	0,70	15.054		11	-14,1	-9,4	-7,85	-0,70	-2,59	394
HFB-1C2_2-6_07^D	0,05	0,70	1.025.000		15	-0,3	-0,3	-9,59	-0,84	-2,50	-
HFB-1C2_2-6_08	0,05	0,70	48.444	5,57	15	-4,4	-2,9	-8,36	-0,86	-2,61	3.389
HFB-1C2_2-6_10^U,D	0,05	0,70	1.038.810		16	-0,2	-0,2	-9,68	-0,88	-2,39	-
HFB-2C1_6-18_13^D	0,05	0,70	3.006.304		9	-0,1	-0,1	-10,10	-0,96	-3,00	-
HFB-2C1_6-18_14	0,05	0,70	1.747.238	6,41	11	-0,2	-0,1	-9,80	-0,71	-2,80	398
HFB-2C1_6-18_15^D	0,05	0,70	3.133.293		9	-0,1	-0,1	-10,22	-0,69	-2,71	-
HFB-2C3_1-3_30	0,05	0,70	122.098		11	-2,3	-1,6	-8,64	-0,74	-2,69	325
HFB-2C3_1-3_32	0,05	0,70	121.195	5,02	8	-1,6	-1,2	-8,80	-0,68	-2,54	454
HFB-2C3_1-3_33	0,05	0,70	76.349		20	-3,5	-1,9	-8,45	-0,57	-2,37	2.147
HFB-2C3_2-6_01^D	0,05	0,70	1.036.779		11	0,0	0,0	-10,52	-0,43	-2,08	-
HFB-2C3_2-6_02^D	0,05	0,70	1.029.000	6,02	10	-0,2	-0,2	-9,72	-0,43	-2,08	-
HFB-2C3_2-6_05^D	0,05	0,70	1.041.832			0,0	0,0	-11,00	-0,39	-2,04	-

^U Unterbrechung

^D Durchläufer

Verzeichnis der in der Schriftenreihe des Deutschen Ausschusses für Stahlbeton – DAfStb – seit 1945 erschienenen Hefte

Heft

100: Versuche an Stahlbetonbalken zur Bestimmung der Bewehrungsgrenze.
Von *W. Gehler, H. Amos* und *E. Friedrich.*
Die Ergebnisse der Versuche und das Dresdener Rechenverfahren für den plastischen Betonbereich (1949).
Von *W. Gehler.* 9,70 EUR

101: Versuche zur Ermittlung der Rissbildung und der Widerstandsfähigkeit von Stahlbetonplatten mit verschiedenen Bewehrungsstählen bei stufenweise gesteigerter Last.
Von *O. Graf* und *K. Walz.*
Versuche über die Schwellzugfestigkeit von verdrillten Bewehrungsstählen.
Von *O. Graf* und *G. Weil.*
Versuche über das Verhalten von kalt verformten Baustählen beim Zurückbiegen nach verschiedener Behandlung der Proben.
Von *O. Graf* und *G. Weil.*
Versuche zur Ermittlung des Zusammenwirkens von Fertigbauteilen aus Stahlbeton für Decken (1948).
Von *H. Amos* und *W. Bochmann.* vergriffen

102: Beton und Zement im Seewasser (1950).
Von *A. Eckhardt* und *W. Kronsbein.* vergriffen

103: Die *n*-freien Berechnungsweisen des einfach bewehrten, rechteckigen Stahlbetonbalkens (1951).
Von *K. B. Haberstock.* vergriffen

104: Bindemittel für Massenbeton, Untersuchungen über hydraulische Bindemittel aus Zement, Kalk und Trass (1951).
Von *K. Walz.* vergriffen

105: Die Versuchsberichte des Deutschen Ausschusses für Stahlbeton (1951).
Von *O. Graf.* vergriffen

106: Berechnungstafeln für rechtwinklige Fahrbahnplatten von Straßenbrücken (1952). 7. neubearbeitete Auflage (1981).
Von *H. Rüsch.* vergriffen

107: Die Kugelschlagprüfung von Beton.
Von *K. Gaede.* vergriffen

108: Verdichten von Leichtbeton durch Rütteln (1952).
Von *K. Walz.* vergriffen

109: SO_3-Gehalt der Zuschlagstoffe (1952).
Von *K. Gaede.* 3,30 EUR

110: Ziegelsplittbeton (1952).
Von *K. Charisius, W. Drechsel* und *A. Hummel.* vergriffen

111: Modellversuche über den Einfluss der Torsionssteifigkeit bei einer Plattenbalkenbrücke (1952).
Von *G. Marten.* vergriffen

112: Eisenbahnbrücken aus Spannbeton (1953). 2. erweiterte Auflage (1961).
Von *R. Bührer.* 7,80 EUR

113: Knickversuche mit Stahlbetonsäulen.
Von *W. Gehler* und *A. Hütter.*
Festigkeit und Elastizität von Beton mit hoher Festigkeit (1954).
Von *O. Graf.* 9,10 EUR

Heft

114: Schüttbeton aus verschiedenen Zuschlagstoffen.
Von *A. Hummel* und *K. Wesche.*
Die Ermittlung der Kornfestigkeit von Ziegelsplitt und anderen Leichtbeton-Zuschlagstoffen (1954).
Von *A. Hummel.* vergriffen

115: Die Versuche der Bundesbahn an Spannbetonträgern in Kornwestheim (1954).
Von *U. Giehrach* und *C. Sättele.* 5,40 EUR

116: Verdichten von Beton mit Innenrüttlern und Rütteltischen, Güteprüfung von Deckensteinen (1954).
Von *K. Walz.* vergriffen

117: Gas- und Schaumbeton: Tragfähigkeit von Wänden und Schwinden.
Von *O. Graf* und *H. Schäffler.*
Kugelschlagprüfung von Porenbeton (1954).
Von *K. Gaede.* vergriffen

118: Schwefelverbindung in Schlackenbeton (1954).
Von *A. Stois, F. Rost, H. Zinnert* und *F. Henkel.* 6,90 EUR

119: Versuche über den Verbund zwischen Stahlbeton-Fertigbalken und Ortbeton.
Von *O. Graf* und *G. Weil.*
Versuche mit Stahlleichtträgern für Massivdecken (1955).
Von *G. Weil.* vergriffen

120: Versuche zur Festigkeit der Biegedruckzone (1955).
Von *H. Rüsch.* vergriffen

121: Gas- und Schaumbeton:
Versuche zur Schubsicherung bei Balken aus bewehrtem Gas- und Schaumbeton.
Von *H. Rüsch.*
Ausgleichsfeuchtigkeit von dampfgehärtetem Gas- und Schaumbeton.
Von *H. Schäffler.*
Versuche zur Prüfung der Größe des Schwindens und Quellens von Gas und Schaumbeton (1956).
Von *O. Graf* und *H. Schäffle.* vergriffen

122: Gestaltfestigkeit von Betonkörpern.
Von *K. Walz.*
Warmzerreißversuche mit Spannstählen.
Von *J. Dannenberg, H. Deutschmann* und *Melchior.*
Konzentrierte Lasteintragung in Beton (1957).
Von *W. Pohle.* 7,60 EUR

123: Luftporenbildende Betonzusatzmittel (1956).
Von *K. Walz.* vergriffen

124: Beton im Seewasser (Ergänzung zu Heft 102) (1956).
Von *A. Hummel* und *K. Wesche.* 2,70 EUR

125: Untersuchungen über Federgelenke (1957).
Von *K. Kammüller* und *O. Jeske.* vergriffen

126: SO_3-Gehalt der Zuschlagstoffe – Langzeitversuche (Ergänzung zu Heft 109). Eindringtiefe von Beton in Holzwolle-Leichtbauplatten (1957).
Von *K. Gaede.* 5,40 EUR

Heft

127: Witterungsbeständigkeit von Beton (1957)
Von *K. Walz.* 4,80 EUR

128: Kugelschlagprüfung von Beton (Einfluss des Betonalters) (1957).
Von *K. Gaede.* vergriffen

129: Stahlbetonsäulen unter Kurz- und Langzeitbelastung (1958).
Von *K. Gaede.* 12,90 EUR

130: Bruchsicherheit bei Vorspannung ohne Verbund (1959).
Von *H. Rüsch, K. Kordina* und *C. Zelger.* 5,40 EUR

131: Das Kriechen unbewehrten Betons (1958).
Von *O. Wagner.* vergriffen

132: Brandversuche mit starkbewehrten Stahlbetonsäulen.
Von *H. Seekamp.*
Widerstandsfähigkeit von Stahlbetonbauteilen und Stahlsteindecken bei Bränden (1959).
Von *M. Hannemann* und *H. Thoms.* vergriffen

133: Gas- und Schaumbeton:
Druckfestigkeit von dampfgehärtetem Gasbeton nach verschiedener Lagerung.
Von *H. Schäffler.*
Über die Tragfähigkeit von bewehrten Platten aus dampfgehärtetem Gas- und Schaumbeton.
Von *H. Schäffler.*
Untersuchung des Zusammenwirkens von Porenbeton mit Schwerbeton bei bewehrten Schwerbetonbalken mit seitlich angeordneten Porenbetonschalen (1959).
Von *H. Rüsch* und *E. Lassas.* 4,80 EUR

134: Über das Verhalten von Beton in chemisch angreifenden Wässern (1959).
Von *K. Seidel.* vergriffen

135: Versuche über die beim Betonieren an den Schalungen entstehenden Belastungen.
Von *O. Graf* und *K. Kaufmann.*
Druckfestigkeit von Beton in der oberen Zone nach dem Verdichten durch Innenrüttler.
Von *K. Walz* und *H. Schäffler.*
Versuche über die Verdichtung von Beton auf einem Rütteltisch in lose aufgesetzter und in aufgespannter Form (1960).
Von *J. Strey.* vergriffen

136: Gas- und Schaumbeton:
Versuche über die Verankerung der Bewehrung in Gasbeton.
Über das Kriechen von bewehrten Platten aus dampfgehärtetem Gas- und Schaumbeton (1960).
Von *H. Schäffler.* 11,20 EUR

137: Schubversuche an Spannbetonbalken ohne Schubbewehrung.
Von *H. Rüsch* und *G. Vigerust.*
Die Schubfestigkeit von Spannbetonbalken ohne Schubbewehrung (1960).
Von *G. Vigerust.* vergriffen

138: Über die Grundlagen des Verbundes zwischen Stahl und Beton (1961).
Von *G. Rehm.* vergriffen

139: Theoretische Auswertung von Heft 120 – Festigkeit der Biegedruckzone (1961).
Von *G. Scholz.* 5,80 EUR

Heft

140: Versuche mit Betonformstählen (1963). Von *H. Rüsch* und *G. Rehm*. 16,00 EUR

141: Das spiegeloptische Verfahren (1962). Von *H. Weidemann* und *W. Koepcke*. 9,90 EUR

142: Einpressmörtel für Spannbeton (1960). Von *W. Albrecht* und *H. Schmidt*. 7,30 EUR

143: Gas- und Schaumbeton: Rostschutz der Bewehrung. Von *W. Albrecht* und *H. Schäffler*. Festigkeit der Biegedruckzone (1961). Von *H. Rüsch* und *R. Sell*. 15,00 EUR

144: Versuche über die Festigkeit und die Verformung von Beton bei Druck-Schwellbeanspruchung. Über den Einfluss der Größe der Proben auf die Würfeldruckfestigkeit von Beton (1962). Von *K. Gaede*. 14,50 EUR

145: Schubversuche an Stahlbeton-Rechteckbalken mit gleichmäßig verteilter Belastung. Von *H. Rüsch*, *F. R. Haugli* und *H. Mayer*. Stahlbetonbalken bei gleichzeitiger Einwirkung von Querkraft und Moment (1962). Von *F. R. Haugli*. 15,50 EUR

146: Der Einfluss der Zementart, des Wasser-Zement-Verhältnisses und des Belastungsalters auf das Kriechen von Beton. Von *A. Hummel*, *K. Wesche* und *W. Brand*. Der Einfluss des mineralogischen Charakters der Zuschläge auf das Kriechen von Beton (1962). Von *H. Rüsch*, *K. Kordina* und *H. Hilsdorf*. 31,20 EUR

147: Versuche zur Bestimmung der Übertragungslänge von Spannstählen. Von *H. Rüsch* und *G. Rehm*. Ermittlung der Eigenspannungen und der Eintragungslänge bei Spannbetonfertigteilen (1963). Von *K. Gaede*. 12,20 EUR

148: Der Einfluss von Bügeln und Druckstäben auf das Verhalten der Biegedruckzone von Stahlbetonbalken (1963). Von *H. Rüsch* und *S. Stöckl*. 14,80 EUR

149: Über den Zusammenhang zwischen Qualität und Sicherheit im Betonbau (1962). Von *H. Blaut*. 10,00 EUR

150: Das Verhalten von Betongelenken bei oftmals wiederholter Druck- und Biegebeanspruchung (1962). Von *J. Dix*. 8,40 EUR

151: Versuche an einfeldrigen Stahlbetonbalken mit und ohne Schubbewehrung (1962). Von *F. Leonhardt* und *R. Walther*. 10,70 EUR

152: Versuche an Plattenbalken mit hoher Schubbeanspruchung (1962). Von *F. Leonhardt* und *R. Walther*. 14,80 EUR

153: Elastische und plastische Stauchungen von Beton infolge Druckschwell- und Standbelastung (1962). Von *A. Mehmel* und *E. Kern*. 13,40 EUR

154: Spannungs-Dehnungs-Linien des Betons und Spannungsverteilung in der Biegedruckzone bei konstanter Dehngeschwindigkeit (1962). Von *C. Rasch*. 14,10 EUR

155: Einfluss des Zementleimgehaltes und der Versuchsmethode auf die Kenngrößen der Biegedruckzone von Stahlbetonbalken. Von *H. Rüsch* und *S. Stöckl*. Einfluss der Zwischenlagen auf Streuung und Größe der Spaltzugfestigkeit von Beton (1963). Von *R. Sell*. 10,60 EUR

156: Schubversuche an Plattenbalken mit unterschiedlicher Schubbewehrung (1963). Von *F. Leonhardt* und *R. Walther*. 15,90 EUR

157: Verformungsverhalten von Beton bei zweiachsiger Beanspruchung (1963). Von *H. Weigler* und *G. Becker*. 11,10 EUR

158: Rückprallprüfung von Beton mit dichtem Gefüge. Von *K. Gaede* und *E. Schmidt*. Konsistenzmessung von Beton (1964). Von *W. Albrecht* und *H. Schäffler*. 11,00 EUR

159: Die Beanspruchung des Verbundes zwischen Spannglied und Beton (1964). Von *H. Kupfer*. 6,60 EUR

160: Versuche mit Betonformstählen; Teil II. (1963). Von *H. Rüsch* und *G. Rehm*. 11,70 EUR

161: Modellstatische Untersuchung punktförmig gestützter schiefwinkliger Platten unter besonderer Berücksichtigung der elastischen Auflagernachgiebigkeit (1964). Von *A. Mehmel* und *H. Weise*. vergriffen

162: Verhalten von Stahlbeton und Spannbeton beim Brand (1964). Von *H. Seekamp*, *W. Becker*, *W. Struck*, *K. Kordina* und *H.-J. Wierig*. vergriffen

163: Schubversuche an Durchlaufträgern (1964). Von *F. Leonhardt* und *R. Walther*. 20,70 EUR

164: Verhalten von Beton bei hohen Temperaturen (1964). Von *H. Weigler*, *R. Fischer* und *H. Dettling*. 13,20 EUR

165: Versuche mit Betonformstählen Teil III. (1964). Von *H. Rüsch* und *G. Rehm*. 12,20 EUR

166: Berechnungstafeln für schiefwinklige Fahrbahnplatten von Straßenbrücken (1967). Von *H. Rüsch*, *A. Hergenröder* und *I. Mungan*. vergriffen

167: Frostwiderstand und Porengefüge des Betons, Beziehungen und Prüfverfahren. Von *A. Schäfer*. Der Einfluss von mehlfeinen Zuschlagstoffen auf die Eigenschaften von Einpressmörteln für Spannkanäle, Einpressversuche an langen Spannkanälen (1965). Von *W. Albrecht*. 14,80 EUR

Heft

168: Versuche mit Ausfallkörnungen. Von *W. Albrecht* und *H. Schäffler*. Der Einfluss der Zementsteinporen auf die Widerstandsfähigkeit von Beton im Seewasser. Von *K. Wesche*. Das Verhalten von jungem Beton gegen Frost. Von *F. Henkel*. Zur Frage der Verwendung von Bolzensetzgeräten zur Ermittlung der Druckfestigkeit von Beton (1965). Von *K. Gaede*. 13,10 EUR

169: Versuche zum Studium des Einflusses der Rissbreite auf die Rostbildung an der Bewehrung von Stahlbetonbauteilen. Von *G. Rehm* und *H. Moll*. Über die Korrosion von Stahl im Beton (1965). Von *H. L. Moll*. vergriffen

170: Beobachtungen an alten Stahlbetonbauteilen hinsichtlich Carbonatisierung des Betons und Rostbildung an der Bewehrung. Von *G. Rehm* und *H. L. Moll*. Untersuchung über das Fortschreiten der Carbonatisierung an Betonbauwerken, durchgeführt im Auftrage der Abteilung Wasserstraßen des Bundesverkehrsministeriums, zusammengestellt von *H.-J. Kleinschmidt*. Tiefe der carbonatisierten Schicht alter Betonbauten, Untersuchungen an Betonproben, durchgeführt vom Forschungsinstitut für Hochofenschlacke, Rheinhausen, und vom Laboratorium der westfälischen Zementindustrie, Beckum, zusammengestellt im Forschungsinstitut der Zementindustrie des Vereins Deutscher Zementwerke e.V. Düsseldorf (1965). 15,70 EUR

171: Knickversuche mit Zweigelenkrahmen aus Stahlbeton (1965). Von *W. Hochmann* und *S. Röbert*. 10,30 EUR

172: Untersuchungen über den Stoßverlauf beim Aufprall von Kraftfahrzeugen auf Stützen und Rahmenstiele aus Stahlbeton (1965). Von *C. Popp*. 10,70 EUR

173: Die Bestimmung der zweiachsigen Festigkeit des Betons (1965). Zusammenfassung und Kritik früherer Versuche und Vorschlag für eine neue Prüfmethode. Von *H. Hilsdorf*. 8,40 EUR

174: Untersuchungen über die Tragfähigkeit netzbewehrter Betonsäulen (1965). Von *H. Weigler* und *J. Henzel*. 8,40 EUR

175: Betongelenke. Versuchsbericht, Vorschläge zur Bemessung und konstruktiven Ausbildung. Von *F. Leonhardt* und *H. Reimann*. Kritische Spannungszustände des Betons bei mehrachsiger ruhender Kurzzeitbelastung (1965). Von *H. Reimann*. vergriffen

176: Zur Frage der Dauerfestigkeit von Spannbetonbauteilen (1966). Von *M. Mayer*. 9,60 EUR

177: Umlagerung der Schnittkräfte in Stahlbetonkonstruktionen. Grundlagen der Berechnung bei statisch unbestimmten Tragwerken unter Berücksichtigung der plastischen Verformungen (1966). Von *P. S. Rao*. 12,00 EUR

Heft

178: Wandartige Träger (1966). Von *F. Leonhardt und R. Walther.* vergriffen

179: Veränderlichkeit der Biege- und Schubsteifigkeit bei Stahlbetontragwerken und ihr Einfluss auf Schnittkraftverteilung und Traglast bei statisch unbestimmter Lagerung (1966). Von *W. Dilger.* 13,10 EUR

180: Knicken von Stahlbetonstäben mit Rechteckquerschnitt unter Kurzzeitbelastung – Berechnung mit Hilfe von automatischen Digitalrechenanlagen (1966). Von *A. Blaser.* 8,40 EUR

181: Brandverhalten von Stahlbetonplatten – Einflüsse von Schutzschichten. Von *K. Kordina* und *P. Bornemann.* Grundlagen für die Bemessung der Feuerwiderstandsdauer von Stahlbetonplatten (1966). Von *P. Bornemann.* 10,70 EUR

182: Karbonatisierung von Schwerbeton. Von *A. Meyer, H.-J. Wierig* und *K. Husmann.* Einfluss von Luftkohlensäure und Feuchtigkeit auf die Beschaffenheit des Betons als Korrosionsschutz für Stahleinlagen (1967). Von *F. Schröder, H.-G. Smolczyk, K. Grade, R. Vinkeloe* und *R. Roth.* 12,90 EUR

183: Das Kriechen des Zementsteins im Beton und seine Beeinflussung durch gleichzeitiges Schwinden (1966). Von *W. Ruetz.* 8,40 EUR

184: Untersuchungen über den Einfluss einer Nachverdichtung und eines Anstriches auf Festigkeit, Kriechen und Schwinden von Beton (1966). Von *H. Hilsdorf* und *K. Finsterwalder* 8,40 EUR

185: Das unterschiedliche Verformungsverhalten der Rand- und Kernzonen von Beton (1966). Von *S. Stöckl.* 9,60 EUR

186: Betone aus Sulfathüttenzement in höherem Alter (1966). Von *K. Wesche* und *W. Manns.* 8,40 EUR

187: Zur Frage des Einflusses der Ausbildung der Auflager auf die Querkrafttragfähigkeit von Stahlbetonbalken. Von *K. Gaede.* Schwingungsmessungen an Massivbrücken (1966). Von *B. Brückmann.* 9,60 EUR

188: Verformungsversuche an Stahlbetonbalken mit hochfestem Bewehrungsstahl (1967). Von *G. Franz* und *H. Brenker.* 12,00 EUR

189: Die Tragfähigkeit von Decken aus Glasstahlbeton (1967). Von *C. Zelger.* 10,70 EUR

190: Festigkeit der Biegedruckzone – Vergleich von Prismen- und Balkenversuchen (1967). Von *H. Rüsch, K. Kordina* und *S. Stöckl.* 8,40 EUR

191: Experimentelle Bestimmung der Spannungsverteilung in der Biegedruckzone. Von *C. Rasch.* Stützmomente kreuzweise bewehrter durchlaufender Rechteckbetonplatten (1967). Von *H. Schwarz.* 9,60 EUR

192: Die mitwirkende Breite der Gurte von Plattenbalken (1967). Von *W. Koepcke* und *G. Denecke.* vergriffen

193: Bauschäden als Folge der Durchbiegung von Stahlbeton-Bauteilen (1967). Von *H. Mayer* und *H. Rüsch.* 13,10 EUR

194: Die Berechnung der Durchbiegung von Stahlbeton-Bauteilen (1967). Von *H. Mayer.* vergriffen

195: 5 Versuche zum Studium der Verformungen im Querkraftbereich eines Stahlbetonbalkens (1967). Von *H. Rüsch* und *H. Mayer.* 12,00 EUR

196: Tastversuche über den Einfluss von vorangegangenen Dauerlasten auf die Kurzzeitfestigkeit des Betons. Von *S. Stöckl.* Kennzahlen für das Verhalten einer rechteckigen Biegedruckzone von Stahlbetonbalken unter kurzzeitiger Belastung (1967). Von *H. Rüsch* und *S. Stöckl* 13,60 EUR

197: Brandverhalten durchlaufender Stahlbetonrippendecken. Von *H. Seekamp* und *W. Becker.* Brandverhalten kreuzweise bewehrter Stahlbetonrippendecken. Von *J. Stanke.* Vergrößerung der Betondeckung als Feuerschutz von Stahlbetonplatten, 1. und 2. Teil (1967). Von *H. Seekamp* und *W. Becker.* 14,10 EUR

198: Festigkeit und Verformung von unbewehrtem Beton unter konstanter Dauerlast (1968). Von *H. Rüsch, R. Sell, C. Rasch, E. Grasser, A. Hummel, K. Wesche* und *H. Flatten.* 13,30 EUR

199: Die Berechnung ebener Kontinua mittels der Stabwerkmethode – Anwendung auf Balken mit einer rechteckigen Öffnung (1968). Von *A. Krebs* und *F. Haas.* 10,70 EUR

200: Dauerschwingfestigkeit von Betonstählen im einbetonierten Zustand. Von *H. Wascheidt.* Betongelenke unter wiederholten Gelenkverdrehungen (1968). Von *G. Franz* und *H.-D. Fein.* 11,70 EUR

201: Schubversuche an indirekt gelagerten, einfeldrigen und durchlaufenden Stahlbetonbalken (1968). Von *F. Leonhardt, R. Walther* und *W. Dilger.* 9,60 EUR

202: Torsions- und Schubversuche an vorgespannten Hohlkastenträgern. Von *F. Leonhardt, R. Walther* und *O. Vogler.* Torsionsversuche an einem Kunstharzmodell eines Hohlkastenträgers (1968). Von *D. Feder.* 12,00 EUR

203: Festigkeit und Verformung von Beton unter Zugspannungen (1969). Von *H. G. Heilmann, H. Hilsdorf* und *K. Finsterwalder.* 14,40 EUR

204: Tragverhalten ausmittig beanspruchter Stahlbetondruckglieder (1969). Von *A. Mehmel, H. Schwarz, K. H. Kasparek* und *J. Makovi.* 12,00 EUR

205: Versuche an wendelbewehrten Stahlbetonsäulen unter kurz- und langzeitig wirkenden zentrischen Lasten (1969). Von *H. Rüsch* und *S. Stöckl.* 12,00 EUR

206: Statistische Analyse der Betonfestigkeit (1969). Von *H. Rüsch, R. Sell* und *R. Rackwitz.* 8,40 EUR

207: Versuche zur Dauerfestigkeit von Leichtbeton. Von *R. Sell* und *C. Zelger.* Versuche zur Festigkeit der Biegedruckzone. Einflüsse der Querschnittsform (1969). Von *S. Stöckl* und *H. Rüsch.* 13,10 EUR

208: Zur Frage der Rissbildung durch Eigen- und Zwängspannungen infolge Temperatur in Stahlbetonbauteilen (1969). Von *H. Falkner.* vergriffen

209: Festigkeit und Verformung von Gasbeton unter zweiaxialer Druck-Zug-Beanspruchung. Von *R. Sell.* Versuche über den Verbund bei bewehrtem Gasbeton (1970). Von *R. Sell* und *C. Zelger.* 12,00 EUR

210: Schubversuche mit indirekter Krafteinleitung. Versuche zum Studium der Verdübelungswirkung der Biegezugbewehrung eines Stahlbetonbalkens (1970). Von *T. Baumann* und *H. Rüsch.* 14,40 EUR

211: Elektronische Berechnung des in einem Stahlbetonbalken im gerissenen Zustand auftretenden Kräftezustandes unter besonderer Berücksichtigung des Querkraftbereiches (1970). Von *D. Jungwirth.* 15,80 EUR

212: Einfluss der Krümmung von Spanngliedern auf den Spannweg. Von *C. Zelger* und *H. Rüsch.* Über den Erhaltungszustand 20 Jahre alter Spannbetonträger (1970). Von *K. Kordina* und *N. V. Waubke.* 9,60 EUR

213: Vierseitig gelagerte Stahlbetonhohlplatten. Versuche, Berechnung und Bemessung (1970). Von *H. Aster.* vergriffen

214: Verlängerung der Feuerwiderstandsdauer von Stahlbetonstützen durch Anwendung von Bekleidungen oder Ummantelungen. Von *W. Becker* und *J. Stanke.* Über das Verhalten von Zementmörtel und Beton bei höheren Temperaturen (1970). Von *R. Fischer.* 15,30 EUR

215: Brandversuche an Stahlbetonfertigstützen, 2. und 3. Teil (1970). Von *W. Becker* und *J. Stanke.* 15,30 EUR

216: Schnittkrafttafeln für den Entwurf kreiszylindrischer Tonnenkettendächer (1971). Von *A. Mehmel, W. Kruse, S. Samaan* und *H. Schwarz.* 20,90 EUR

217: Tragwirkung orthogonaler Bewehrungsnetze beliebiger Richtung in Flächentragwerken aus Stahlbeton (1972). Von *T. Baumann.* vergriffen

Heft

218: Versuche zur Schubsicherung und Momentendeckung von profilierten Stahlbetonbalken (1972).
Von *H. Kupfer* und *T. Baumann*.
11,00 EUR

219: Die Tragfähigkeit von Stahlsteindecken.
Von *C. Zelger* und *F. Daschner*.
Bewehrte Ziegelstürze (1972).
Von *C. Zelger*. 10,20 EUR

220: Bemessung von Beton- und Stahlbetonbauteilen nach DIN 1045, Ausgabe Januar 1972. [2. überarbeitete Auflage (1979)] – Biegung mit Längskraft, Schub, Torsion.
Von *E. Grasser*.
Nachweis der Knicksicherheit.
Von *K. Kordina* und *U. Quast*.
26,90 EUR

220 (En): Design of Concrete and Reinforced Concrete Members in Accordance with DIN 1045 December 1978 Edition – Bending with Axial Force, Shear, Torsion.
By *E. Grasser*.
Analysis of Safety against Buckling.
By *K. Kordina* and *U. Quast*
2nd revised edition. 26,90 EUR

221: Festigkeit und Verformung von Innenwandknoten in der Tafelbauweise.
Von *H. Kupfer*.
Die Druckfestigkeit von Mörtelfugen zwischen Betonfertigteilen.
Von *E. Grasser* und *F. Daschner*.
Tragfähigkeit (Schubfestigkeit) von Deckenauflagen im Fertigteilbau (1972).
Von *R. v. Halász* und *G. Tantow*.
14,30 EUR

222: Druck-Stöße von Bewehrungsstäben – Stahlbetonstützen mit hochfestem Stahl St 90 (1972).
Von *F. Leonhardt* und *K.-T. Teichen*.
9,70 EUR

223: Spanngliedverankerungen im Inneren von Bauteilen.
Von *J. Eibl* und *G. Iványi*.
Teilweise Vorspannung (1973).
Von *R. Walther* und *N. S. Bhal*.
12,30 EUR

224: Zusammenwirken von einzelnen Fertigteilen als großflächige Scheibe (1973).
Von *G. Mehlhorn*. vergriffen

225: Mikrobeton für modellstatische Untersuchungen (1972).
Von *A.-H. Burggrabe*. 13,20 EUR

226: Tragfähigkeit von Zugschlaufenstößen.
Von *F. Leonhardt*, *R. Walther* und *H. Dieterle*.
Haken- und Schlaufenverbindungen in biegebeanspruchten Platten.
Von *G. Franz* und *G. Timm*.
Übergreifungsvollstöße mit hakenformig gebogenen Rippenstählen (1973).
Von *K. Kordina* und *G. Fuchs*.
14,10 EUR

227: Schubversuche an Spannbetonträgern (1973).
Von *F. Leonhardt*, *R. Koch* und *F.-S. Rostásy*. 26,80 EUR

Heft

228: Zusammenhang zwischen Oberflächenbeschaffenheit, Verbund und Sprengwirkung von Bewehrungsstählen unter Kurzzeitbelastung (1973).
Von *H. Martin*. 12,60 EUR

229: Das Verhalten des Betons unter mehrachsiger Kurzzeitbelastung unter besonderer Berücksichtigung der zweiachsigen Beanspruchung.
Von *H. Kupfer*.
Bau und Erprobung einer Versuchseinrichtung für zweiachsige Belastung (1973).
Von *H. Kupfer* und *C. Zelger*.
19,30 EUR

230: Erwärmungsvorgänge in balkenartigen Stahlbetonteilen unter Brandbeanspruchung (1975).
Von *H. Ehm*, *K. Kordina* und *R. v. Postel*. 20,30 EUR

231: Die Versuchsberichte des Deutschen Ausschusses für Stahlbeton. Inhaltsübersicht der Hefte 1 bis 230 (1973).
Von *O. Graf* und *H. Deutschmann*.
10,10 EUR

232: Bestimmung physikalischer Eigenschaften des Zementsteins.
Von *F. Wittmann*.
Verformung und Bruchvorgang poröser Baustoffe bei kurzzeitiger Belastung und unter Dauerlast (1974).
Von *F. Wittmann* und *J. Zaitsev*.
14,30 EUR

233: Stichprobenprüfpläne und Annahmekennlinien für Beton (1973).
Von *H. Blaut*. 7,90 EUR

234: Finite Elemente zur Berechnung von Spannbeton-Reaktordruckbehältern (1973).
Von *J. H. Argyris*, *G. Faust*, *J. R. Roy*, *J. Szimmat*, *E. P. Warnke* und *K. J. Willam*. 13,10 EUR

235: Untersuchungen zum heißen Liner als Innenwand für Spannbetondruckbehälter für Leichtwasserreaktoren (1973).
Von *J. Meyer* und *W. Spandick*.
vergriffen

236: Tragfähigkeit und Sicherheit von Stahlbetonstützen unter ein- und zweiachsig exzentrischer Kurzzeit- und Dauerbelastung (1974).
Von *R. F. Warner*. 8,30 EUR

237: Spannbeton-Reaktordruckbehälter: Studie zur Erfassung spezieller Betoneigenschaften im Reaktordruckbehälterbau.
Von *J. Eibl*, *N. V. Waubke*, *W. Klingsch*, *U. Schneider* und *G. Rieche*.
Parameterberechnungen an einem Referenzbehälter.
Von *J. Szimmat* und *K. Willam*.
Einfluss von Werkstoffeigenschaften auf Spannungs- und Verformungszustände eines Spannbetonbehälters (1974).
Von *V. Hansson* und *F. Stangenberg*.
13,10 EUR

238: Einfluss wirklichkeitsnahen Werkstoffverhaltens auf die kritischen Kipplasten schlanker Stahlbeton- und Spannbetonträger.
Von *G. Mehlhorn*.
Berechnung von Stahlbetonscheiben im Zustand II bei Annahme eines wirklichkeitsnahen Werkstoffverhaltens (1974).
Von *K. Dörr*, *G. Mehlhorn*, *W. Stauder* und *D. Uhlisch*. 16,70 EUR

Heft

239: Torsionsversuche an Stahlbetonbalken (1974).
Von *F. Leonhardt* und *G. Schelling*.
20,30 EUR

240: Hilfsmittel zur Berechnung der Schnittgrößen und Formänderungen von Stahlbetontragwerken nach DIN 1045 Ausgabe Juli 1988 [3. überarbeitete Auflage (1991)].
Von *E. Grasser* und *G. Thielen*.
19,30 EUR

241: Abplatzversuche an Prüfkörpern aus Beton, Stahlbeton und Spannbeton bei verschiedenen Temperaturbeanspruchungen (1974).
Von *C. Meyer-Ottens*. 9,70 EUR

242: Verhalten von verzinkten Spannstählen und Bewehrungsstählen.
Von *G. Rehm*, *A. Lämmke*, *U. Nürnberger*, *G. Rieche* sowie *H. Martin* und *A. Rauen*.
Löten von Betonstahl (1974).
Von *D. Russwurm*. 20,30 EUR

243: Ultraschall-Impulstechnik bei Fertigteilen.
Von *G. Rehm*, *N. V. Waubke* und *J. Neisecke*.
Untersuchungen an ausgebauten Spanngliedern (1975).
Von *A. Röhnisch*. 15,50 EUR

244: Elektronische Berechnung der Auswirkungen von Kriechen und Schwinden bei abschnittsweise hergestellten Verbundstabwerken (1975).
Von *D. Schade* und *W. Haas*.
7,10 EUR

245: Die Kornfestigkeit künstlicher Zuschlagstoffe und ihr Einfluss auf die Betonfestigkeit.
Von *R. Sell*.
Druckfestigkeit von Leichtbeton (1974).
Von *K. D. Schmidt-Hurtienne*.
17,40 EUR

246: Untersuchungen über den Querstoß beim Aufprall von Kraftfahrzeugen auf Gründungspfähle aus Stahlbeton und Stahl (1974).
Von *C. Popp*. 17,20 EUR

247: Temperatur und Zwangsspannung im Konstruktions-Leichtbeton infolge Hydratation.
Von *H. Weigler* und *J. Nicolay*.
Dauerschwell- und Betriebsfestigkeit von Konstruktions-Leichtbeton (1975).
Von *H. Weigler* und *W. Freitag*.
13,70 EUR

248: Zur Frage der Abplatzungen an Bauteilen aus Beton bei Brandbeanspruchungen (1975).
Von *C. Meyer-Ottens*. 8,40 EUR

249: Schlag-Biegeversuch mit unterschiedlich bewehrten Stahlbetonbalken (1975).
Von *C. Popp*. 10,00 EUR

250: Langzeitversuche an Stahlbetonstützen.
Von *K. Kordina*.
Einfluss des Kriechens auf die Ausbiegung schlanker Stahlbetonstützen (1975).
Von *K. Kordina* und *R. F. Warner*.
11,10 EUR

251: Versuche an wendelbewehrten Stahlbetonsäulen unter exzentrischer Belastung (1975).
Von *S. Stöckl* und *B. Menne*.
10,70 EUR

Heft

252: Beständigkeit verschiedener Betonarten in Meerwasser und in sulfathaltigem Wasser (1975).
Von *H. T Schröder, O. Hallauer* und *W. Scholz.* 15,50 EUR

253: Spannbeton-Reaktordruckbehälter-Instrumentierung.
Von *J. Német* und *R. Angeli.*
Versuch zur Weiterentwicklung eines Setzdehnungsmessers (1975).
Von *C. Zelger.* 10,20 EUR

254: Festigkeit und Verformungsverhalten von Beton unter hohen zweiachsigen Dauerbelastungen und Dauerschwellbelastungen. Festigkeit und Verformungsverhalten von Leichtbeton, Gasbeton, Zementstein und Gips unter zweiachsiger Kurzzeitbeanspruchung (1976).
Von *D. Linse* und *A. Stegbauer.* 13,10 EUR

255: Zur Frage der zulässigen Rissbreite und der erforderlichen Betondeckung im Stahlbetonbau unter besonderer Berücksichtigung der Karbonatisierungstiefe des Betons (1976).
Von *P. Schiessl.* vergriffen

256: Wärme- und Feuchtigkeitsleitung in Beton unter Einwirkung eines Temperaturgefälles (1975).
Von *J. Hundt.* 15,80 EUR

257: Bruchsicherheitsberechnung von Spannbeton-Druckbehältern (1976).
Von *K. Schimmelpfennig.* 13,30 EUR

258: Hygrische Transportphänomene in Baustoffen (1976).
Von *K. Gertis, K. Kiesl, H. Werner* und *V. Wolfseher.* 13,10 EUR

259: Entwicklung eines integrierten Spannbetondruckbehälters für wassergekühlte Reaktoren (SBB Typ „Stern" mit Stützkessel) (1976).
Von *G. Jüptner, H. Kumpf, G. Molz, B. Neunert* und *O. Seidl.* 11,50 EUR

260: Studie zum Trag- und Verformungsverhalten von Stahlbeton (1976).
Von *J. Eibl* und *G. Ivànyi.* 26,80 EUR

261: Der Einfluss radioaktiver Strahlung auf die mechanischen Eigenschaften von Beton (1976).
Von *H. Hilsdorf, J. Kropp* und *H.-J. Koch.* 8,40 EUR

262: Experimentelle Bestimmung des räumlichen Spannungszustandes eines Reaktordruckbehältermodells (1976).
Von *R. Stöver.* 13,10 EUR

263: Bruchfestigkeit und Bruchverformung von Beton unter mehraxialer Belastung bei Raumtemperatur (1976).
Von *F. Bremer* und *F. Steinsdörfer.* 7,60 EUR

264 Spannbeton-Reaktordruckbehälter mit heißer Dichthaut für Druckwasserreaktoren (1976).
Von *A. Jungmann, H. Kopp, M. Gangl, J. Német, A. Nesitka, W. Walluschek-Wallfeld* und *J. Mutzl.* 10,70 EUR

265: Traglast von Stahlbetondruckgliedern unter schiefer Biegung (1976).
Von *K. Kordina, K. Rafla* und *O. Hjorth†.* 11,80 EUR

266: Das Trag- und Verformungsverhalten von Stahlbetonbrückenpfeilern mit Rollenlagern (1976).
Von *K. Liermann.* 12,90 EUR

Heft

267: Zur Mindestbewehrung für Zwang von Außenwänden aus Stahlleichtbeton.
Von *F. S. Rostásy, R. Koch* und *F. Leonhardt.*
Versuche zum Tragverhalten von Druckübergreifungsstößen in Stahlbetonwänden (1976).
Von *F. Leonhardt, F. S. Rostásy* und *M. Patzak.* 15,00 EUR

268: Einfluss der Belastungsdauer auf das Verbundverhalten von Stahl in Beton (Verbundkriechen) (1976).
Von *L. Franke.* 8,60 EUR

269: Zugspannung und Dehnung in unbewehrten Betonquerschnitten bei exzentrischer Belastung (1976).
Von *H. G. Heilmann.* 15,50 EUR

270: Eine Formulierung des zweiaxialen Verformungs- und Bruchverhaltens von Beton und deren Anwendung auf die wirklichkeitsnahe Berechnung von Stahlbetonplatten (1976).
Von *J. Link.* 14,40 EUR

271: Untersuchungen an 20 Jahre alten Spannbetonträgern (1976).
Von *R. Bührer, K.-F. Müller, H. Martin* und *J. Ruhnau.* 13,10 EUR

272: Die Dynamische Relaxation und ihre Anwendung auf Spannbeton-Reaktordruckbehälter (1976).
Von *W. Zerna.* 13,70 EUR

273: Schubversuche an Balken mit veränderlicher Trägerhöhe (1977).
Von *F. S. Rostásy, K. Roeder* und *F. Leonhardt.* 9,70 EUR

274: Witterungsbeständigkeit von Beton, 2. Bericht (1977).
Von *K. Walz* und *E. Hartmann.* 8,40 EUR

275: Schubversuche an Balken und Platten bei gleichzeitigem Längszug (1977).
Von *F. Leonhardt, F. S. Rostásy, J. MacGregor* und *M. Patzak.* 11,00 EUR

276: Versuche an zugbeanspruchten Übergreifungsstößen von Rippenstählen (1977).
Von *S. Stöckl, B. Menne* und *H. Kupfer.* 15,50 EUR

277: Versuchsergebnisse zur Festigkeit und Verformung von Beton bei mehraxialer Druckbeanspruchung – Results of Test Concerning Strength and Strain of Concrete Subjected to Multiaxial Compressive Stresses (1977).
Von *G. Schickert* und *H. Winkler.* 17,20 EUR

278: Berechnungen von Temperatur- und Feuchtefeldern in Massivbauten nach der Methode der Finiten Elemente (1977).
Von *J. H. Argyris, E. P. Warnke* und *K. J. Willam.* 10,10 EUR

279: Finite Elementberechnung von Spannbeton-Reaktordruckbehältern.
Von *J. H. Argyris, G. Faust, J. Szimmat, E. P. Warnke* und *K. J. Willam.*
Zur Konvertierung von SMART I (1977).
Von *J. H. Argyris, J. Szimmat* und *K. J. Willam.* 11,50 EUR

Heft

280: Nichtisothermer Feuchtetransport in dickwandigen Betonteilen von Reaktordruckbehältern.
Von *K. Kiessl* und *K. Gertis.*
Zur Wärme- und Feuchtigkeitsleitung in Beton.
Von *J. Hundt.*
Einfluss des Wassergehalts auf die Eigenschaften des erhärteten Betons (1977).
Von *M. J. Setzer.* 14,40 EUR

281: Untersuchungen über das Verhalten von Beton bei schlagartiger Beanspruchung (1977).
Von *C. Popp.* 7,90 EUR

282: Vorausbestimmung der Spannkraftverluste infolge Dehnungsbehinderung (1977).
Von *R. Walther, U. Utescher* und *D. Schreck.* 8,90 EUR

283: Technische Möglichkeiten zur Erhöhung der Zugfestigkeit von Beton (1977).
Von *G. Rehm, P. Diem* und *R. Zimbelmann.* 13,10 EUR

284: Experimentelle und theoretische Untersuchungen zur Lasteintragung in die Bewehrung von Stahlbetondruckgliedern (1977).
Von *F. P. Müller* und *W. Eisenbiegler.* 8,20 EUR

285: Zur Traglast der ausmittig gedrückten Stahlbetonstütze mit Umschnürungsbewehrung (1977).
Von *B. Menne.* 8,60 EUR

286: Versuche über Teilflächenbelastung von Normalbeton (1977).
Von *P. Wurm* und *F. Daschner.* 10,70 EUR

287: Spannbetonbehälter für Siedewasserreaktoren mit einer Leistung von 1600 MWe (1977).
Von *F. Bremer* und *W. Spandick.* 6,80 EUR

288: Tragverhalten von aus Fertigteilen zusammengesetzten Scheiben.
Von *G. Mehlhorn* und *H. Schwing.*
Versuche zur Schubtragfähigkeit verzahnter Fugen (1977).
Von *G. Mehlhorn, H. Schwing* und *K.-R. Berg.* vergriffen

289: Prüfverfahren zur Beurteilung von Rostschutzmitteln für die Bewehrung von Gasbeton.
Von *W. Manns, H. Schneider, R. Schönfelder.*
Frostwiderstand von Beton.
Von *W. Manns* und *E. Hartmann.*
Zum Einfluss von Mineralölen auf die Festigkeit von Beton (1977).
Von *W. Manns* und *E. Hartmann.* 8,60 EUR

290: Studie über den Abbruch von Spannbeton-Reaktordruckbehältern.
Von *K. Kleiser, K. Essig, K. Cerff* und *H. K. Hilsdorf.*
Grundlagen eines Modells zur Beschreibung charakteristischer Eigenschaften des Betons (1977).
Von *F. H. Wittmann.* 14,40 EUR

291: Übergreifungsstöße von Rippenstäben unter schwellender Belastung.
Von *G. Rehm* und *R. Eligehausen.*
Übergreifungsstöße geschweißter Betonstahlmatten (1977).
Von *G. Rehm, R. Tewes* und *R. Eligehausen.* 10,70 EUR

Heft

292: Lösung versuchstechnischer Fragen bei der Ermittlung des Festigkeits- und Verformungsverhaltens von Beton unter dreiachsiger Belastung (1978).
Von *D. Linse.* 8,40 EUR

293: Zur Messtechnik für die Sicherheitsbeurteilung und -überwachung von Spannbeton-Reaktordruckbehältern (1978).
Von *N. Czaika, N. Mayer, C. Amberg, G. Magiera, G. Andreae* und *W. Markowski.* 11,50 EUR

294: Studien zur Auslegung von Spannbetondruckbehältern für wassergekühlte Reaktoren (1978).
Von *K. Schimmelpfennig, G. Bäätjer, U. Eckstein, U. Ick* und *S. Wrage.* 10,70 EUR

295: Kriech- und Relaxationsversuche an sehr altem Beton.
Von *H. Trost, H. Cordes* und *G. Abele.*
Kriechen und Rückkriechen von Beton nach langer Lasteinwirkung.
Von *P. Probst und S. Stöckl.*
Versuche zum Einfluss des Belastungsalters auf das Kriechen von Beton (1978).
Von *K. Wesche, I. Schrage* und *W. vom Berg.* 14,40 EUR

296: Die Bewehrung von Stahlbetonbauteilen bei Zwangsbeanspruchung infolge Temperatur (1978).
Von *P. Noakowski.* vergriffen

297: Einfluss des Feuchtigkeitsgehaltes und des Reifegrades auf die Wärmeleitfähigkeit von Beton.
Von *J. Hundt* und *A. Wagner.*
Sorptionsuntersuchungen am Zementstein, Zementmörtel und Beton (1978).
Von *J. Hundt* und *H. Kantelberg.* 8,60 EUR

298: Erfahrungen bei der Prüfung von temporären Korrosionsschutzmitteln für Spannstähle.
Von *G. Rieche* und *J. Delille.*
Untersuchungen über den Korrosionsschutz von Spannstählen unter Spritzbeton (1978).
Von *G. Rehm, U. Nürnberger* und *R. Zimbelmann.* 8,10 EUR

299: Versuche an dickwandigen, unbewehrten Betonringen mit Innendruckbeanspruchung (1978).
Von *J. Neuner, S. Stöckl* und *E. Grasser.* 8,60 EUR

300: Hinweise zu DIN 1045, Ausgabe Dezember 1978. Bearbeitet von *D. Bertram* und *H. Deutschmann.*
Erläuterung der Bewehrungsrichtlinien (1979).
Von *G. Rehm, R. Eligehausen* und *B. Neubert.* vergriffen

301: Übergreifungsstöße zugbeanspruchter Rippenstäbe mit geraden Stabenden (1979).
Von *R. Eligehausen.* 12,90 EUR

302: Einfluss von Zusatzmitteln auf den Widerstand von jungem Beton gegen Rissbildung bei scharfem Austrocknen.
Von *W. Manns* und *K. Zeus.*
Spannungsoptische Untersuchungen zum Tragverhalten von zugbeanspruchten Übergreifungsstößen (1979).
Von *M. Betzle.* 8,60 EUR

303: Querkraftschlüssige Verbindung von Stahlbetondeckenplatten (1979).
Von *H. Paschen* und *V. C. Zillich.* 10,70 EUR

304: Kunstharzgebundene Glasfaserstäbe als Bewehrung im Betonbau.
Von *G. Rehm* und *L. Franke.*
Zur Frage der Krafteinleitung in kunstharzgebundene Glasfaserstäbe (1979).
Von *G. Rehm, L. Franke* und *M. Patzak.* 9,40 EUR

305: Vorherbestimmung und Kontrolle des thermischen Ausdehnungskoeffizienten von Beton (1979).
Von *S. Ziegeldorf K. Kleiser* und *H. K. Hilsdorf.* 7,30 EUR

306: Dreidimensionale Berechnung eines Spannbetonbehälters mit heißer Dichthaut für einen 1500 MWe Druckwasserreaktor (1979).
Von *E. Ettel, H. Hinterleitner, J. Német, A. Jungmann* und *H. Kopp.* 8,10 EUR

307: Zur Bemessung der Schubbewehrung von Stahlbetonbalken mit möglichst gleichmäßiger Zuverlässigkeit (1979).
Von *W. Moosecker.* 8,10 EUR

308: Tragfähigkeit auf schrägen Druck von Brückenstegen, die durch Hüllrohre geschwächt sind.
Von *R. Koch* und *F. S. Rostásy.*
Spannungszustand aus Vorspannung im Bereich gekrümmter Spannglieder (1979).
Von *V. Cornelius* und *G. Mehlhorn.* 10,10 EUR

309: Kunstharzmörtel und Kunstharzbetone unter Kurzzeit- und Dauerstandbelastung.
Von *G. Rehm, L. Franke* und *K. Zeus.*
Langzeituntersuchungen an epoxidharzverklebten Zementmörtelprismen (1980).
Von *P. Jagfeld.* 10,00 EUR

310: Teilweise Vorspannung – Verbundfestigkeit von Spanngliedern und ihre Bedeutung für Rissbildung und Rissbreitenbeschränkung (1980).
Von *H. Trost, H. Cordes, U. Thormaehlen* und *H. Hagen.* 19,90 EUR

311: Segmentäre Spannbetonträger im Brückenbau (1980).
Von *K. Guckenberger, F. Daschner* und *H. Kupfer.* 18,00 EUR

312: Schwellenwerte beim Betondruckversuch (1980).
Von *G. Schickert.* 18,00 EUR

313: Spannungs-Dehnungs-Linien von Leichtbeton.
Von *H. Herrmann.*
Versuche zum Kriechen und Schwinden von hochfestem Leichtbeton (1980).
Von *P. Probst* und *S. Stöckl.* 14,50 EUR

314: Kurzzeitverhalten von extrem leichten Betonen, Druckfestigkeit und Formänderungen.
Von *K. Bastgen* und *K. Wesche.*
Die Schubtragfähigkeit bewehrter Platten und Balken aus dampfgehärtetem Gasbeton nach Versuchen (1980).
Von *D. Briesemann.* 22,30 EUR

315: Bestimmung der Beulsicherheit von Schalen aus Stahlbeton unter Berücksichtigung der physikalisch-nicht-linearen Materialeigenschaften (1980).
Von *W. Zerna, I. Mungan* und *W. Steffen.* 7,60 EUR

316: Versuche zur Bestimmung der Tragfähigkeit stumpf gestoßener Stahlbetonfertigteilstützen (1980).
Von *H. Paschen* und *V. C. Zillich.* vergriffen

317: Untersuchungen über die Schwingfestigkeit geschweißter Betonstahlverbindungen (1981).
Teil 1: Schwingfestigkeitsversuche.
Von *G. Rehm, W. Harre* und *D. Russwurm.*
Teil 2: Werkstoffkundliche Untersuchungen.
Von *G. Rehm* und *U. Nürnberger.* 17,20 EUR

318: Eigenschaften von feuerverzinkten Überzügen auf kaltumgeformten Betonrippenstählen und Betonstahlmatten aus kaltgewälztem Betonrippenstahl.
Technologische Eigenschaften von kaltgeformten Betonrippenstählen und Betonstahlmatten aus kaltgewalztem Betonrippenstahl nach einer Feuerverzinkung (1981).
Von *U. Nürnberger.* 9,40 EUR

319: Vollstöße durch Übergreifung von zugbeanspruchten Rippenstählen in Normalbeton.
Von *M. Betzle, S. Stöckl* und *H. Kupfer.*
Vollstöße durch Übergreifung von zugbeanspruchten Rippenstählen in Leichtbeton.
Von *S. Stöckl, M. Betzle* und *G. Schmidt-Thrö.*
Verbundverhalten von Betonstählen, Untersuchung auf der Grundlage von Ausziehversuchen.
Von *H. Martin* und *P. Noakowski.*
Ermittlung der Verbundspannungen an gedrückten einbetonierten Betonstählen (1981).
Von *F. P. Müller* und *W. Eisenbiegler.* 25,20 EUR

320: Erläuterungen zu DIN 4227 Spannbeton.
Teil 1: Bauteile aus Normalbeton mit beschränkter oder voller Vorspannung, Ausgabe 07.88
Teil 2: Bauteile mit teilweiser Vorspannung, Ausgabe 05.84
Teil 3: Bauteile in Segmentbauart; Bemessung und Ausführung der Fugen, Ausgabe 12.83
Teil 4: Bauteile aus Spannleichtbeton, Ausgabe 02.86
Teil 5: Einpressen von Zementmörtel in Spannkanäle, Ausgabe 12.79
Teil 6: Bauteile mit Vorspannung ohne Verbund, Ausgabe 05.82 (1989).
Zusammengestellt von *D. Bertram.* 34,30 EUR

321: Leichtzuschlag-Beton mit hohem Gehalt an Mörtelporen (1981).
Von *H. Weigler, S. Karl* und *C. Jaegermann.* 6,20 EUR

322: Biegebemessung von Stahlleichtbeton, Ableitung der Spannungsverteilung in der Biegedruckzone aus Prismenversuchen als Grundlage für DIN 4219.
Von *E. Grasser* und *P. Probst.*
Versuche zur Aufnahme der Umlenkkräfte von gekrümmten Bewehrungsstäben durch Betondeckung und Bügel (1981).
Von *J. Neuner* und *S. Stöckl.* 14,50 EUR

323: Zum Schubtragverhalten stabförmiger Stahlbetonelemente (1981).
Von *R. Mallée.* 10,70 EUR

Heft

324: Wärmeausdehnung, Elastizitätsmodul, Schwinden, Kriechen und Restfestigkeit von Reaktorbeton unter einachsiger Belastung und erhöhten Temperaturen.
Von *H. Aschl* und *S. Stöckl*.
Versuche zum Einfluss der Belastungshöhe auf das Kriechen des Betons (1981).
Von *S. Stöckl*. 15,90 EUR

325: Großmodellversuche zur Spanngliedreibung (1981).
Von *H. Cordes*, *K. Schütt* und *H. Trost*. 10,70 EUR

326: Blockfundamente für Stahlbetonfertigstützen (1981).
Von *H. Dieterle* und *A. Steinle*. vergriffen

327: Versuche zur Knicksicherung von druckbeanspruchten Bewehrungsstäben (1981).
Von *J. Neuner* und *S. Stöckl*. 8,60 EUR

328: Zum Tragfähigkeitsnachweis für Wand-Decken-Knoten im Großtafelbau (1982).
Von *E. Hasse*. 14,50 EUR

329: Sachstandbericht Massenbeton.
Von *Deutscher Beton-Verein e.V.*
Untersuchungen an einem über 20 Jahre alten Spannbetonträger der Pliensaubrücke Esslingen am Neckar (1982).
Von *K. Schäfer* und *H. Scheef*. 8,60 EUR

330: Zusammenstellung und Beurteilung von Messverfahren zur Ermittlung der Beanspruchungen in Stahlbetonbauteilen (1982).
Von *H. Twelmeier* und *J. Schneefuß*. 12,10 EUR

331: Kleben im konstruktiven Betonbau (1982).
Von *G. Rehm* und *L. Franke*. 12,40 EUR

332: Anwendungsgrenzen von vereinfachten Bemessungsverfahren für schlanke, zweiachsig ausmittig beanspruchte Stahlbetondruckglieder.
Von *P. C. Olsen* und *U. Quast*.
Traglast von Druckgliedern mit vereinfachter Bügelbewehrung unter Feuerangriff.
Von *A. Haksever* und *R. Hass*.
Traglast von Druckgliedern mit vereinfachter Bügelbewehrung unter Normaltemperatur und Kurzzeitbeanspruchung (1982).
Von *K. Kordina* und *R. Mester*. 15,00 EUR

333. Festschrift „75 Jahre Deutscher Ausschuß für Stahlbeton" (1982).
Von *D. Bertram*, *E. Bornemann*, *N. Bunke*, *H. Goffin*, *D. Jungwirth*, *K. Kordina*, *H. Kupfer*, *J. Schlaich*, *B. Wedler†* und *W. Zerna*. 22,60 EUR

334: Versuche an Spannbetonbalken unter kombinierter Beanspruchung aus Biegung, Querkraft und Torsion (1982).
Von *M. Teutsch* und *K. Kordina*. 10,20 EUR

335: Versuche zum Tragverhalten von segmentären Spannbetonträgern – Vergleichende Auswertung für Epoxidharz- und Zementmörtelfugen (1982).
Von *H. Kupfer*, *K. Guckenberger* und *F. Daschner*. 10,70 EUR

336: Tragfähigkeit und Verformung von Stahlbetonbalken unter Biegung und gleichzeitigem Zwang infolge Auflagerverschiebung (1982).
Von *K. Kordina*, *F. S. Rostásy* und *B. Svensvik*. 10,70 EUR

337: Verhalten von Beton bei hohen Temperaturen – Behaviour of Concrete at High Temperatures (1982).
Von *U. Schneider*. 15,50 EUR

338: Berechnung des zeitabhängigen Verhaltens von Stahlbetonplatten unter Last- und Zwangsbeanspruchung im ungerissenen und gerissenen Zustand (1982).
Von *G. Schaper*. 13,40 EUR

339: Stützenstöße im Stahlbeton-Fertigteilbau mit unbewehrten Elastomerlagern (1982).
Von *F. Müller*, *H. R. Sasse* und *U. Thormählen*. vergriffen

340: Durchlaufende Deckenkonstruktionen aus Spannbetonfertigteilplatten mit ergänzender Ortbetonschicht – Continuous Skin Stressed Slabs (1982).
Behaviour in Bending (Biegetragverhalten).
Von *J. Rosenthal* und *E. Bljuger*.
Schubtragverhalten (Behaviour in Shear).
Von *F. Daschner* und *H. Kupfer*. 11,60 EUR

341: Zum Ansatz der Betonzugfestigkeit bei den Nachweisen zur Trag- und Gebrauchsfähigkeit von unbewehrten und bewehrten Betonbauteilen (1983).
Von *M. Jahn*. 8,60 EUR

342: Dynamische Probleme im Stahlbetonbau –
Teil I: Der Baustoff Stahlbeton unter dynamischer Beanspruchung (1983).
Von *F. P. Müller†*, *E. Keintzel* und *H. Charlier*. 18,80 EUR

343: Versuche zum Kriechen und Schwinden von hochfestem Leichtbeton. Versuche zum Rückkriechen von hochfestem Leichtbeton (1983).
Von *P. Hofmann* und *S. Stöckl*. 8,10 EUR

344: Versuche zur Teilflächenbelastung von Leichtbeton für tragende Konstruktionen.
Von *H. G. Heilmann*.
Teilflächenbelastung von Normalbeton – Versuche an bewehrten Scheiben (1983).
Von *P. Wurm* und *F. Daschner*. 12,60 EUR

345: Experimentelle Ermittlung der Steifigkeiten von Stahlbetonplatten (1983).
Von *H. Schäfer*, *K. Schneider* und *H. G. Schäfer*. 11,60 EUR

346: Tragfähigkeit geschweißter Verbindungen im Betonfertigteilbau.
Von *E. Cziesielski* und *M. Friedmann*.
Versuche zur Ermittlung der Tragfähigkeit in Beton eingespannter Rundstahldollen aus nichtrostendem austenitischem Stahl.
Von *G. Utescher* und *H. Herrmann*.
Untersuchungen über in Beton eingelassene Scherbolzen aus Betonstahl (1983).
Von *H. Paschen* und *T. Schönhoff*. vergriffen

347: Wirkung der Endhaken bei Vollstößen durch Übergreifung von zugbeanspruchten Rippenstählen.
Von *G. Schmidt-Thrö*, *S. Stöckl* und *M. Betzle*
Übergreifungs-Halbstoß mit kurzem Längsversatz ($l_v = 0{,}5\ 1_{ü}$) bei zugbeanspruchten Rippenstählen in Leichtbeton.
Von *M. Betzle*, *S. Stöckl* und *H. Kupfer*.
Rissflächen im Beton im Bereich von Übergreifungsstößen zugbeanspruchter Rippenstähle (1983).
Von *M. Betzle*, *S. Stöckl* und *H. Kupfer*. 17,40 EUR

348: Tragfähigkeit querkraftschlüssiger Fugen zwischen Stahlbeton-Fertigteildeckenelementen (1983).
Von *H. Paschen* und *V. C. Zillich*. vergriffen

349: Bestimmung des Wasserzementwertes von Frischbeton (1984).
Von *H. K. Hilsdorf*. 10,70 EUR

350: Spannbetonbauteile in Segmentbauart unter kombinierter Beanspruchung aus Torsion, Biegung und Querkraft
Von *K. Kordina*, *M. Teutsch* und *V. Weber*.
Rissbildung von Segmentbauteilen in Abhängigkeit von Querschnittsausbildung und Spannstahlverbundeigenschaften.
Von *K. Kordina* und *V. Weber*.
Einfluss der Ausbildung unbewehrter Pressfugen auf die Tragfähigkeit von schrägen Druckstreben in den Stegen von Segmentbauteilen (1984).
Von *K. Kordina* und *V. Weber*. 16,70 EUR

351: Belastungs- und Korrosionsversuche an teilweise vorgespannten Balken.
Von *Günter Schelling* und *Ferdinand S. Rostásy*.
Teilweise Vorspannung – Plattenversuche (1984).
Von *Kassian Janovic* und *Herbert Kupfer*. 23,90 EUR

352: Empfehlungen für brandschutztechnisch richtiges Konstruieren von Betonbauwerken.
Von *K. Kordina* und *L. Krampf*.
Möglichkeiten, nachträglich die in einem Betonbauteil während eines Schadenfeuers aufgetretenen Temperaturen abzuschätzen.
Von *A. Haksever* und *L. Krampf*.
Brandverhalten von Decken aus Glasstahlbeton nach DIN 1045 (Ausg. 12.78), Abschn. 20.3.
Von *C. Meyer-Ottens*.
Eindringen von Chlorid-Ionen aus PVC-Abbrand in Stahlbetonbauteile – Literaturauswertung (1984).
Von *K. Wesche*, *G. Neroth* und *J. W. Weber*. vergriffen

353: Einpressmörtel mit langer Verarbeitungszeit.
Von *W. Manns* und *R. Zimbelmann*.
Auswirkung von Fehlstellen im Einpressmörtel auf die Korrosion des Spannstahls.
Von *G. Rehm*, *R. Frey* und *D. Funk*.
Korrosionsverhalten verzinkter Spannstähle in gerissenem Beton (1984).
Von *U. Nürnberger*. 30,60 EUR

354: Bewehrungsführung in Ecken und Rahmenendknoten.
Von *Karl Kordina*.
Vorschläge zur Bemessung rechteckiger und kranzförmiger Konsolen insbesondere unter exzentrischer Belastung aufgrund neuer Versuche (1984).
Von *Heinrich Paschen* und *Hermann Malonn*. vergriffen

Heft

355: Untersuchungen zur Vorspannung ohne Verbund.
Von *Heinrich Trost, Heiner Cordes* und *Bernhard Weller.*
Anwendung der Vorspannung ohne Verbund.
Von *Karl Kordina, Josef Hegger* und *Manfred Teutsch.*
Ermittlung der wirtschaftlichen Bewehrung von Flachdecken mit Vorspannung ohne Verbund (1984).
Von *Karl Kordina, Manfred Teutsch* und *Josef Hegger.* 20,90 EUR

356: Korrosionsschutz von Bauwerken, die im Gleitschalungsbau errichtet wurden (1984).
Von *Karl Kordina* und *Siegfried Droese.* 16,70 EUR

357: Konstruktion, Bemessung und Sicherheit gegen Durchstanzen von balkenlosen Stahlbetondecken im Bereich der Innenstützen (1984).
Von *Udo Schaefers.* vergriffen

358: Kriechen von Beton unter hoher zentrischer und exzentrischer Druckbeanspruchung (1985).
Von *Emil Grasser* und *Udo Kraemer.* 15,30 EUR

359: Versuche zur Ermüdungsbeanspruchung der Schubbewehrung von Stahlbetonträgern.
Von *Klaus Guckenberger, Herbert Kupfer* und *Ferdinand Daschner.*
Vorgespannte Schubbewehrung (1985).
Von *Jürgen Ruhnau* und *Herbert Kupfer.* 25,20 EUR

360: Festigkeitsverhalten und Strukturveränderungen von Beton bei Temperaturbeanspruchung bis 250 °C (1985).
Von *Jürgen Seeberger, Jörg Kropp* und *Hubert K. Hilsdorf.* 18,80 EUR

361: Beitrag zur Bemessung von schlanken Stahlbetonstützen für schiefe Biegung mit Achsdruck unter Kurzzeit- und Dauerbelastung – Contribution to the Design of Slender Reinforced Concrete Columns Subjected to Biaxial Bending and Axial Compression Considering Short and Long Term Loadings (1985).
Von *Nelson Szilard Galgoul.* 21,50 EUR

362: Versuche an Konstruktionsleichtbetonbauteilen unter kombinierter Beanspruchung aus Torsion, Biegung und Querkraft (1985).
Von *Karl Kordina* und *Manfred Teutsch.* 13,40 EUR

363: Versuche zur Mitwirkung des Betons in der Zugzone von Stahlbetonröhren (1985).
Von *Jörg Schlaich* und *Hans Schober.* 14,50 EUR

364: Empirische Zusammenhänge zur Ermittlung der Schubtragfähigkeit stabförmiger Stahlbetonelemente (1985).
Von *Karl Kordina* und *Franz Blume.* 11,80 EUR

365: Experimentelle Untersuchungen bewehrter und hohler Prüfkörper aus Normalbeton mittels eines zwängungsarmen Krafteinleitungssystems (1985).
Von *Manfred Specht, Rita Schmidt* und *Hartmut Kappes.* 16,10 EUR

366: Grundsätzliche Untersuchungen zum Geräteeinfluss bei der mehraxialen Druckprüfung von Beton (1985).
Von *Helmut Winkler.* 29,00 EUR

Heft

367: Verbundverhalten von Bewehrungsstählen unter Dauerbelastung in Normal- und Leichtbeton.
Von *Kassian Janovic.*
Übergreifungsstöße geschweißter Betonstahlmatten.
Von *Gallus Rehm* und *Rüdiger Tewes.*
Übergreifungsstöße geschweißter Betonstahlmatten in Stahlleichtbeton (1986).
Von *Gallus Rehm* und *Rüdiger Tewes.* 14,50 EUR

368: Fugen und Aussteifungen in Stahlbetonskelettbauten (1986).
Von *Bernd Hock, Kurt Schäfer* und *Jörg Schlaich.* vergriffen

369: Versuche zum Verhalten unterschiedlicher Stahlsorten in stoßbeanspruchten Platten (1986).
Von *Josef Eibl* und *Klaus Kreuser.* 13,40 EUR

370: Einfluss von Rissen auf die Dauerhaftigkeit von Stahlbeton- und Spannbetonbauteilen.
Von *Peter Schießl.*
Dauerhaftigkeit von Spanngliedern unter zyklischen Beanspruchungen.
Von *Heiner Cordes.*
Beurteilung der Betriebsfestigkeit von Spannbetonbrücken im Koppelfugenbereich unter besonderer Berücksichtigung einer möglichen Rissbildung.
Von *Gert König* und *Hans-Christian Gerhardt.*
Nachweis zur Beschränkung der Rissbreite in den Normen des Deutschen Ausschusses für Stahlbeton (1986).
Von *Eilhard Wölfel.* vergriffen

371: Tragfähigkeit durchstanzgefährdeter Stahlbetonplatten-Entwicklung von Bemessungsvorschlägen (1986).
Von *Karl Kordina* und *Diedrich Nölting.* vergriffen

372: Literaturstudie zur Schubsicherung bei nachträglich ergänzten Querschnitten.
Von *Ferdinand Daschner* und *Herbert Kupfer.*
Versuche zur notwendigen Schubbewehrung zwischen Betonfertigteilen und Ortbeton.
Von *Ferdinand Daschner.*
Verminderte Schubdeckung in Stahlbeton- und Spannbetonträgern mit Fugen parallel zur Tragrichtung unter Berücksichtigung nicht vorwiegend ruhender Lasten.
Von *Ingo Nissen, Ferdinand Daschner* und *Herbert Kupfer.*
Literaturstudie über Versuche mit sehr hohen Schubspannungen (1986).
Von *Herbert Kupfer* und *Ferdinand Daschner.* vergriffen

373: Empfehlungen für die Bewehrungsführung in Rahmenecken und -knoten.
Von *Karl Kordina, Ehrenfried Schaaff* und *Thomas Westphal.*
Das Übertragungs- und Weggrößenverfahren für ebene Stahlbetonstabtragwerke unter Verwendung von Tangentensteifigkeiten (1986).
Von *Poul Colberg Olsen.* vergriffen

374: Schwingfestigkeitsverhalten von Betonstählen unter wirklichkeitsnahen Beanspruchungs- und Umgebungsbedingungen (1986).
Von *Gallus Rehm, Wolfgang Harre* und *Willibald Beul.* 14,50 EUR

Heft

375: Grundlagen und Verfahren für den Knicksicherheitsnachweis von Druckgliedern aus Konstruktionsleichtbeton.
Von *Roland Molzahn.*
Einfluss des Kriechens auf Ausbiegung und Tragfähigkeit schlanker Stützen aus Konstruktionsleichtbeton (1986).
Von *Roland Molzahn.* 13,40 EUR

376: Trag- und Verformungsfähigkeit von Stützen bei großen Zwangsverschiebungen der Decken.
Von *Peter Steidle* und *Kurt Schäfer.*
Versuche an Stützen mit Normalkraft und Zwangsverschiebungen (1986).
Von *Rolf Wohlfahrt* und *Rainer Koch.* 22,60 EUR

377: Versuche zur Schubtragwirkung von profilierten Stahlbeton- und Spannbetonträgern mit überdrückten Gurtplatten (1986).
Von *Herbert Kupfer* und *Klaus Guckenberger.* 14,00 EUR

378: Versuche über das Verbundverhalten von Rippenstählen bei Anwendung des Gleitbauverfahrens.
Teilbericht I:
Ausziehversuche, Proben in Utting hergestellt.
Von *Gerfried Schmidt-Thrö* und *Siegfried Stöckl.*
Teilbericht II:
Versuche zur Bestimmung charakteristischer Betoneigenschaften bei Anwendung des Gleitbauverfahrens.
Von *Gerfried Schmidt-Thrö, Siegfried Stöckl* und *Herbert Kupfer.*
Teilbericht III:
Ausziehversuche und Versuche an Übergreifungsstößen, Proben in Berlin bzw. Köln hergestellt.
Von *Klaus Kluge, Gerfried Schmidt-Thrö, Siegfried Stöckl* und *Herbert Kupfer.*
Einfluss der Probekörperform und der Messpunktanordnung auf die Ergebnisse von Ausziehversuchen (1986).
Von *Gerfried Schmidt-Thrö, Siegfried Stöckl* und *Herbert Kupfer.* 27,40 EUR

379: Experimentelle und analytische Untersuchungen zur wirklichkeitsnahen Bestimmung der Bruchschnittgrößen unbewehrter Betonbauteile unter Zugbeanspruchung, (1987).
Von *Dietmar Scheidler.* 16,70 EUR

380: Eigenspannungszustand in Stahl- und Spannbetonkörpern infolge unterschiedlichen thermischen Dehnverhaltens von Beton und Stahl bei tiefen Temperaturen.
Von *Ferdinand S. Rostásy* und *Jochen Scheuermann.*
Verbundverhalten einbetonierten Betonrippenstahls bei extrem tiefer Temperatur.
Von *Ferdinand S. Rostásy* und *Jochen Scheuermann.*
Versuche zur Biegetragfähigkeit von Stahlbetonplattenstreifen bei extrem tiefer Temperatur (1987).
Von *Günter Wiedemann, Jochen Scheuermann, Karl Kordina* und *Ferdinand S. Rostásy.* 19,90 EUR

381: Schubtragverhalten von Spannbetonbauteilen mit Vorspannung ohne Verbund.
Von *Karl Kordina* und *Josef Hegger.*
Systematische Auswertung von Schubversuchen an Spannbetonbalken (1987).
Von *Karl Kordina* und *Josef Hegger.* 21,50 EUR

Heft

382: Berechnen und Bemessen von Verbundprofilstäben bei Raumtemperatur und unter Brandeinwirkung (1987). Von *Otto Jungbluth* und *Werner Gradwohl.* 16,70 EUR

383: Unbewehrter und bewehrter Beton unter Wechselbeanspruchung (1987). Von *Helmut Weigler* und *Karl-Heinz-Rings.* 12,10 EUR

384: Einwirkung von Streusalzen auf Betone unter gezielt praxisnahen Bedingungen (1987). Von *Reinhard Frey.* 7,80 EUR

385: Das Schubtragverhalten schlanker Stahlbetonbalken – Theoretische und experimentelle Untersuchungen für Leicht- und Normalbeton. Von *Helmut Kirmair.* Rissverhalten im Schubbereich von Stahlleichtbetonträgern (1987). Von *Kassian Janovic.* 18,80 EUR

386: Das Tragverhalten von Beton – Einfluss der Festigkeit und der Erhärtungsbedingungen (1987). Von *Helmut Weigler* und *Eiko Bielak.* 13,40 EUR

387: Tragverhalten quadratischer Einzelfundamente aus Stahlbeton. Von *Hannes Dieterle* und *Ferdinand S. Rostásy.* Zur Bemessung quadratischer Stützenfundamente aus Stahlbeton unter zentrischer Belastung mit Hilfe von Bemessungsdiagrammen (1987). Von *Hannes Dieterle.* 23,10 EUR

388: Wandartige Träger mit Auflagerverstärkungen und vertikalen Arbeitsfugen (1987). Von *Jens Götsche* und *Heinrich Twelmeier†.* 17,80 EUR

389: Verankerung der Bewehrung am Endauflager bei einachsiger Querpressung. Von *Gerfried Schmidt-Thrö, Siegfried Stöckl* und *Herbert Kupfer.* Einfluss einer einachsigen Querpressung und der Verankerungslänge auf das Verbundverhalten von Rippenstählen im Beton. Von *Gerfried Schmidt-Thrö, Siegfried Stöckl* und *Herbert Kupfer.* Rissflächen im Beton im Bereich einer auf Zug beanspruchten Stabverankerung (1988). Von *Gerfried Schmidt-Thrö.* 27,90 EUR

390: Einfluss von Betongüte, Wasserhaushalt und Zeit auf das Eindringen von Chloriden in Beton. Von *Gallus Rehm, Ulf Nürnberger; Bernd Neubert* und *Frank Nenninger.* Chloridkorrosion von Stahl in gerissenem Beton.
A – Bisheriger Kenntnisstand.
B – Untersuchungen an der 30 Jahre alten Westmole in Helgoland.
C – Auslagerung gerissener, mit unverzinkten und feuerverzinkten Stählen bewehrten Stahlbetonbalken auf Helgoland (1988).
Von *Gallus Rehm, Ulf Nürnberger* und *Bernd Neubert.* vergriffen

391: Biegetragverhalten und Bemessung von Trägern mit Vorspannung ohne Verbund. Von *Josef Zimmermann.* Experimentelle Untersuchung zum Biegetragverhalten von Durchlaufträgern mit Vorspannung ohne Verbund (1988). Von *Bernhard Weller.* 25,70 EUR

Heft

392: Dynamische Probleme im Stahlbetonbau – Teil II: Stahlbetonbauteile und -bauwerke unter dynamischer Beanspruchung (1988). Von *Josef Eibl, Einar Keintzel* und *Hermann Charlier.* vergriffen

393: Querschnittsbericht zur Rissbildung in Stahl- und Spannbetonkonstruktionen. Von *Rolf Eligehausen* und *Helmut Kreller.* Korrosion von Stahl in Beton – einschließlich Spannbeton (1988). Von *Ulf Nürnberger, Klaus Menzel Armin Löhr* und *Reinhard Frey.* vergriffen

394: Nachweisverfahren für Verankerung, Verformung, Zwangbeanspruchung und Rissbreite. Kontinuierliche Theorie der Mitwirkung des Betons auf Zug. Rechenhilfen für die Praxis (1988). Von *Piotr Noakowski.* vergriffen

395: Berechnung von Temperatur-, Feuchte- und Verschiebungsfeldern in erhärtenden Betonbauteilen nach der Methode der finiten Elemente (1988). Von *Holger Hamfler.* 30,00 EUR

396: Rissbreitenbeschränkung und Mindestbewehrung bei Eigenspannungen und Zwang (1988). Von *Manfred Puche.* 31,20 EUR

397: Spezielle Fragen beim Schweißen von Betonstählen. Gleichmaßdehnung von Betonstählen (1989). Von *Dieter Rußwurm.* 16,10 EUR

398: Zur Faltwerkwirkung der Stahlbetontreppen (1989). Von *Hans-Heinrich Osteroth.* vergriffen

399: Das Bewehren von Stahlbetonbauteilen – Erläuterungen zu verschiedenen gebräuchlichen Bauteilen (1993). Von *Rolf Eligehausen* und *Roland Gerster.* 25,70 EUR

400: Erläuterungen zu DIN 1045, Beton und Stahlbeton, Ausgabe 07.88. Zusammengestellt von *Dieter Bertram* und *Norbert Bunke.* Hinweise für die Verwendung von Zement zu Beton. Von *Justus Bonzel* und *Karsten Rendchen.* Grundlagen der Neuregelung zur Beschränkung der Rissbreite. Von *Peter Schießl.* Erläuterungen zur Richtlinie für Beton mit Fließmitteln und für Fließbeton. Von *Justus Bonzel* und *Eberhard Siebel.* Erläuterungen zur Richtlinie Alkali-Reaktion im Beton (1989). 4. Auflage 1994 (3. berichtigter Nachdruck). Von *Justus Bonzel, Jürgen Dahms* und *Jürgen Krell.* 38,60 EUR

401: Anleitung zur Bestimmung des Chloridgehaltes von Beton. Arbeitskreis: Prüfverfahren – Chlorideindringtiefe. Leitung: *Rupert Springenschmid.* Schnellbestimmung des Chloridgehaltes von Beton. Von *Horst Dorner, Günter Kleiner.* Bestimmung des Chloridgehaltes von Beton durch Direktpotentiometrie. (1989). Von *Horst Dorner.* vergriffen

Heft

402: Kunststoffbeschichtete Betonstähle (1989). Von *Gallus Rehm, Rainer Blum, Elke Fielker, Reinhard Frey, Dieter Junginger, Bernhard Kipp, Peter Langer Klaus Menzel* und *Ferdinand Nagel.* 29,00 EUR

403: Wassergehalt von Beton bei Temperaturen von 100 °C bis 500 °C im Bereich des Wasserdampfpartialdruckes von 0 bis 5,0 MPa. Von *Wilhelm Manns* und *Bernd Neubert.* Permeabilität und Porosität von Beton bei hohen Temperaturen (1989). Von *Ulrich Schneider* und *Hans Joachim Herbst.* 14,00 EUR

404: Verhalten von Beton bei mäßig erhöhten Betriebstemperaturen (1989). Von *Harald Budelmann.* 24,70 EUR

405: Korrosion und Korrosionsschutz der Bewehrung im Massivbau
– neuere Forschungsergebnisse
– Folgerungen für die Praxis
– Hinweise für das Regelwerk (1990).
Von *Ulf Nürnberger.* vergriffen

406: Die Berechnung von ebenen, in ihrer Ebene belasteten Stahlbetonbauteilen mit der Methode der Finiten Elemente (1990). Von *Günter Borg.* vergriffen

407: Zwang und Rissbildung in Wänden auf Fundamenten (1990). Von *Ferdinand S. Rostásy* und *Wolfgang Henning.* 25,70 EUR

408: Druck und Querzug in bewehrten Betonelementen. Von *Kurt Schäfer, Günther Schelling* und *Thomas Kuchler.* Altersabhängige Beziehung zwischen der Druck- und Zugfestigkeit von Beton im Bauwerk – Bauwerkszugfestigkeit – (1990). Von *Ferdinand S. Rostásy* und *Ernst-Holger Ranisch.* 25,70 EUR

409: Zum nichtlinearen Trag- und Verformungsverhalten von Stahlbetonstabtragwerken unter Last- und Zwangeinwirkung (1990). Von *Helmut Kreller.* 21,50 EUR

410: Kunststoffbeschichtungen auf ständig durchfeuchtetem Beton – Adhäsionseigenschaften, Eignungsprüfkriterien, Beschichtungsgrundsätze (1990). Von *Michael Fiebrich.* 20,40 EUR

411: Untersuchungen über das Tragverhalten von Köcherfundamenten (1990). Von *Georg-Wilhelm Mainka* und *Heinrich Paschen.* 22,60 EUR

412: Mindestbewehrung zwangbeanspruchter dicker Stahlbetonbauteile (1990). Von *Manfred Helmus.* 24,70 EUR

413: Experimentelle Untersuchungen zur Bestimmung der Druckfestigkeit des gerissenen Stahlbetons bei einer Querzugbeanspruchung (1990). Von *Johann Kollegger* und *Gerhard Mehlhorn.* 27,90 EUR

414: Versuche zur Ermittlung von Schalungsdruck und Schalungsreibung im Gleitbau (1990). Von *Karl Kordina* und *Siegfried Droese.* 19,30 EUR

Heft

415: Programmgesteuerte Berechnung beliebiger Massivbauquerschnitte unter zweiachsiger Biegung mit Längskraft (Programm MASQUE) (1990).
Von *Dirk Busjaeger* und *Ulrich Quast.* 31,20 EUR

416: Betonbau beim Umgang mit wassergefährdenden Stoffen – Sachstandsbericht (1991).
Von *Thomas Fehlhaber, Gert König, Siegfried Mängel, Hermann Poll, Hans-Wolf Reinhardt, Carola Reuter, Peter Schießl, Bernd Schnütgen, Gerhard Spanka Friedhelm Stangenberg, Gerd Thielen* und *Johann-Dietrich Wörner.* 37,60 EUR

417: Stahlbeton- und Spannbetonbauteile bei extrem tiefer Temperatur– Versuche und Berechnungsansätze für Lasten und Zwang (1991).
Von *Uwe Pusch* und *Ferdinand S. Rostásy.* 22,60 EUR

418: Warmbehandlung von Beton durch Mikrowellen (1991).
Von *Ulrich Schneider* und *Frank Dumat.* 30,00 EUR

419: Bruchmechanisches Verhalten von Beton unter monotoner und zyklischer Zugbeanspruchung (1991).
Von *Herbert Duda.* 17,20 EUR

420: Versuche zum Kriechen und zur Restfestigkeit von Beton bei mehrachsiger Beanspruchung.
Von *Norbert Lanig, Siegfried Stöckl* und *Herbert Kupfer.*
Kriechen von Beton nach langer Lasteinwirkung.
Von *Norbert Lanig* und *Siegfried Stöckl.*
Frühe Kriechverformungen des Betons (1991).
Von *Heinrich Trost* und *Hans Paschmann.* 24,70 EUR

421: Entwicklung radiographischer Untersuchungsmethoden des Verbundverhaltens von Stahl und Beton (1991).
Von *Andrea Steinwedel.* 22,60 EUR

422: Prüfung von Beton-Empfehlungen und Hinweise als Ergänzung zu DIN 1048 (1991).
Zusammengestellt von *Norbert Bunke.* 33,30 EUR

423: Experimentelle Untersuchungen des Trag- und Verformungsverhaltens schlanker Stahlbetondruckglieder mit zweiachsiger Ausmitte.
Von *Rainer Grzeschkowitz, Karl Kordina* und *Manfred Teutsch.*
Erweiterung von Traglastprogrammen für schlanke Stahlbetondruckglieder (1992).
Von *Rainer Grzeschkowitz* und *Ulrich Quast.* 23,60 EUR

424: Tragverhalten von Befestigungen unter Querlasten in ungerissenem Beton (1992).
Von *Werner Fuchs.* 29,00 EUR

425: Bemessungshilfsmittel zu Eurocode 2 Teil 1 (DIN V ENV 1992 Teil 1-1, Ausgabe 06.92).
Planung von Stahlbeton- und Spannbetontragwerken (1992).
3. ergänzte Auflage 1997.
Von *Karl Kordina* u. a. 40,90 EUR

426: Einfluss der Probekörperform auf die Ergebnisse von Ausziehversuchen – Finite-Element-Berechnung – (1992).
Von *Jürgen Mainz* und *Siegfried Stöckl.* 19,30 EUR

Heft

427: Verminderte Schubdeckung in Betonträgern mit Fugen parallel zur Tragrichtung bei sehr hohen Schubspannungen und nicht vorwiegend ruhenden Lasten (1992).
Von *Ferdinand Daschner* und *Herbert Kupfer.* 14,00 EUR

428: Entwicklung eines Expertensystems zur Beurteilung, Beseitigung und Vorbeugung von Oberflächenschäden an Betonbauteilen (1992).
Von *Michael Sohni.* 20,40 EUR

429: Der Einfluss mechanischer Spannungen auf den Korrosionswiderstand zementgebundener Baustoffe (1992).
Von *Ulrich Schneider, Erich Nägele Frank Dumat* und *Steffen Holst.* 20,40 EUR

430: Standardisierte Nachweise von häufigen D-Bereichen (1992).
Von *Mattias Jennewein* und *Kurt Schäfer.* 20,40 EUR

431: Spannungsumlagerungen in Verbundquerschnitten aus Fertigteilen und Ortbeton statisch bestimmter Träger infolge Kriechen und Schwinden unter Berücksichtigung der Rissbildung (1992).
Von *Günther Ackermann, Erich Raue, Lutz Ebel* und *Gerhard Setzpfandt.* vergriffen

432: Lineare und nichtlineare Theorie des Kriechens und der Relaxation von Beton unter Druckbeanspruchung (1992).
Von *Jing-Hua Shen.* 12,90 EUR

433: Zur chloridinduzierten Makroelementkorrosion von Stahl in Beton (1992).
Von *Michael Raupach.* 23,60 EUR

434: Beurteilung der Wirksamkeit von Steinkohlenflugaschen als Betonzusatzstoff (1993).
Von *Franz Sybertz.* 23,60 EUR

435: Zur Spannungsumlagerung im Spannbeton bei der Rissbildung unter statischer und wiederholter Belastung (1993).
Von *Nguyen Viet Tue.* 18,30 EUR

436: Zum karbonatisierungsbedingten Verlust der Dauerhaftigkeit von Außenbauteilen aus Stahlbeton (1993).
Von *Dieter Bunte.* 27,90 EUR

437: Festigkeit und Verformung von Beton bei hoher Temperatur und biaxialer Beanspruchung – Versuche und Modellbildung – (1994).
Von *Karl-Christian Thienel.* 22,60 EUR

438: Hochfester Beton, Sachstandsbericht, Teil 1: Betontechnologie und Betoneigenschaften.
Von *Ingo Schrage.*
Teil 2: Bemessung und Konstruktion (1994).
Von *Gert König, Harald Bergner, Rainer Grimm, Markus Held, Gerd Remmel* und *Gerd Simsch.* 19,30 EUR

439: Ermüdungsfestigkeit von Stahlbeton und Spannbetonbauteilen mit Erläuterungen zu den Nachweisen gemäß CEB-FIP. Model Code 1990 (1994).
Von *Gert König* und *Ireneusz Danielewicz.* 21,50 EUR

Heft

440: Untersuchung zur Durchlässigkeit von faserfreien und faserverstärkten Betonbauteilen mit Trennrissen.
Von *Masaaki Tsukamoto.*
Gitterschnittkennwert als Kriterium für die Adhäsionsgüte von Oberflächenschutzsystemen auf Beton (1994).
Von *Michael Fiebrich.* 18,30 EUR

441: Physikalisch nichtlineare Berechnung von Stahlbetonplatten im Vergleich zur Bruchlinientheorie (1994).
Von *Andreas Pardey.* 36,50 EUR

442: Versuche zum Kriechen von Beton bei mehrachsiger Beanspruchung – Auswertung auf der Basis von errechneten elastischen Anfangsverformungen.
Von *Henric Bierwirth, Siegfried Stöckl* und *Herbert Kupfer.*
Kriechen, Rückkriechen und Dauerstandfestigkeit von Beton bei unterschiedlichem Feuchtegehalt und Verwendung von Portlandzement bzw. Portlandkalksteinzement (1994).
Von *Dirk Nechvatal, Siegfried Stöckl* und *Herbert Kupfer.* 20,40 EUR

443: Schutz und Instandsetzung von Betonbauteilen unter Verwendung von Kunststoffen – Sachstandsbericht – (1994).
Von *H. Rainer Sasse* u. a. 51,60 EUR

444: Zum Zug- und Schubtragverhalten von Bauteilen aus hochfestem Beton (1994).
Von *Gerd Remmel.* 23,60 EUR

445: Zum Eindringverhalten von Flüssigkeiten und Gasen in ungerissenen Beton.
Von *Thomas Fehlhaber.*
Eindringverhalten von Flüssigkeiten in Beton in Abhängigkeit von der Feuchte der Probekörper und der Temperatur.
Von *Massimo Sosoro* und *Hans-Wolf Reinhardt.*
Untersuchung der Dichtheit von Vakuumbeton gegenüber wassergefährdenden Flüssigkeiten (1994).
Von *Reinhard Frey* und *Hans-Wolf Reinhardt.* 27,90 EUR

446: Modell zur Vorhersage des Eindringverhaltens von organischen Flüssigkeiten in Beton (1995).
Von *Massimo Sosoro.* 17,20 EUR

447: Versuche zum Verhalten von Beton unter dreiachsiger Kurzzeitbeanspruchung.
Tests on the Behaviour of Concrete under Triaxial Shorttime Loading.
Von *Ulrich Scholz, Dirk Nechvatal, Helmut Aschl, Diethelm Linse, Emil Grasser* und *Herbert Kupfer.*
Auswertung von Versuchen zur mehrachsigen Betonfestigkeit, die an der Technischen Universität München durchgeführt wurden.
Evaluation of the Multiaxial Strength of Concrete Tested at Technische Universität München.
Von *Zhenhai Guo, Yunlong Zhou* und *Dirk Nechvatal.*
Versuche zur Methode der Verformungsmessung an dreiachsig beanspruchten Betonwürfeln.
Tests on Methods for Strain Measurements on Cubic Specimen of Concrete under Triaxial Loading (1995).
Von *Christian Dialer, Norbert Lanig, Siegfried Stöckl* und *Cölestin Zelger.* 25,70 EUR

Heft

448: Veränderung des Betongefüges durch die Wirkung von Steinkohlenflugasche und ihr Einfluss auf die Betoneigenschaften (1995).
Von *Reiner Härdtl.* 18,30 EUR

449: Wirksame Betonzugfestigkeit im Bauwerk bei früh einsetzendem Temperaturzwang (1995).
Von *Peter Onken* und *Ferdinand S. Rostásy.* 20,40 EUR

450: Prüfverfahren und Untersuchungen zum Eindringen von Flüssigkeiten und Gasen in Beton sowie zum chemischen Widerstand von Beton.
Von *Hans Paschmann, Horst Grube* und *Gerd Thielen.*
Untersuchungen zum Eindringen von Flüssigkeiten in Beton sowie zur Verbesserung der Dichtheit des Betons (1995).
Von *Hans Paschmann, Horst Grube* und *Gerd Thielen.* 23,60 EUR

451: Beton als sekundäre Dichtbarriere gegenüber umweltgefährdenden Flüssigkeiten (1995).
Von *Michael Aufrecht.* vergriffen

452: Wöhlerlinien für einbetonierte Spanngliedkopplungen.
– Dauerschwingversuche an Spanngliedkopplungen des Litzenspannverfahrens D & W.
Von *Gert König* und *Roland Sturm.*
– Dauerschwingversuche an Spanngliedkopplungen des Bündelspanngliedes BBRV-SUSPA II (1995).
Von *Gert König* und *Ireneusz Danielewicz.* 16,10 EUR

453: Ein durchgängiges Ingenieurmodell zur Bestimmung der Querkrafttragfähigkeit im Bruchzustand von Bauteilen aus Stahlbeton mit und ohne Vorspannung der Festigkeitsklassen C 12 bis C 115 (1995).
Von *Manfred Specht* und *Hans Scholz.* 23,60 EUR

454: Tragverhalten von randfernen Kopfbolzenverankerungen bei Betonbruch (1995).
Von *Guochen Zhao.* 20,40 EUR

455: Wasserdurchlässigkeit und Selbstheilung von Trennrissen in Beton (1996).
Von *Carola Katharina Edvardsen.* 23,60 EUR

456: Zum Schubtragverhalten von Fertigplatten mit Ortbetonergänzung.
Von *Horst Georg Schäfer* und *Wolfgang Schmidt-Kehle.*
Oberflächenrauheit und Haftverbund.
Von *Horst Georg Schäfer, Klaus Block* und *Rita Drell.*
Zur Oberflächenrauheit von Fertigplatten mit Ortbetonergänzung.
Von *Horst Georg Schäfer* und *Wolfgang Schmidt-Kehle.*
Ortbetonergänzte Fertigteilbalken mit profilierter Anschlussfuge unter hoher Querkraftbeanspruchung (1996).
Von *Horst Georg Schäfer* und *Wolfgang Schmidt-Kehle.* 30,00 EUR

457: Verbesserung der Undurchlässigkeit, Beständigkeit und Verformungsfähigkeit von Beton.
Von *Udo Wiens, Fritz Grahn* und *Peter Schießl.*
Durchlässigkeit von überdrückten Trennrissen im Beton bei Beaufschlagung mit wassergefährdenden Flüssigkeiten.
Von *Norbert Brauer* und *Peter Schießl.*
Untersuchungen zum Eindringen von Flüssigkeiten in Beton, zur Dekontamination von Beton sowie zur Dichtheit von Arbeitsfugen (1996).
Von *Hans Paschmann* und *Horst Grube.* vergriffen

458: Umweltverträglichkeit zementgebundener Baustoffe – Sachstandsbericht – (1996).
Von *Inga Hohberg, Christoph Müller, Peter Schießl* und *Gerhard Volland.* 20,40 EUR

459: Bemessen von Stahlbetonbalken und -wandscheiben mit Öffnungen (1996).
Von *Hermann Ulrich Hottmann* und *Kurt Schäfer.* 26,90 EUR

460: Fließverhalten von Flüssigkeiten in durchgehend gerissenen Betonkonstruktionen (1996).
Von *Christiane Imhof-Zeitler.* 32,20 EUR

461: Grundlagen für den Entwurf, die Berechnung und konstruktive Durchbildung lager- und fugenloser Brücken (1996).
Von *Michael Pötzl, Jörg Schlaich* und *Kurt Schäfer.* 21,50 EUR

462: Umweltgerechter Rückbau und Wiederverwertung mineralischer Baustoffe – Sachstandsbericht (1996).
Von *Peter Grübl* u. a. 32,20 EUR

463: Contec ES – Computer Aided Consulting für Betonoberflächenschäden (1996).
Von *Gabriele Funk.* vergriffen

464: Sicherheitserhöhung durch Fugenverminderung – Spannbeton im Umweltbereich.
Von *Jens Schütte, Manfred Teutsch* und *Horst Falkner.*
Fugen in chemisch belasteten Betonbauteilen.
Von *Hans-Werner Nordhues* und *Johann-Dietrich Wörner.*
Durchlässigkeit und konstruktive Konzeption von Fugen (Fertigteilverbindungen) (1996).
Von *Marko Bida* und *Klaus-Peter Grote.* 31,20 EUR

465: Dichtschichten aus hochfestem Faserbeton.
Von *Martina Lemberg.*
Dichtheit von Faserbetonbauteilen (synthetische Fasern) (1996).
Von *Johann-Dietrich Wörner, Christiane Imhof-Zeitler* und *Martina Lemberg.* 29,00 EUR

466: Grundlagen und Bemessungshilfen für die Rissbreitenbeschränkung im Stahlbeton und Spannbeton sowie Kom-mentare, Hintergrundinformationen und Anwendungsbeispiele zu den Regelungen nach DIN 1045. EC2 und Model Code 90 (1996).
Von *Gert König* und *Nguyen Viet Tue.* 21,50 EUR

467: Verstärken von Betonbauteilen – Sachstandsbericht – (1996).
Von *Horst Georg Schäfer* u. a. 18,30 EUR

468: Stahlfaserbeton für Dicht- und Verschleißschichten auf Betonkonstruktionen.
Von *Burkhard Wienke.*
Einfluss von Stahlfasern auf das Verschleißverhalten von Betonen unter extremen Betriebsbedingungen in Bunkern von Abfallbehandlungsanlagen (1996).
Von *Thomas Höcker.* 26,90 EUR

469: Schadensablauf bei Korrosion der Spannbewehrung (1996).
Von *Gert König, Nguyen Viet Tue, Thomas Bauer* und *Dieter Pommerening.* 16,10 EUR

470: Anforderungen an Stahlbetonlager thermischer Behandlungsanlagen für feste Siedlungsabfälle.
Von *Georg Zimmermann.*
Temperaturbeanspruchungen in Stahlbetonlagern für feste Siedlungsabfälle (1996).
Von *Ralf Brüning.* 36,50 EUR

471: Zum Bruchverhalten von hochfestem Beton bei einer Zugbeanspruchung durch formschlüssige Verankerungen (1997).
Von *Ralf Zeitler.* 17,20 EUR

472: Segmentbalken mit Vorspannung ohne Verbund unter kombinierter Beanspruchung aus Torsion, Biegung und Querkraft.
Von *Horst Falkner, Manfred Teutsch* und *Zhen Huang.*
Eurocode 8: Tragwerksplanung von Bauten in Erdbebengebieten Grundlagen, Anforderungen. Vergleich mit DIN 4149 (1997).
Von *Dan Constantinescu.* 16,10 EUR

473: Zum Verbundtragverhalten laschenverstärkter Betonbauteile unter nicht vorwiegend ruhender Beanspruchung.
Von *Christoph Hankers.*
Ingenieurmodelle des Verbunds geklebter Bewehrung für Betonbauteile (1997).
Von *Peter Holzenkämpfer.* 30,00 EUR

474: Injizierte Risse unter Medien- und Lasteinfluss.
Teil I: Grundlagenversuche.
Von *Horst Falkner, Manfred Teutsch, Thies Claußen, Jürgen Günther* und *Sabine Rohde.*
Teil 2: Bauteiluntersuchungen.
Von *Hans-Wolf Reinhardt, Massimo Sosoro, Friedrich Paul* und *Xiao-feng Zhu.*
Oberflächenschutzmaßnahmen zur Erhöhung der chemischen Dichtungswirkung.
Von *Klaus Littmann.*
Korrosionsschutz der Bewehrung bei Einwirkung umweltgefährdender Flüssigkeiten (1997).
Von *Romain Weydert* und *Peter Schießl.* 27,90 EUR

475: Transport organischer Flüssigkeiten in Betonbauteilen mit Mikro- und Biegerissen.
Von *Xiao-feng Zhu.*
Eindring- und Durchströmungsvorgänge umweltgefährdender Stoffe an feinen Trennrissen in Beton (1997).
Von *Detlef Bick, Heiner Cordes* und *Heinrich Trost.* vergriffen

Heft

476: Zuverlässigkeit des Verpressens von Spannkanälen unter Berücksichtigung der Unsicherheiten auf der Baustelle (1997).
Von *Ferdinand S. Rostásy* und *Alex-W. Gutsch.* 25,70 EUR

477: Einfluss bruchmechanischer Kenngrößen auf das Biege- und Schubtragverhalten hochfester Betone (1997).
Von *Rainer Grimm.* 27,90 EUR

478: Tragfähigkeit von Druckstreben und Knoten in D-Bereichen (1997).
Von *Wolfgang Sundermann* und *Kurt Schäfer.* 29,00 EUR

479: Über das Brandverhalten punktgestützter Stahlbetonplatten (1997).
Von *Karl Kordina.* 25,70 EUR

480: Versagensmodell für schubschlanke Balken (1997).
Von *Jürgen Fischer.* 19,30 EUR

481: Sicherheitskonzept für Bauten des Umweltschutzes.
Von *Daniela Kiefer.*
Erfahrungen mit Bauten des Umweltschutzes.
Von *Johann-Dietrich Wörner, Daniela Kiefer* und *Hans-Werner Nordhues.*
Qualitätskontrollmaßnahmen bei Betonkonstruktionen (1997).
Von *Otto Kroggel.* 21,50 EUR

482: Rissbreitenbeschränkung zwangbeanspruchter Bauteile aus hochfestem Normalbeton (1997).
Von *Harald Bergner.* 25,70 EUR

483: Durchlässigkeitsgesetze für Flüssigkeiten mit Feinstoffanteilen bei Betonbunkern von Abfallbehandlungsanlagen.
Von *Klaus-Peter Grote.*
Einfluss von Stahlfasern auf die Durchlässigkeit von Beton (1997).
Von *Ralf Winterberg.* 22,60 EUR

484: Grenzen der Anwendung nichtlinearer Rechenverfahren bei Stabtragwerken und einachsig gespannten Platten.
Von *Rolf Eligehausen* und *Eckhart Fabritius.*
Rotationsfähigkeit von plastischen Gelenken im Stahl- und Spannbetonbau.
Von *Longfei Li.*
Verdrehfähigkeit plastizierter Trag--werksbereiche im Stahlbetonbau (1998).
Von *Peter Langer.* 37,60 EUR

485: Verwendung von Bitumen als Gleitschicht im Massivbau.
Von *Manfred Curbach* und *Thomas Bösche.*
Versuche zur Eignung industriell gefertigter Bitumenbahnen als Bitumengleitschicht (1998).
Von *Manfred Curbach* und *Thomas Bösche.* 21,50 EUR

486: Trag- und Verformungsverhalten von Rahmenknoten (1998).
Von *Karl Kordina, Manfred Teutsch* und *Erhard Wegener.* 34,30 EUR

487: Dauerhaftigkeit hochfester Betone (1998).
Von *Ulf Guse* und *Hubert K. Hilsdorf.* 19,30 EUR

488: Sachstandsbericht zum Einsatz von Textilien im Massivbau (1998).
Von *Manfred Curbach* u. a. 22,60 EUR

489: Mindestbewehrung für verformungsbehinderte Betonbauteile im jungen Alter (1998).
Von *Udo Paas.* 23,60 EUR

490: Beschichtete Bewehrung. Ergebnisse sechsjähriger Auslagerungsversuche.
Von *Klaus Menzel, Frank Schulze* und *Hans-Wolf Reinhardt.*
Kontinuierliche Ultraschallmessung während des Erstarrens und Erhärtens von Beton als Werkzeug des Qualitätsmanagements (1998).
Von *Hans-Wolf Reinhardt, Christian U. Große* und *Alexander Herb.* 18,30 EUR

491: Der Einfluss der freien Schwingungen auf ausgewählte dynamische Parameter von Stahlbetonbiegeträgern (1999).
Von *Manfred Specht* und *Michael Kramp.* 31,20 EUR

492: Nichtlineares Last-Verformungs-Verhalten von Stahlbeton- und Spannbetonbauteilen, Verformungsvermögen und Schnittgrößenermittlung (1999).
Von *Gert König, Dieter Pommerening* und *Nguyen Viet Tue.* 26,90 EUR

493: Leitfaden für die Erfassung und Bewertung der Materialien eines Abbruchobjektes (1999).
Von *Theo Rommel, Wolfgang Katzer, Gerhard Tauchert* und *Jie Huang.* 18,80 EUR

494: Tragverhalten von Stahlfaserbeton (1999).
Von *Yong-zhi Lin.* 23,60 EUR

495: Stoffeigenschaften jungen Betons; Versuche und Modelle (1999).
Von *Alex-W. Gutsch.* 29,50 EUR

496: Entwerfen und Bemessen von Betonbrücken ohne Fugen und Lager (1999).
Von *Stephan Engelsmann, Jörg Schlaich* und *Kurt Schäfer.* 25,70 EUR

497: Entwicklung von Verfahren zur Beurteilung der Kontaminierung der Baustoffe vor dem Abbruch (Schnellprüfverfahren) (2000).
Von *Jochen Stark* und *Peter Nobst.* 20,90 EUR

498: Kriechen von Beton unter Zugbeanspruchung (2000).
Von *Karl Kordina, Lothar Schubert* und *Uwe Troitzsch.* 16,70 EUR

499: Tragverhalten von stumpf gestoßenen Fertigteilstützen aus hochfestem Beton (2000).
Von *Jens Minnert.* 29,00 EUR

500: BiM-Online – Das interaktive Informationssystem zu „Baustoffkreislauf im Massivbau" (2000).
Von *Hans-Wolf Reinhardt, Marcus Schreyer* und *Joachim Schwarte.* 21,50 EUR

501: Tragverhalten und Sicherheit betonstahlbewehrter Stahlfaserbetonbauteile (2000).
Von *Ulrich Gossla.* 20,40 EUR

502: Witterungsbeständigkeit von Beton. 3. Bericht (2000).
Von *Wilhelm Manns* und *Kurt Zeus.* 17,80 EUR

503: Untersuchungen zum Einfluss der bezogenen Rippenfläche von Bewehrungsstäben auf das Tragverhalten von Stahlbetonbauteilen im Gebrauchs- und Bruchzustand (2000).
Von *Rolf Eligehausen* und *Utz Mayer.* 20,90 EUR

504: Schubtragverhalten von Stahlbetonbauteilen mit rezyklierten Zuschlägen (2000).
Von *Sufang Lü.* 24,70 EUR

505: Biegetragverhalten von Stahlbetonbauteilen mit rezyklierten Zuschlägen (2000).
Von *Matthias Meißner.* 29,00 EUR

506: Verwertung von Brechsand aus Bauschutt (2000).
Von *Christoph Müller* und *Bernd Dora.* 24,70 EUR

507: Betonkennwerte für die Bemessung und Verbundverhalten von Beton mit rezykliertem Zuschlag (2000).
Von *Konrad Zilch* und *Frank Roos.* 19,30 EUR

508: Zulässige Toleranzen für die Abweichungen der mechanischen Kennwerte von Beton mit rezykliertem Zuschlag (2000).
Von *Johann-Dietrich Wörner, Pieter Moerland, Sabine Giebenhain, Harald Kloft* und *Klaus Leiblein.* 16,70 EUR

509: Bruchmechanisches Verhalten jungen Betons (2000).
Von *Karim Hariri.* 24,70 EUR

510: Probabilistische Lebensdauerbemessung von Stahlbetonbauwerken – Zuverlässigkeitsbetrachtungen zur wirksamen Vermeidung von Bewehrungskorrosion (2000).
Von *Christoph Gehlen.* 24,20 EUR

511: Hydroabrasionsverschleiß von Betonoberflächen.
Beton und Mörtel für die Instandsetzung verschleißgeschädigter Betonbauteile im Wasserbau (2000).
Von *Gesa Haroske, Jan Vala* und *Ulrich Diederichs.* 27,40 EUR

512: Zwang und Rissbildung infolge Hydratationswärme – Grundlagen Berechnungsmodelle und Tragverhalten (2000).
Von *Benno Eierle* und *Karl Schikora.* 27,40 EUR

513: Beton als kreislaufgerechter Baustoff (2001).
Von *Christoph Müller.* 65,50 EUR

514: Einfluss von rezykliertem Zuschlag aus Betonbruch auf die Dauerhaftigkeit von Beton.
Von *Beatrix Kerkhoff* und *Eberhard Siebel.*
Einfluss von Feinstoffen aus Betonbruch auf den Hydratationsfortschritt.
Von *Walter Wassing.*
Recycling von Beton, der durch eine Alkalireaktion gefährdet oder bereits geschädigt ist.
Von *Wolfgang Aue.*
Frostwiderstand von rezykliertem Zuschlag aus Altbeton und mineralischen Baustoffgemischen (Bauschutt) (2001).
Von *Stefan Wies* und *Wilhelm Manns.* 48,60 EUR

Heft

515: Analytische und numerische Untersuchungen des Durchstanzverhaltens punktgestützter Stahlbetonplatten (2001).
Von *Markus Anton Staller.* 43,50 EUR

516: Sachstandbericht Selbstverdichtender Beton (SVB) (2001).
Von *Hans-Wolf Reinhardt, Wolfgang Brameshuber, Geraldine Buchenau, Frank Dehn, Horst Grube, Peter Grübl, Bernd Hillemeier, Martin Jooß, Bert Kilanowski, Thomas Krüger, Christoph Lemmer, Viktor Mechterine, Harald Müller, Thomas Müller, Markus Plannerer, Andreas Rogge, Andreas Schaab, Angelika Schießl* und *Stephan Uebachs.* 33,80 EUR

517: Verformungsverhalten und Tragfähigkeit dünner Stege von Stahlbeton- und Spannbetonträgern mit hoher Betongüte (2001).
Von *Karl-Heinz Reineck, Rolf Wohlfahrt* und *Harianto Hardjasaputra.* 54,20 EUR

518: Schubtragfähigkeit längsbewehrter Porenbetonbauteile ohne Schubbewehrung.
Thermische Vorspannung bewehrter Porenbetonbauteile.
Kriechen von unbewehrtem Porenbeton.
Kriechen des Porenbetons im Bereich der zur Verankerung der Längsbewehrung dienenden Querstäbe und Tragfähigkeit der Verankerung (2001).
Von *Ferdinand Daschner* und *Konrad Zilch.* 55,90 EUR

519: Betonbau beim Umgang mit wassergefährdenden Stoffen. Zweiter Sachstandsbericht mit Beispielsammlung (2001).
Von *Rolf Breitenbücher, Franz-Josef Frey, Horst Grube, Wilhelm Kanning, Klaus Lehmann, Hans-Wolf Reinhardt, Bernd Schnütgen, Manfred Teutsch, Günter Timm* und *Johann-Dietrich Wörner.* 52,10 EUR

520: Frühe Risse in massigen Betonbauteilen – Ingenieurmodelle für die Planung von Gegenmaßnahmen (2001).
Von *Ferdinand S. Rostásy* und *Matias Krauß.* 39,20 EUR

521: Sachstandbericht Nachhaltig Bauen mit Beton (2001).
Von *Hans-Wolf Reinhardt, Wolfgang Brameshuber, Carl-Alexander Graubner, Peter Grübl, Bruno Hauer, Katja Hüske, Julian Kümmel, Hans-Ulrich Litzner, Heiko Lünser, Dieter Rußwurm.* 31,10 EUR

522: Anwendung von hochfestem Beton im Brückenbau.
Von *Konrad Zilch* und *Markus Hennecke.*
Erfahrungen mit Entwurf, Ausschreibung, Vergabe und Tragwerksplanung.
Von *André Müller, Hans Pfisterer, Jürgen Weber* und *Konrad Zilch.*
Erfahrungen mit der Bauausführung und Maßnahmen zur Gewährleistung der geforderten Qualität.
Von *Markus Hennecke, Gert Leonhardt* und *Rolf Stahl.*
Betontechnologie (2002).
Von *Volker Hartmann* und *Werner Schrub.* 37,60 EUR

Heft

523: Beständigkeit verschiedener Betonarten im Meerwasser und in sulfathaltigem Wasser (2003).
Von *Ottokar Hallauer.* 96,10 EUR

524: Mehraxiale Festigkeit von duktilem Hochleistungsbeton (2002).
Von *Manfred Curbach* und *Kerstin Speck.* 68,30 EUR

525: Erläuterungen zu DIN 1045-1; 2. überarbeitete Auflage (2010) 64,30 EUR

526: Erläuterungen zu den Normen DIN EN 206-1, DIN 1045-2, DIN 1045-3, DIN 1045-4 und DIN EN 12620; 2. überarbeitete Auflage (2011). 88,40 EUR

527: Füllen von Rissen und Hohlräumen in Betonbauteilen (2006).
Von *Angelika Eßer.* 58,40 EUR

528: Schubtragfähigkeit von Betonergänzungen an nachträglich aufgerauten Betonoberflächen bei Sanierungs- und Ertüchtigungsmaßnahmen (2002).
Von *Konrad Zilch* und *Jürgen Mainz.* 20,80 EUR

529: Betonwaren mit Recyclingzuschlägen.
Von *Christoph Müller* und *Peter Schießl.*
Rezyklieren von Leichtbeton (2002).
Von *Hans-Wolf Reinhardt* und *Julian Kümmel.* 32,20 EUR

530: Nachweise zur Sicherheit beim Abbruch von Stahlbetonbauwerken durch Sprengen.
Von *Josef Eibl, Andreas Plotzitza, Nico Herrmann.*
Sprengtechnischer Abbruch, Erprobung und Optimierung (2000).
Von *Hans-Ulrich Freund, Gerhard Duseberg, Steffen Schumann, Helmut Roller, Walter Werner.* 36,50 EUR

531: Großtechnische Versuche zur Nassaufbereitung von Recycling-Baustoffen mit der Setzmaschine.
Von *Harald Kurkowski* und *Klaus Mesters.*
Einflüsse der Aufbereitung von Bauschutt für eine Verwendung als Betonzuschlag (2003).
Von *Werner Reichel* und *Petra Heldt.* 42,80 EUR

532: Die Bemessung und Konstruktion von Rahmenknoten. Grundlagen und Beispiele gemäß DIN 1045-1(2002).
Von *Josef Hegger* und *Wolfgang Roeser.* 62,80 EUR

533: Rechnerische Untersuchung der Durchbiegung von Stahlbetonplatten unter Ansatz wirklichkeitsnaher Steifigkeiten und Lagerungsbedingungen und unter Berücksichtigung zeitabhängiger Verformungen (2006).
Von *Konrad Zilch* und *Uli Donaubauer.*
Zum Trag- und Verformungsverhalten bewehrter Betonquerschnitte im Grenzzustand der Gebrauchstauglichkeit.
Von *Wolfgang Krüger* und *Olaf Mertzsch.* 67,70 EUR

534: Sicherheitskonzept für nichtlineare Traglastverfahren im Betonbau (2003).
Von *Michael Six.* 51,90 EUR

535: Rotationsfähigkeit von Rahmenecken (2002).
Von *Jan Akkermann* und *Josef Eibl.* 43,70 EUR

Heft

537: Zum Einfluss der Oberflächengestalt von Rippenstählen auf das Trag- und Verformungsverhalten von Stahlbetonbauteilen (2003).
Von *Utz Mayer.* 44,20 EUR

538: Analyse der Transportmechanismen für wassergefährdende Flüssigkeiten in Beton zur Berechnung des Medientransportes in ungerissene und gerissene Betondruckzonen (2002).
Von *Norbert Brauer.* 45,40 EUR

539: Alkalireaktion im Bauwerksbeton. Ein Erfahrungsbericht (2003).
Von *Wilfried Bödeker.* 26,30 EUR

540: Trag- und Verformungsverhalten von Stahlbetontragwerken unter Betriebsbelastung (2003).
Von *Thomas M. Sippel.* 27,30 EUR

541: Das Ermüdungsverhalten von Dübelbefestigungen (2003).
Von *Klaus Block und Friedrich Dreier.* 38,80 EUR

542: Charakterisierung, Modellierung und Bewertung des Auslaugverhaltens umweltrelevanter, anorganischer Stoffe aus zementgebundenen Baustoffen (2003).
Von *Inga Hohberg.* 52,40 EUR

543: Mikrostrukturuntersuchungen zum Sulfatangriff bei Beton (2003).
Von *Winfried Malorny.* 19,60 EUR

544: Hochfester Beton unter Dauerzuglast (2003).
Von *Tassilo Rinder.* 37,70 EUR

545: Gebrauchsverhalten von Bodenplatten aus Beton unter Einwirkungen infolge Last und Zwang (2004).
Von *Peter Niemann.* 65,00 EUR

546: Zu Deckenscheiben zusammengespannte Stahlbetonfertigteile für demontable Gebäude (2003).
Von *Georg Christian Weiß.* 39,90 EUR

547: Durchstanzen von Bodenplatten unter rotationssymmetrischer Belastung (2004).
Von *Maike Timm.* 49,10 EUR

548: Die Druckfestigkeit von gerissenen Scheiben aus Hochleistungsbeton und selbstverdichtendem Beton unter Berücksichtigung des Einflusses der Rissneigung (2005).
Von *Angelika Schießl.* 56,30 EUR

549: Zum Gebrauchs- und Tragverhalten von Tunnelschalen aus Stahlfaserbeton und stahlfaserverstärktem Stahlbeton (2004).
Von *Olaf Hemmy.* 74,20 EUR

550: Zur Querkrafttragfähigkeit von Balken aus stahlfaserverstärktem Stahlbeton (2004).
Von *Joachim Rosenbusch.* 47,60 EUR

551: Zur Wirkung von Steinkohlenflugasche auf die chloridinduzierte Korrosion von Stahl in Beton (2005).
Von *Udo Wiens.* 63,30 EUR

552: Randbedingungen bei der Instandsetzung nach dem Schutzprinzip W bei Bewehrungskorrosion im karbonatisierten Beton (2005).
Von *Romain Weydert.* 38,50 EUR

Heft

553: Traglast unbewehrter Beton- und Mauerwerkswände – Nichtlineares Berechnungsmodell und konsistentes Bemessungskonzept für schlanke Wände unter Druckbeanspruchung (2005).
Von *Christian Glock.* 67,70 EUR

554: Sachstandbericht Sulfatangriff auf Beton (2006).
Von *R. Breitenbücher, D. Heinz, K. Lipus, J. Paschke, G. Thielen, L. Urbanos, F. Wisotzky.* 50,80 EUR

555: Erläuterungen zur DAfStb-Richtlinie „Wasserundurchlässige Bauwerke aus Beton" (2006). 18,10 EUR

556: Probabilistischer Nachweis der Wirksamkeit von Maßnahmen gegen frühe Trennrisse in massigen Betonbauteilen (2006).
Von *Matias Krauß.* 52,40 EUR

557: Querkrafttragfähigkeit von Stahlbeton- und Spannbetonbalken aus Normal- und Hochleistungsbeton (2007).
Von *Josef Hegger, Stephan Görtz.* 35,50 EUR

558: Zur Dauerhaftigkeit von AR-Glasbewehrung in Textilbeton (2005).
Von *Jeanette Orlowsky.* 35,50 EUR

559: Herstellungszustand verformungsbehinderter Bodenplatten aus Beton (2006).
Von *Silke Agatz.* 36,00 EUR

560: Sachstandbericht Übertragbarkeit von Frost-Laborprüfungen auf Praxisverhältnisse (2005).
Von *E. Siebel, W. Brameshuber, Ch. Brandes, U. Dahme, F. Dehn, K. Dombrowski, V. Feldrappe, U. Frohburg, U. Guse, A. Huß, E. Lang, L. Lohaus, Ch. Müller, H. S. Müller, S. Palecki, L. Petersen, P. Schröder, M. J. Setzer, F. Weise, A. Westendarp, U. Wiens.* 36,00 EUR

561: Sachstandbericht Ultrahochfester Beton (2008).
Von *M. Schmidt, R. Bornemann, K. Bunje, F. Dehn, K. Droll, E. Fehling, S. Greiner, J. Horvath, E. Kleen, Ch. Müller, K.-H. Reineck, I. Schachinger, T. Teichmann, M. Teutsch, R. Thiel, N. V. Tue.* 39,30 EUR

562: Eigenschaften von wärmebehandeltem Selbstverdichtendem Beton (2006).
Von *Michael Stegmaier.* 54,60 EUR

563: Zur wasserstoffinduzierten Spannungsrisskorrosion von hochfesten Spannstählen – Untersuchungen zur Dauerhaftigkeit von Spannbetonbauteilen (2005).
Von *Jörg Moersch.* 38,80 EUR

564: Experimentelle und theoretische Untersuchungen der Frischbetoneigenschaften von Selbstverdichtendem Beton (2006).
Von *Timo Wüstholz.* 45,40 EUR

565: Zerstörungsfreie Prüfverfahren und Bauwerksdiagnose im Betonbau – Beiträge zur Fachtagung des Deutschen Ausschusses für Stahlbeton in Zusammenarbeit mit der Bundesanstalt für Materialforschung und -prüfung, 11.03.2005 Berlin (2006). 27,80 EUR

Heft

566: Untersuchung des Trag- und Verformungsverhaltens von Stahlbetonbalken mit großen Öffnungen (2007).
Von *Martina Schnellenbach-Held, Stefan Ehmann, Carina Neff.* 36,20 EUR

567: Sachstandbericht Frischbetondruck fließfähiger Betone (2006).
Von *C.-A. Graubner, H. Beitzel, M. Beitzel, W. Brameshuber, M. Brunner, F. Dehn, S. Glowienka, R. Hertle, J. Huth, O. Leitzbach, L. Meyer, Ch. Motzko, H. S. Müller, H. Schuon, T. Proske, M. Rathfelder, S. Uebachs.* 24,60 EUR

568: Abschätzung der Wahrscheinlichkeit tausalzinduzierter Bewehrungskorrosion – Baustein eines Systems zum Lebenszyklusmanagement von Stahlbetonbauwerken (2007).
Von *Sascha Lay.* 47,30 EUR

569: Sachstandbericht Hüttensandmehl als Betonzusatzstoff – Sachstand und Szenarien für die Anwendung in Deutschland (2007).
Von *O. Aßbrock, W. Brameshuber, A. Ehrenberg, D. Heinz, E. Lang, Ch. Müller, R. Pierkes, E. Siebel.* 33,30 EUR

570: Einfluss der Mischungszusammensetzung auf die frühen autogenen Verformungen der Bindemittelmatrix von Hochleistungsbetonen (2007).
Von *Patrick Fontana.* 38,20 EUR

571: Konzentrierte Lasteinleitung in dünnwandige Bauteile aus textilbewehrtem Beton (2008).
Von *Manfred Curbach, Kerstin Speck.* 36,50 EUR

572: Schlussberichte zur ersten Phase des DAfStb/BMBF-Verbundforschungsvorhabens „Nachhaltig Bauen mit Beton" (2007). 97,80 EUR

573: Korrosionsmonitoring und Bruchortung vorgespannter Zugglieder in Bauwerken (2008).
Von *Alexander Holst.* 66,60 EUR

574: Zur Validierung quantitativer zerstörungsfreier Prüfverfahren im Stahlbetonbau am Beispiel der Laufzeitmessung (2008).
Von *Alexander Taffe.* 52,90 EUR

575: Verbundverhalten von Klebebewehrung unter Betriebsbedingungen (2009).
Von *Kurt Borchert.* 60,10 EUR

576: Mechanismen der Blasenbildung bei Reaktionsharzbeschichtungen auf Beton (2009).
Von *Lars Wolff.* 52,50 EUR

577: Zusammenfassender Bericht zum Verbundforschungsvorhaben „Übertragbarkeit von Frost-Laborprüfungen auf Praxisverhältnisse" (2010).
Von *Harald S. Müller, Ulf Guse.* 27,40 EUR

578: Experimentelle Analyse des Tragverhaltens von Hochleistungsbeton unter mehraxialer Beanspruchung (2011).
Von *Manfred Curbach, Silke Scheerer, Kerstin Speck, Torsten Hampel.* 126,00 EUR

579: Modellierung des Feuchte- und Salztransports unter Berücksichtigung der Selbstabdichtung in zementgebundenen Baustoffen (2010).
Von *Petra Rucker-Gramm.* 69,00 EUR

Heft

580: Zur Korrosion von Stahlschalungen in Fertigteilwerken (2011).
Von *Till F. Mayer.* 51,90 EUR

581: Verwendung von Steinkohlenflugasche zur Vermeidung einer schädigenden Alkali-Kieselsäure-Reaktion im Beton (2010).
Von Karl Schmidt. 65,00 EUR

582: Betonbauteile mit Bewehrung aus Faserverbundkunststoff (FVK) (2010).
Von *Jörg Niewels, Josef Hegger.* 64,30 EUR

583: Beitrag zu den Schädigungsmechanismen in Betonen mit langsam reagierender alkaliempfindlicher Gesteinskörnung (2010).
Von *Oliver Mielich.* 65,30 EUR

584: Verbundforschungsvorhaben „Nachhaltig Bauen mit Beton"
Potenziale des Sekundärstoffeinsatzes im Betonbau – Teilprojekt B.
Von *Bruno Hauer, Roland Pierkes, Stefan Schäfer, Maik Seidel, Tristan Herbst, Katrin Rübner, Birgit Meng.*
Effiziente Sicherstellung der Umweltverträglichkeit von Beton – Teilprojekt E (2011).
Von *Wolfgang Brameshuber, Anya Vollpracht, Joachim Hannawald, Holger Nebel.* 87,70 EUR

585: Verbundforschungsvorhaben „Nachhaltig Bauen mit Beton"
Ressourcen- und energieeffiziente, adaptive Gebäudekonzepte im Geschossbau – Teilprojekt C (2011).
Von *Josef Hegger, Tobias Dreßen, Norbert Will, Hartwig N. Schneider, Christian Fensterer, Norbert Hanenberg, Marten F. Brunk, Thorsten Bleyer, Konrad Zilch , Christian Mühlbauer, Roland Niedermeier, André Müller, Andreas Haas, Ingo Heusler, Herbert Sinnesbichler.* 69,40 EUR

586: Verbundforschungsvorhaben „Nachhaltig Bauen mit Beton"
Lebenszyklusmanagementsystem zur Nachhaltigkeitsbeurteilung – Teilprojekt D (2011).
Von *Peter Schießl, Christoph Gehlen, Marc Zintel, Ernst Rank, André Borrmann, Katharina Lukas, Harald Budelmann, Martin Empelmann, Gunnar Heumann, Tilman W. Starck, Sylvia Keßler.* 50,00 EUR

587: Verbundforschungsvorhaben „Nachhaltig Bauen mit Beton"
Informationssystem „NBB-Info" – Teilprojekt F (2011).
Von *Hans-Wolf Reinhardt, Joachim Schwarte, Christian Piehl.* 38,80 EUR

588: Der Stadtbaustein im DAfStb/BMBF-Verbundforschungsvorhaben „Nachhaltig Bauen mit Beton" – Dossier zu Nachhaltigkeitsuntersuchungen – Teilprojekt A.
Von *Carl-Alexander Graubner, Thorsten Bleyer, Marten F. Brunk, Tobias Dreßen, Christian Fensterer, Christoph Gehlen, Andreas Haas, Norbert Hanenberg, Bruno Hauer, Josef Hegger, Ingo Heusler, Sylvia Keßler, Torsten Mielecke, Christian Piehl, Hans-Wolf Reinhardt, Carolin Roth, Peter Schießl, Hartwig N. Schneider, Joachim Schwarte, Herbert Sinnesbichler, Udo Wiens, Konrad Zilch.* 56,20 EUR

Heft

589: Zerstörungsfreie Ortung von Gefügestörungen in Betonbodenplatten (2010).
Von *Harald S. Müller, Martin Fenchel, Herbert Wiggenhauser, Christiane Maierhofer, Martin Krause, Andre Gardei, Frank Mielentz, Boris Milman, Mathias Röllig, Jens Wöstmann.* 84,60 EUR

590: Materialverhalten von hochfestem Beton unter thermomechanischer Beanspruchung (2010).
Von *Sven Huismann.* 65,00 EUR

591: Sachstandbericht Verstärken von Betonbauteilen mit geklebter Bewehrung (2011).
Von *Konrad Zilch, Roland Niedermeier, Wolfgang Finckh.* 77,50 EUR

592: Praxisgerechte Bemessungsansätze für das wirtschaftliche Verstärken von Betonbauteilen mit geklebter Bewehrung – Verbundtragfähigkeit unter statischer Belastung
Von *Konrad Zilch, Roland Niedermeier, Wolfgang Finckh.* 71,20 EUR

593: Praxisgerechte Bemessungsansätze für das wirtschaftliche Verstärken von Betonbauteilen mit geklebter Bewehrung – Verbundtragfähigkeit unter nicht ruhender Belastung (2013)
Von *Harald Budelmann, Thorsten Leusmann.* 44,50 EUR

594: Praxisgerechte Bemessungsansätze für das wirtschaftliche Verstärken von Betonbauteilen mit geklebter Bewehrung – Querkrafttragfähigkeit
Von *Konrad Zilch, Roland Niedermeier, Wolfgang Finckh.* 50,40 EUR

595: Erläuterungen und Beispiele zur DAfStb-Richtlinie „Verstärken von Betonbauteilen mit geklebter Bewehrung“ (2013)
Von *Konrad Zilch.* 50,80 EUR

595 (en): Commentary on the DAfStb Guideline “Strengthening of concrete members with adhesively bonded reinforcement” with Examples (2014) 63,50 EUR

596: Vereinfachtes Rechenverfahren zum Nachweis des konstruktiven Brandschutzes bei Stahlbeton-Kragstützen (2013).
Von *Dietmar Hosser, Ekkehard Richter.* 25,60 EUR

597: Erweiterte Datenbanken zur Überprüfung der Querkraftbemessung für Konstruktionsbetonbauteile mit und ohne Bügel (2012).
Von *Karl-Heinz Reineck, Daniel A. Kuchma, Birol Fitik.* 192,40 EUR

598: Mischungsentwurf und Fließeigenschaften von Selbstverdichtendem Beton (SVB) vom Mehlkorntyp unter Berücksichtigung der granulometrischen Eigenschaften der Gesteinskörnung (2012).
Von *Andreas Huß.* 57,30 EUR

599: Bewehren nach Eurocode 2 (2013).
Von *Josef Hegger, Martin Empelmann, Jürgen Schnell, Jörg Moersch, Christian Albrecht, Guido Bertram, Norbert Brauer, Thomas Sippel, Marco Wichers.* 98,80 EUR

600: Teil 1: Erläuterungen zu DIN EN 1992-1-1 und DIN EN 1992-1-1/NA 2. überarbeitete Auflage (2020). 98,80 EUR

Heft

601: Dauerhaftigkeitsbemessung von Stahlbetonbauteilen auf Bewehrungskorrosion – Teil 1: Systemparameter der Bewehrungskorrosion (2012).
Von *Peter Schießl, Kai Osterminski, Bernd Isecke, Matthias Beck, Andreas Burkert, Jens Lehmann, Armin Faulhaber, Michael Raupach, Jörg Harnisch, Jürgen Warkus, Wei Tian, Christoph Gehlen.* 50,80 EUR

602: Dauerhaftigkeitsbemessung von Stahlbetonbauteilen auf Bewehrungskorrosion – Teil 2: Dauerhaftigkeitsbemessung (2012).
Von *Harald S. Müller, Edgar Bohner, Christian Fischer, Joško Ožbolt, Christoph Gehlen, Kai Osterminski, Peter Schießl, Stefanie von Greve-Dierfeld.* 68,60 EUR

603: Gütebewertung qualitativer Prüfaufgaben in der zerstörungsfreien Prüfung im Bauwesen am Beispiel des Impulsradarverfahrens (2012).
Von *Sascha Feistkorn.* 70,80 EUR

604: Frostbeanspruchung und Feuchtehaushalt in Betonbauwerken (2013).
Von *Frank Spörel.* 158,40 EUR

605: Zur Rheologie und den physikalischen Wechselwirkungen bei Zementsuspensionen (2012).
Von *Michael Haist.* 78,50 EUR

606: Unbewehrte Betonfahrbahnplatten unter witterungsbedingten Beanspruchungen (2014).
Von *Sam Foos.* 111,40 EUR

607: Modell zur Beschreibung des Eindringens von Chlorid in Beton von Verkehrsbauten (2013).
Von *Gesa Kapteina.* 63,90 EUR

608: Auswirkungen der Bewehrungskorrosion auf den Verbund zwischen Stahl und Beton (2013).
Von *Christian Fischer.* 58,20 EUR

609: Untersuchungen zum Verbundverhalten von Bewehrungsstäben mittels vereinfachter Versuchskörper (2013).
Von *Anke Wildermuth.* 132,60 EUR

610: Einfluss der Bauteilgeometrie auf die Korrosionsgeschwindigkeit von Stahl in Beton bei Makroelementbildung (2014).
Von *Jürgen Warkus.* 113,60 EUR

611: Sedimentationsverhalten und Robustheit Selbstverdichtender Betone (2014).
Von *Dirk Lowke.* 93,60 EUR

612: Bestimmung und Bewertung des elektrischen Widerstands von Beton mit geophysikalischen Verfahren (2014).
Von *Kenji Reichling.* 94,00 EUR

613: Untersuchungen zur Leistungsfähigkeit von nationalen und europäischen Instandsetzungsmörteln (2015).
Von *Wolfgang Breit, Joachim Schulze* und *Delphine Schwab* 49,30 EUR

614: Erläuterungen zur DAfStb-Richtlinie Stahlfaserbeton (2015). 38,30 EUR

614: (en): Commentary on the DAfStb Guideline „Steel Fibre Reinforced Concrete“(2015) 47,90 EUR

615: Erläuterungen zu DIN EN 1992-4 – Bemessung der Verankerung von Befestigungen in Beton. 149,80 EUR

Heft

615 (en): Commentary to EN 1992-4 – Design of Fastenings for use in Concrete 149,80 EUR

616: Sachstandbericht Bauen im Bestand – Teil I: Mechanische Kennwerte historischer Betone, Betonstähle und Spannstähle für die Nachrechnung von bestehenden Bauwerken.
Von *Jürgen Schnell, Konrad Zilch, Daniel Dunkelberg und Michael Weber.* 98,80 EUR

617 (en): ACI-DAfStb databases 2015 with shear tests for evaluating relationships for the shear design of structural concrete members without and with stirrups.
Von *Karl-Heinz Reineck, Daniel Dunkelberg.* 292,90 EUR

618: Sachstandbericht - Grenzzustände der Ermüdung von dynamisch hoch beanspruchten Tragwerken aus Beton.
Von *Jürgen Grünberg, Michael Hansen, Steffen Marx, Sebastian Schneider.* 72,40 EUR

619: Sachstandsbericht Bauen im Bestand – Teil II: Bestimmung charakteristischer Betondruckfestigkeiten und abgeleiteter Kenngrößen im Bestand
Von *Jürgen Schnell, Konrad Zilch, Daniel Dunkelberg und Michael Weber.* 61,65 EUR

620: Sachstandbericht
Verfahren zur Prüfung des Säurewiderstands von Beton.
Von *Jesko Gerlach und Ludger Lohaus.* 51,60 EUR

621: Zur Verwertbarkeit von Potentialfeldmessungen für die Zustandserfassung und -prognose von Stahlbetonbauteilen – Validierung und Einsatz im Lebensdauermanagement.
Von *Sylvia Keßler.* 82,40 EUR

622: Bemessungsregeln zur Sicherstellung der Dauerhaftigkeit XC-exponierter Stahlbetonbauteile.
Von *Stefanie Marilies von Greve-Dierfeld.* 113,40 EUR

623: Untersuchungen an 43 Jahre im Nordseeklima ausgelagerten Betonbalken.
Von *Kai Osterminski und Christoph Gehlen.*
Bemessung auf Dauerhaftigkeit mit Teilsicherheitsbeiwerten und mit qualifiziert abgesicherten deskriptiven Regeln.
Von *Stefanie Marilies von Greve-Dierfeld und Christoph Gehlen.* 74,85 EUR

624: Stoffgesetz zur Beschreibung des Kriech- und Relaxationsverhaltens junger normal- und hochfester Betone.
Von *Isabel Anders.* 81,70 EUR

625: Zum Querkrafttragverhalten von einachsig gespannten Stahlbetonplatten ohne Querkraftbewehrung unter Einzellasten.
Von *Karin Reißen.* 112,90 EUR

626: Semiprobabilistisches Nachweiskonzept zur Dauerhaftigkeitsbemessung und -bewertung von Stahlbetonbauteilen unter Chlorideinwirkung.
Von *Amir Rahimi.* 116,20 EUR

627 (en): Shear Strength Models for Reinforced and Prestressed Concrete Members.
Von *Martin Herbrand.* 72,30 EUR

Heft

628: Zur Eignung und Wirkungsweise calcinierter Tone als reaktive Bindemittelkomponente im Zement.
Von *Nancy Beuntner.* 61,60 EUR

629: Zur einheitlichen Bemessung gegen Durchstanzen in Flachdecken und Fundamenten.
Von *Carsten Siburg.* 132,20 EUR

630: Bemessung nach DIN EN 1992 in den Grenzzuständen der Tragfähigkeit und der Gebrauchstauglichkeit.
98,80 EUR

631: Hilfsmittel zur Schnittgrößenermittlung und zu besonderen Detailnachweisen bei Stahlbetontragwerken. 89,90 EUR

632: Experimentelle Ermittlung der Korrelation der Druckfestigkeiten von Bohrkernen aus Bauwerksbeton und genormten Probekörpern.
Von *Jürgen Schnell und Michael Weber.* 62,37 EUR

633: (en): Steel Fiber Reinforced Concrete Under Concentrated Load.
Von *Fanbing Song.* 120,15 EUR

634: Vergleichende Untersuchungen zur Rückprallhammerprüfung bezogen auf R- und Q-Werte.
Von *Wolfgang Breit und Melanie Merkel.* 27,50 EUR

635-1 (en): ACI-DAfStb databases 2020 with shear tests on structural concrete members without stirrups Volume 1: Part 1 to Part 2.5.
Von *Karl-Heinz Reineck und Birol Fitik.*
190,40 EUR

635-2 (en): ACI-DAfStb databases 2020 with shear tests on structural concrete members without stirrups Volume 2: Part 2.6 to Part 7.
von *Karl-Heinz Reineck Birol Fitik.*
237,30 EUR

637: Sachstandbericht Frischbeton – Eigenschaften, Einflüsse und Prüfungen.
Von *Christoph Alfes, Olaf Aßbrock, Christoph Begemann, Rolf Breitenbücher, Amela Cokovik, Dario Cotardo, Eberhard Eickschen, Petra Fischer, Eugen Kleen, Hannes Krüger, Ludger Lohaus, Viktor Mechtcherine, Lars Meyer, Matthias Middel, Christoph Müller, Harald S. Müller, Tobias Schack, Patrick Schäffel, Egor Secrieru, Frank Spörel, Katja Voland, Andreas Westendarp und Bou-Young Youn-Ĉale*
86,40 EUR

638: Anwendungshilfe zur Technischen Regel Instandhaltung von Betonbauwerken des DIBt (TR IH) in Verbindung mit der DAfStb Richtlinie Schutz und Instandsetzung von Betonbauteilen (RL SIB). 115,00 EUR

Heft

639: Schlussberichte zum BMBF-Verbundforschungsvorhaben „R-Beton – Ressourcenschonender Beton – Werkstoff der nächsten Generation“ Schwerpunkt 1: Konzeptionierung der neuen Werkstoffe.
Von *Florian Knappe, Joachim Reinhardt, Stefanie Theis, Stephan Kresser, Julia Scheidt, Wolfgang Breit, Bernard Sachsenhauser, Klaus Lorenz, Christoph Müller, Katrin Severins, Johannes Haufe und Anya Vollpracht*
103,30 EUR

640: Schlussberichte zum BMBF-Verbundforschungsvorhaben „R-Beton – Ressourcenschonender Beton – Werkstoff der nächsten Generation“ Schwerpunkt 2: Praxisanforderungen an die neuen Werkstoffe.
Von *Aleksandar Pančić, Jürgen Schnell, Christoph Müller, Ingmar Borchers, Maik Seidel und Anya Vollpracht, Lia Weiler* 95,00 EUR

641: Schlussberichte zum BMBF-Verbundforschungs vorhaben „R-Beton – Ressourcenschonender Beton – Werkstoff der nächsten Generation“ Schwerpunkt 3: Ökobilanz, Praxistest und Transfer.
Von *Florian Knappe, Joachim Reinhardt, Stefanie Theis, Christoph Müller, Jochen Reiners und Raymund Böing*
75,80 EUR

642 (en): Influence of elevated temperatures up to 100 °C on the mechanical properties of concrete.
Von *Fernando Acosta Urrea*
88,00 EUR

644: Ermüdungsverhalten von Beton für unterschiedliche Probekörpergeometrien.
Von *Vivian Frei, Stephan Pirskawetz, Marc Thiele, Andreas Rogge*
68,80 EUR

645: Modellhafte Beschreibung des Ermüdungswiderstands von druckschwellbeanspruchtem Beton unter Berücksichtigung von energetischen und frequenzbedingten Materialeffekten.
Von *Sebastian Schneider, Matthias Bode, Steffen Marx* 63,20 EUR

646: Wasserinduzierte Ermüdungsschädigung von Beton
Von *Christoph Tomann, Ludger Lohaus*
84,40 EUR

647: Untersuchungen zum Ermüdungswiderstand von Beton im Bereich sehr hoher Lastwechselzahlen.
Von *Kerstin Willers, Lutz Gerlach, Nico Herrmann* 53,30 EUR

648: Zum festigkeitsabhängigen Ermüdungswiderstand von Beton. Teil 1: Koordinierte experimentelle Untersuchungen und Bewertung des Ermüdungswiderstands von normal- und hochfesten Betonen.
Von *Sebastian Schneider, Boso Schmidt, Steffen Marx*

Heft

Teil 2: Statistische Auswertungen zum Druckfestigkeitseinfluss auf den Ermüdungswiderstand von Beton.
Von *Marco Basaldella, Bianca Kern, Nadja Oneschkow, Ludger Lohaus*
52,80 EUR

649: Numerische Modellierung des Ermüdungsverhaltens von normal- und hochfestem Beton.
Von *Dennis Birkner, Steffen Marx, Abedulgader Baktheer, Josef Hegger, Rostislav Chudoba* 58,40 EUR

650: Ermüdung von biegebeanspruchten Betonbauteilen aus normal- und hochfesten Betonen.
Von *Dennis Birkner, Steffen Marx, David Ov, Rolf Breitenbücher*
40,50 EUR

651: Ultraschallprüfungen zur Erfassung der Schädigungsentwicklung unter verschiedenen Umweltbedingungen und unter zyklischer Druckschwellbelastung.
Von *Raúl Beltrán, Vivian Frei, Steffen Marx* 56,60 EUR

652: Ermüdungsverhalten von Betonstahl im Langzeitfestigkeitsbereich, bei Variation der Prüfmethodik sowie unter kombinierter Einwirkung von Korrosion.
Von *Stefan Rappl, Kai Osterminski, Christoph Gehlen* 37,70 EUR

653: Verbundverhalten unter Druck- und Zugschwellbeanspruchung von normal- und hochfesten Betonen
Von *Marc Koschemann, Manfred Curbach, Homam Spartali, Abedulgader Baktheer, Rostislav Chudoba, Josef Hegger* 54,20 EUR

Hinweis auf überarbeitete und ergänzte Hefte der Schriftenreihe des DAfStb:

Heft 220: 2. überarbeitete Auflage 1991
Heft 240: 3. überarbeitete Auflage 1991 (vergriffen)
Heft 400: 4. Auflage 1994 (3. berichtigter Nachdruck) vergriffen
Heft 425: 3. ergänzte Auflage 1997
Heft 525: 2. überarbeitete Auflage 2010
Heft 600: 2. überarbeitete Auflage 2020